大气颗粒物遥感技术与方法

李正强　张　莹　谢一凇　魏瑗瑗　著

科学出版社

北　京

内 容 简 介

本书从卫星观测的视角介绍了大气颗粒物的遥感机理、遥感方法和相关技术，详细描述了大气颗粒物光学、物理、化学等关键参数的遥感模型，系统性地阐述了基于物理机理、大气化学模式、人工智能等途径的颗粒物遥感方法，同时简述了数据融合、同化、预报、溯源、预测等大气颗粒物遥感应用。

本书可供遥感、地理信息、大气科学、测绘、环境科学等相关专业的研究生和高年级本科生使用，也可供环境监测、污染治理、气象预报以及卫星遥感等领域的科研人员参考。

审图号：GS 京（2023）1450 号

图书在版编目（CIP）数据

大气颗粒物遥感技术与方法/李正强等著. —北京：科学出版社，2023.7
ISBN 978-7-03-075963-4

Ⅰ.①大… Ⅱ.①李… Ⅲ.①城市空气污染-粒状污染物-遥感技术
Ⅳ.①X513

中国国家版本馆 CIP 数据核字（2023）第 123774 号

责任编辑：石　珺　赵　晶/责任校对：郝甜甜
责任印制：吴兆东/封面设计：无极书装

科 学 出 版 社 出版
北京东黄城根北街 16 号
邮政编码：100717
http:// www.sciencep.com

北京中科印刷有限公司 印刷
科学出版社发行　各地新华书店经销
*
2023 年 7 月第 一 版　开本：720×1000　B5
2023 年 7 月第一次印刷　印张：15 3/4
字数：298 000

定价：178.00 元
（如有印装质量问题，我社负责调换）

大气颗粒物是地球大气圈层的关键成分，是大气中影响辐射、成云致雨、物质输送的关键要素，对空气污染、气候变化、生态系统等具有重要影响。随着城市化与工业化的加速，大气颗粒物污染已成为全球环境和人类健康的重大威胁，需要结合监测、治理、评估等需求，增加对全球、区域、城镇等不同尺度下大气颗粒物含量等变化信息的掌握。卫星遥感有广域性和低成本优势，其从紫外、可见到红外的电磁频谱具有对大气颗粒物探测的敏感性，因此近20年来，基于卫星和地面遥感手段的大气颗粒物监测技术获得了快速的发展。然而，系统性地介绍主流大气颗粒物遥感技术和方法及其应用的专业书籍尚不多见，本书希望在此方面做有益尝试。

全书分为三篇，包含14个章节。第一篇介绍大气颗粒物基础知识和遥感关键参数，由大气颗粒物的定义及源和汇入手，分别介绍大气颗粒物遥感方法中需要使用的关键参数的卫星遥感技术，从而为后继内容的阅读奠定基础，其主要包括大气颗粒物光学厚度、细粒子比、吸湿因子、垂直分布、有效密度、体积-消光比等。第二篇介绍大气颗粒物质量浓度卫星遥感方法，着重介绍三类主流的大气颗粒物卫星遥感方法，主要包括大气颗粒物质量浓度遥感物理方法、基于化学传输模式的大气颗粒物质量浓度遥感方法、大气颗粒物遥感的机器学习方法。第三篇介绍大气颗粒物遥感数据应用方法，围绕遥感获得的大气颗粒物数据在环境监测、污染预报、形势评估、趋势预测等方面的应用，介绍具体方法和模型，主要包括大气颗粒物观测星-地融合、大气颗粒物观测同化及预报、大气颗粒物污染溯源及归因，最后对该领域的发展方向给出展望和总结。

本书的撰写主要由李正强、张莹、谢一淞、魏瑗瑗完成，陈杰、吴海玲、刘东、欧阳、罗杰、侯梦雨、许华、侯伟真、李莉、光洁、李东辉、伽丽丽、马奕、吕阳、樊程、温亚南、葛邦宇、彭宗仁、朱梦瑶、戴刘新、张罗、顾行发等参与了撰写和审校。本书在撰写过程中，参考了国内外优秀研究成果，力争能够反映该领域的系统知识和最新科研进展，期望能够引起读者们的兴趣和讨论。最后，本书不仅涉及遥感科学和测量技术，还包括大气物理、化学、流体力学、数值科学、公共卫生等领域的科学和知识，由于作者水平有限，书中难免有疏漏之处，敬请广大读者批评指正。

李正强

2022年8月15日于北京

目录

第二篇

大气颗粒物质量浓度卫星遥感方法

第三篇

大气颗粒物遥感数据应用方法

第一篇

大气颗粒物基础知识和遥感关键参数

大气颗粒物是悬浮于大气中的固态、液态或固液混合态微粒物质,是地球大气系统的重要组成部分,与自然环境、气候、生物生态及人类生产生活息息相关。

本篇重点阐述大气颗粒物遥感基础知识,第1章主要介绍大气颗粒物的自然和人为来源、化学组成、光学-物理特征,以及颗粒物如何影响全球气候、大气环境和人类健康,同时从地面测量站点网络和卫星遥感两种尺度介绍大气颗粒物基础特性参数的探测方法。第2~7章详细介绍大气颗粒物遥感过程中六种关键参数(光学厚度、细粒子比、吸湿因子、垂直分布、有效密度和体积-消光比)的定义、遥感原理、探测技术、卫星产品、反演算法、验证及代表性的研究工作。

第1章 引 言

地球大气主要由干空气、水以及悬浮的颗粒物构成。尽管颗粒物在大气体积中的占比微小，但它作为云凝结核在成云致雨的过程中起关键作用。同时，颗粒物不同成分对太阳辐射产生吸收和散射，显著影响地球-大气系统的辐射平衡。联合国政府间气候变化专门委员会（IPCC）第五次评估报告指出，人为排放的颗粒物所产生的辐射强迫在气候变化评估中具有最大的不确定性（Boucher et al.，2013）。此外，大气颗粒物在近地面聚集往往对能见度造成巨大影响，而尺寸较小的细颗粒物由于可进入人体肺部而对人体健康造成危害。因此，为了更好地了解大气中的悬浮颗粒物，本章从大气颗粒物的定义、源和汇及光学、物理、化学特性几个方面对其特征进行描述，并综述地面和卫星遥感探测大气颗粒物的方法和技术。

1.1 大气颗粒物定义

大气颗粒物（Atmospheric Particulate Matters）是地球大气系统的重要组成部分（章澄昌和周文贤，1995），包括尘埃、烟粒、微生物、植物孢子和花粉等，以及由水和冰组成的云雾滴、冰晶和雨雪等粒子，其与大气中的气体载体共同组成的多相体系在学术上称为气溶胶（Aerosol）。大气颗粒物的粒径变化范围为 $10^{-3} \sim 10^2\,\mu m$，跨越 5 个数量级。本书描述的大气颗粒物遥感探测范畴中，重点关注狭义概念上的大气颗粒物，即除云雾、雨雪、冰晶粒子等大颗粒之外的气溶胶。

全球变化和大气环境等领域及社会公众所关注的 $PM_{2.5}$、PM_{10} 等概念，是按照颗粒物粒径大小划分的类别。一般定义 PM_x 为空气动力学等效粒径小于 $x\,\mu m$ 的大气颗粒物，而全粒径谱段大气颗粒物统称为"总悬浮颗粒物"（Total Suspended Particles，TSP）。图 1-1 给出了整个粒径谱段不同大气颗粒物的主要粒径分布范围。

$PM_{2.5}$（指空气动力学等效粒径小于 2.5 μm 的颗粒物）可以在大气中长时间停留和远距离传输。$PM_{2.5}$ 能够通过人体呼吸系统进一步进入肺部，引发严重的健康损害，也称可入肺颗粒物。近 10 年来，$PM_{2.5}$ 已成为我国广大城市、乡村地区的首要大气污染物，特别是秋冬季城市供暖和秸秆焚烧等人为活动造成的大气污染物排放严重，遇到静稳天气时大气颗粒污染物易聚集而难扩散，产生持续时间长、笼罩面积大、影响人口多的雾霾污染，造成呼吸系统疾病暴发以及能见度急剧下降等严重后果。

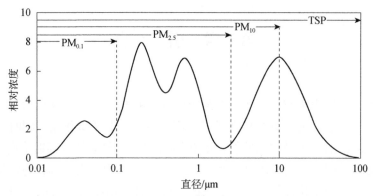

图 1-1　整个粒径谱段不同大气颗粒物的主要粒径分布范围

PM_{10}（指空气动力学等效粒径小于 10 μm 的颗粒物）能够进入人体呼吸系统，又称为可吸入颗粒物，也是《环境空气质量标准》的重要监测指标之一。PM_{10} 中粒径较粗的颗粒物通常沉积在上呼吸道，很难到达呼吸系统深层，对人体健康的直接危害可能不如 $PM_{2.5}$。但是，PM_{10} 的来源和种类广泛（如尘埃、花粉等），若其挟带有重金属和有毒物质等，也会对人体健康造成严重影响。

1.2　大气颗粒物的源和汇

1.2.1　主要来源

1. 自然源

自然源大气颗粒物主要来源于地表和海表物质。其包括如下几类：

（1）沙漠、干旱/半干旱地区的沙尘颗粒物，以及岩石和土壤风化、崩解后在风力作用下扩散进入大气的矿物沙尘颗粒。据估计，每年全球几大沙漠区（包括北非撒哈拉沙漠、亚洲中部沙漠和美国西南部沙漠等）与周边地带输送进入大气的沙尘气溶胶含量高达 10 亿～40 亿 t（Boucher et al.，2013），占对流层大气颗粒物总质量的一半左右（盛裴轩等，2014）。

（2）海洋表面气泡爆裂时向空中喷射，或海洋表面波浪破碎顶部扬起的液滴水分蒸发后形成的海盐气溶胶。其中，一些海盐颗粒的粒径可超过 2 μm，其他大部分海盐颗粒的粒径在 0.3 μm 以下。另外，还有一些无机盐成分、有机化合物等细小颗粒物（小于 0.2 μm）也可随海洋表面气泡破裂进入大气中（Leck and Bigg，2008）。海洋是对流层大气气溶胶另一个重要来源，每年排放的质量达到 14 亿～68 亿 t（Boucher et al.，2013）。

（3）动植物排放的花粉、细小种子、孢子等微粒，以及细菌、真菌、病毒、藻类等微生物及其碎片，通常称为生物气溶胶。进入大气中的生物气溶胶（Despres et al.，2012）大部分分布于粗模态中，粒径较大的花粉、种子、孢子等会在风力减弱时很快降落，而细菌、病毒等直径通常小于 1 μm 的粒子则可长时间漂浮于空气中。

（4）火山爆发、森林火灾等排放的火山灰微粒、烟尘颗粒、飞灰等。森林大火烟尘粒子谱分布的峰值粒径大约为 1 μm，可在风场作用下跨大洋、大洲远距离传输，火山喷发物中细小的颗粒物可以进入平流层，并且在全球尺度上进行输送。

（5）自然活动排放的硫化氢（H_2S）、氨气（NH_3）、氮氧化物（NO_x）和挥发性有机化合物（Volatile Organic Compounds，VOCs）等气体（前体物）通过气粒转化生成的二次气溶胶。例如，含硫气体在大气中被氧化为二氧化硫（SO_2），然后进一步被氧化为硫酸或硫酸根离子，再与钠、铵根等阳离子结合形成硫酸盐液滴，水分蒸发后形成硫酸盐颗粒物。

（6）宇宙尘埃物质。例如，流星穿过大气燃烧产生的尘埃进入大气中。据估计，一昼夜降落到地球上的宇宙尘埃约为 550 t（盛裴轩等，2014）。

2. 人为源

人为源大气颗粒物是由人类活动排放到大气中的颗粒物，主要包括工业、机动车和生产生活中煤炭、石油等化石燃料燃烧，烧荒、秸秆等生物质燃料燃烧直接排放的固体烟尘颗粒物，以及人为过程产生的 SO_2、NO_x、VOCs 等排放物通过气粒转化产生的二次气溶胶。二次有机气溶胶（Secondary Organic Aerosol，SOA）最初主要来源于自然源的生物质气溶胶氧化，但随着人类活动加剧，在北半球中纬度地区，人为源转化的 SOA 含量逐渐增长到与自然源 SOA 接近的程度。此外，建筑用地水泥尘、道路交通扬尘，森林砍伐和土地利用变化引起的荒漠化，耕地农田风蚀等造成的沙尘气溶胶也属于人为源大气颗粒物。研究显示，人为源的沙尘和扬尘气溶胶含量可占沙尘总量的 20%～25%（Ginoux et al.，2012）。

IPCC 第五次评估报告（Boucher et al.，2013）根据排放清单给出了 2000 年全球及重要地区的人为源大气颗粒物及前体物的排放量估计。黑碳（Black Carbon，BC）、一次有机气溶胶（Primary Organic Aerosol，POA）、生物质燃烧气溶胶（Biomass Burning Aerosol，BBA）、SO_2、NH_3、非甲烷挥发性有机化合物（Non-methane Volatile Organic Compounds，NMVOCs）的排放总量平均接近 3 亿 t。从排放总量上看，人为源颗粒物远低于自然源颗粒物。但是，自然源颗粒物进入大气与离开大气（大气移除）的速率基本相近，能够达到动态平衡，不会对地球-大气系统造成过大负担。而人为源颗粒物具有增长速度快的特点（如雾霾爆发），特别是在区域尺度上，仅依靠大气自身很难清除。人类活动排放到大气的颗粒物，通常主导或参与复杂的大气物理化学过程，对全球气候变化和大气环境产生巨大影响。

1.2.2 沉降方式

一般而言，对流层大气颗粒物的沉降方式主要有干沉降和湿沉降两种。干沉降（Dry Deposition）是指在无降水的条件下大气中发生的物理沉降过程，包括重力沉降、湍流扩散、布朗扩散和碰并过程等。粒径尺度较小的粒子较难沉降，寿命通常为几小时到几周。而小粒子凝聚成大粒子（如直径超过 1 μm）后，可通过干沉降机制有效去除。湿沉降（Wet Deposition）是指雨、雪等降水使大气颗粒物冲刷至地表或水体的过程。相比干沉降，湿沉降具有集中突发的特点，以脉冲的方式将大气中的悬浮颗粒物迅速搬运至地表和海洋。据估计，在全球范围内，80%～90%的大气颗粒物被湿沉降作用清除。

1.3 大气颗粒物的特征

1.3.1 主要化学组成

对流层大气颗粒物一般由黑碳、有机气溶胶、矿物沙尘、海盐、非海盐无机盐、生物气溶胶等几个大类组成（Boucher et al.，2013）。

黑碳是在一定燃烧条件下，化石燃料和生物质燃料燃烧的不定型碳质产物，其化学构成主要是碳元素和少量氢元素。新鲜生成的黑碳主要以多个小球状单体连接形成的链状聚集体的形式存在（图 1-2），一般单碳粒子的粒径大小为 10～100 nm。随着黑碳气溶胶老化，黑碳粒子与硫酸盐、有机物等其他物质混合包裹，形态发生改变，更接近于球形并且颗粒物更为紧实。同时，新生粒子的厌水性可逐渐转变为亲水性。黑碳最突出的性质是对太阳辐射有极强的吸收作用（Andreae and Gelencsér，2006；Lesins et al.，2002）。与 CO_2、CH_4 等温室气体相比，其吸收光谱范围更宽，从可见光到红外波段均有显著的吸收特性。因此，黑碳被认为是全球变化研究中重要的致暖因子。

无机盐（Inorganic Salt）是指除海盐外的其他无机盐成分，主要由气态前体物（含硫气体、氮氧化物等）通过大气化学反应形成，包括硫酸盐（Sulfate）、硝酸盐（Nitrate）、铵盐（Ammonium）以及其他盐类（图 1-3）。气态前体物在不同相态下被大气中的氧化剂（OH 自由基、臭氧、H_2O_2 等）氧化形成硫酸/硫酸根或硝酸/硝酸根，并与铵根离子、矿尘阳离子、过渡金属阳离子等结合形成无机盐颗粒（江峰，2019）。无机盐是气溶胶主要成分之一，可占到 $PM_{2.5}$ 质量浓度的 30%～50%（Lai et al.，2007；Cao et al.，2012），主要以硫酸铵、硝酸铵等化合物形式存在，是雾霾形成的主要驱动因子（Zheng et al.，2015）。无机盐成分主要表现为对太阳辐射的散射特性。例如，硫酸盐和硝酸盐对大气顶部的辐射强迫为负，对地球具有降温作用（Boucher et al.，2013）。无机盐颗粒物主要表现为亲水性，吸湿是其另一个重要性质。在吸湿过程中无机盐离子的质量、粒径、密度、折射率等物理参数都有所变化，进而影响其光学性质（例如，气溶胶吸湿后粒径增大，对辐射的散射作用有所增强）和化学性质（吸收水分后可溶解空气中更多的酸性气体，导致酸性增加）（祁雪飞，2018）。

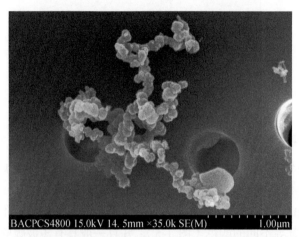

图 1-2　碳质颗粒物扫描电镜影像（样品于 2014 年 3 月采自天津市塘沽区，主要成分为黑碳和少量的有机碳）

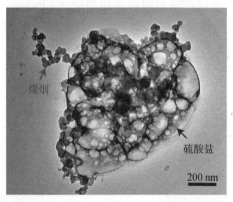

图 1-3　TEM 电镜下无机盐（硫酸盐）与煤烟成分形成的包裹体
（引自 Wang et al.，2021）

有机气溶胶（Organic Aerosol，OA）是由成百上千种复杂成分组成的有机颗粒物的总称。其因为大多含有碳元素，简便起见，通常可采用有机碳（Organic Carbon，OC）来描述有机物的性质或含量（例如，OA 含量可由 OC 含量乘以一个因子进行估算，因子可取值 1.8）。有机碳具有复杂的形态和构成（图 1-4），常见的有机碳种类包括派烯、萜烯、有机酸、土壤腐殖质、类腐殖物质、胡敏酸、木质素、富里酸等。

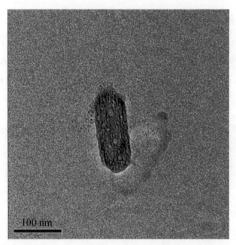

图 1-4   TEM 电镜下 90%质量浓度的苯甲酸与硫酸铵的混合颗粒物（引自 Shi et al., 2012）

有机碳中在紫外至可见光范围内具有较强光谱吸收特性的部分称为棕色碳（Brown Carbon，BrC）（Bergstrom et al., 2007；Yang et al., 2016；Bahadur et al., 2012；Laskin et al., 2015）。由于光学吸收特性差异，棕色碳中的不同物质又呈现为深棕、浅棕和深黄等不同的颜色（图 1-5），并且一般具有短波吸收性较强而长波吸收性弱的光谱特征。通常，棕色碳吸光性弱于黑碳，但气溶胶中棕色碳的含量远高于黑碳，因此其在紫外波段的强烈吸收不可忽略（Kirchstetter et al., 2004；Hoffer et al., 2006）。同时，有机碳中也有相当一部分物质没有吸光性（如多数烃类），有文献称之为白碳或无色碳（Poschl，2003）。

图 1-5   两种类型的棕色碳成分样品（左侧为腐殖酸，右侧为木质素）
（引自 Andreae and Gelencsér，2006）

一次生物气溶胶颗粒（Primary Biological Aerosol Particles，PBAP）主要来源于陆地和水体生态系统。生物气溶胶也属于有机颗粒物，但通常具有更大的粒径。它们大部分具有生命活性，与生态圈层中许多生命现象和活动直接相关，并且在进入大气后可以在不同的生态系统之间传输。例如，细菌、真菌、病毒等微生物广泛存在于近地面大气中，随空气介质扩散，作为病原体或过敏源，可以在人体、动植物个体间传播多种疾病，包括各种传染性疾病、呼吸道感染、急慢性肺部疾病、哮喘过敏等，严重威胁身体健康。花粉、孢子、种子、藻类等在风力作用下被输送到远离源地的地表或水体，是一些植被和作物繁衍的方式，对生态系统演化和物种多样性发展有着重要的作用（Burrows et al.，2009；Elbert et al.，2007）（图 1-6）。生物气溶胶的组成一般与生态环境有较强关联。因为生态环境主要由地理特征和气候特征决定，所以生物气溶胶的分布与地理空间和季节时间、气候类型等要素密切相关（闫威卓，2017）。然而，大气的流动性也可以使生物气溶胶在区域或全球尺度上发生迁移和传输，如非洲撒哈拉沙漠、亚洲内陆沙漠地区的生物气溶胶会随沙尘气溶胶在全球范围内传输，并作为大气冰核影响北美洲冬季降雪（Creamean et al.，2013）。

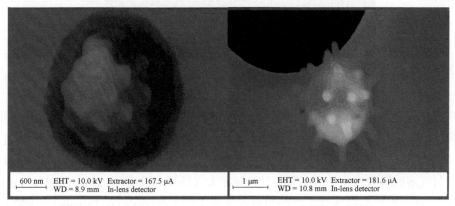

图 1-6　真菌孢子电子显微镜影像（左：具有二次有机气溶胶包裹，右：无气溶胶包裹）
（引自 Poschl et al.，2010）

矿物沙尘（Mineral Dust，MD）是陆地气溶胶最重要的化学成分之一，对全球气候变化和区域生态环境的影响巨大（图 1-7）。沙尘气溶胶在生物地球化学循环中起重要作用，是大气中多种物理过程和化学反应的主要载体之一，显著影响大气中其他颗粒物、痕量气体和化学物质的生命周期、含量和物理化学性质。沙尘气溶胶从沙尘源地经起沙、传输和沉降等过程，将大量地表矿质、有机物等搬运到远离沙漠的高原、平原甚至是海洋地带，密切参与陆地-海洋-大气多个圈层的物质循环过程。沙尘富含铁元素，是河流、湖泊、海洋中浮游生物所需的重要养料，在传输和沉降过程中直接影响水中生物的生产繁殖，形成"铁肥效应"。沙尘气溶胶是大气颗粒物中除黑碳和棕色碳以外，另一种具有光学吸收特性的成分（Chin et al.，2009），特别在紫外短波段的吸光性远大于可见光波段（Russell et al.，2010）。沙尘中具有吸光性的物质主要是在地表中含量较低的含铁矿物（如赤铁矿、针铁矿），而占据地壳大部分质量/体积比例的石英、硅酸盐、高岭石等矿物则基本不具有吸光性（Koven and Fung，2006）。

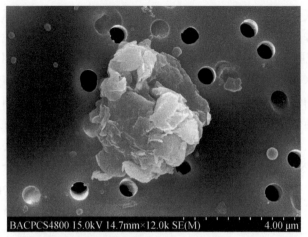

BACPCS4800 15.0kV 14.7mm×12.0k SE(M)   4.00 μm

图 1-7   矿物沙尘颗粒扫描电镜影像（样品于 2014 年 3 月采自天津市塘沽区）

海盐（Sea Salt，SS）是海洋气溶胶最重要的成分之一（图 1-8），是海气相互作用过程的关键要素。构成海盐的主要物质是氯化钠（NaCl），其在干物质中质量占比超过 90%，同时也含有 K^+、Ca^{2+}、Mg^{2+} 等金属阳离子和 SO_4^{2-}、NO_3^- 等阴离子。海盐颗粒具有光学散射特性，其辐射强迫对全球辐射能量收支平衡和气候变化有重要影响。此外，通过海洋上空凝结核成云作用，海盐颗粒可改变海洋上的云物理过程，进而影响全球气候和水循环。新生海盐颗粒还可以与大气中特定气体发生化学反应，或者与气溶胶颗粒发生物理作用，引起海洋大气环境的改变（O'Dowd and De Leeuw，2007），进一步影响局地微生物的组成和生态平衡（Piazzola and Despiau，1997）。另外，当海盐颗粒物输送到近海区域时，其受重力或降水作用沉降到地表或海表，附着其上的海生微生物、盐粒可能对海岸带非耐盐植被、微生物菌落组成的生态环境造成较大影响（梁霆浩，2016），同时造成沿海地区土地盐碱化（Deng et al.，2013），对海岸带区域建筑物、金属设施表面产生较强的腐蚀作用（Laskin et al.，2003）。

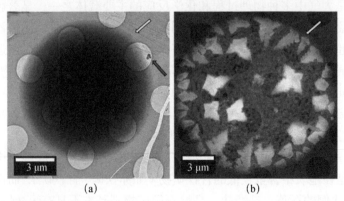

(a)   (b)

图 1-8   新鲜未蒸发的海盐颗粒（a）和蒸发结晶的海盐颗粒（b）（引自 Patterson et al.，2016）

1.3.2 光学-物理特征

1. 复折射指数

复折射指数（Complex Refractive Index，CRI）是描述大气颗粒物对太阳辐射吸收和散射作用的物理量，一般用复数形式（$n-ki$）表示。复折射指数实部 n 是气溶胶粒子的物质折射率，取决于电磁波在颗粒物介质中的传播速度，主要反映颗粒物对光的散射作用。虚部 k 取决于电磁波在吸收性介质中传播时的衰减，主要反映颗粒物对光的吸收作用。大气颗粒物的复折射指数主要由其化学组成决定，不同波长电磁波对应的复折射指数不同。一般在可见光波段，常见干粒子的复折射指数实部变化不大，除黑碳外，大部分为 1.4～1.6（van Beelen et al.，2014）。考虑到纯水的折射率较低（20℃下约 1.33），含水颗粒物实部数值在一定程度上可以表征颗粒物中含水量的高低（Dubovik et al.，2002）。由于不同气溶胶粒子物质的光学吸收特性存在差异，其复折射指数虚部数值的大小和光谱特性存在明显变化（李正强等，2019a）。大气颗粒物中强吸收性成分——黑碳的虚部值较大，并且在可见光到近红外波段没有显著的光谱变化特征（Bond and Bergstrom，2006；van Beelen et al.，2014）。黑碳的复折射指数在不同研究中的测量值存在较大差异，其中 Bond 和 Bergstrom（2006）给出的复折射指数 1.95-0.79i（550 nm）较为常用。相比之下，棕色碳的主要特征是在紫外波段吸收性较强，虚部值可超过 0.1（Kirchstetter et al.，2004）；随波长增加，在可见光范围内虚部值快速下降至 0.01 以下（Sun et al.，2007），而在近红外波段仅为 0.001 左右（Schuster et al.，2016）。Lin 等（2015）通过总结大量文献，认为棕色碳虚部值（350～500 nm）大体分布在 Kirchstetter 等（2004）的虚部测量值（数值范围 0.045～0.168）及由 Chen 和 Bond（2010）根据吸收度推算的虚部值（数值范围 0.0024～0.0738）之间。矿物沙尘中由于含铁矿物的存在，其虚部值具有与棕色碳相似的光谱变化特征（Wang et al.，2013），而海盐和二次无机盐等散射性颗粒物则基本没有吸收性，虚部值可低至 10^{-5} 以下。表 1-1 显示了遥感反演算法中大气颗粒物典型成分的复折射指数的常用取值。

表 1-1 遥感反演算法中大气颗粒物典型成分的复折射指数的常用取值

大气颗粒物主要成分	复折射指数（440 nm）	复折射指数（675 nm）	复折射指数（870 nm）	复折射指数（1020 nm）	参考文献
黑碳	1.85-0.71i	1.85-0.71i	1.85-0.71i	1.85-0.71i	van Beelen et al.，2014 Koven and Fung，2006
棕色碳	1.57-0.063i	1.55-0.003i	1.54-0.001i	1.54-0.001i	Schuster et al.，2016 van Beelen et al.，2014 Kirchstetter et al.，2004
细模态沙尘	1.54-0.008i	1.52-0.005i	1.51-0.003i	1.51-0.003i	van Beelen et al.，2014
粗模态沙尘	1.54-0.008i	1.52-0.005i	1.51-0.003i	1.51-0.003i	Dey et al.，2006 Kinne et al.，2003

大气颗粒物主要成分	复折射指数（440 nm）	复折射指数（675 nm）	复折射指数（870 nm）	复折射指数（1020 nm）	参考文献
有机物	$1.53-10^{-8}i$	$1.53-10^{-8}i$	$1.53-10^{-8}i$	$1.53-10^{-8}i$	Arola et al.，2011
二次无机盐	$1.535-10^{-7}i$	$1.525-10^{-7}i$	$1.52-10^{-7}i$	$1.53-10^{-7}i$	van Beelen et al.，2014 Dey et al.，2006
细模态海盐	$1.56-10^{-8}i$	$1.546-10^{-8}i$	$1.534-10^{-8}i$	$1.532-10^{-8}i$	van Beelen et al.，2014
粗模态海盐	$1.56-10^{-8}i$	$1.546-10^{-8}i$	$1.534-10^{-8}i$	$1.532-10^{-8}i$	Toon et al.，1976
水分	$1.33-0i$	$1.33-0i$	$1.33-0i$	$1.33-0i$	Dey et al.，2006 Schuster et al.，2005

2. 粒子尺度谱分布

大气颗粒物的粒径尺度在 $0.001 \sim 100\ \mu m$，不同类型颗粒物的尺寸差异很大。球形粒子的粒径就是实际直径。但是，真实大气中大部分颗粒物的形状比较复杂，通常不是球形。为了研究方便，一般采用等效直径来表示这些非球形粒子的大小（如空气动力学等效直径、光学等效直径和体积等效直径等）。按照粒径的大小，可分为三种类型：半径小于 $0.1\ \mu m$ 的爱根核、半径大于 $0.1\ \mu m$ 而小于 $1.0\ \mu m$ 的大核和半径大于 $1\ \mu m$ 的巨核。大气环境、公共健康等研究中常用的 PM_{10}、$PM_{2.5}$、PM_1 则分别是指空气动力学等效直径小于 $10\ \mu m$、$2.5\ \mu m$ 和 $1\ \mu m$ 的大气颗粒物。

大气颗粒物的尺度谱分布函数表示每单位粒径间隔内粒子的个数或体积，描述了气溶胶粒子含量随粒径的变化。使用较多的粒子数谱分布和粒子体积谱分布的表达形式如下：

$$n(r) = \frac{\mathrm{d}N}{\mathrm{d}r} \tag{1-1}$$

$$v(r) = \frac{\mathrm{d}V}{\mathrm{d}r} \tag{1-2}$$

式中，r 为粒子半径；$n(r)$ 为粒子数谱分布函数，表示单位体积内每单位粒径间隔内粒子的个数；$v(r)$ 为粒子体积谱分布函数，表示单位体积内每单位粒径间隔内粒子的体积。一般情况下，谱分布半径微分也可采用自然对数形式。

比较常用的粒子谱分布函数包括容格（Junge）谱、伽马（Gamma）谱、修正伽马（Modified Gamma）谱、对数正态（Log-Normal）谱和双对数正态（Bimodal Log-normal）谱。20 世纪中期，德国科学家 Junge 在对平流层气溶胶及相对洁净的对流层气溶胶开展大量观测的基础上，提出采用负指数函数来描述谱分布（Junge，1952），称为 Junge 谱：

$$\frac{\mathrm{d}N}{\mathrm{d}r} = Cr^{-(v+1)} \tag{1-3}$$

式中，C 为和大气颗粒物粒子浓度有关的系数；ν 一般为 2～4，与粒子群平均粒径大小相关。Junge 谱可近似地描述干净大气中半径介于 0.1～2 μm 的气溶胶粒子的分布。Gamma 谱的形式为

$$\frac{dN}{dr} = \frac{1}{ab\Gamma\left(\frac{1-2b}{b}\right)}\left(\frac{r}{ab}\right)^{(1-3b)/b} e^{-\frac{r}{ab}} \tag{1-4}$$

式中，a、b 为常数；Γ 为 Gamma 函数。Deirmendjian（1964）提出了更为复杂的具有单个峰值的修正 Gamma 谱：

$$\frac{dN}{dr} = ar^{\alpha}e^{-br^{\beta}} \tag{1-5}$$

式中，模型拟合参数 a、b、α、β 为正实数；α 为整数，与颗粒物类型有关。对数正态谱分布模型是基于 Junge 谱分布模型提出并发展的（Davies，1974），考虑了具有更大粒径的大气颗粒物，可较精确地描述自然大气中粒子谱特征。双对数正态谱分布模型是目前使用较广泛的粒子谱分布数学模型（Remer et al.，1998；Tanre et al.，1999；Dubovik and King，2000），可表达为粗、细两个模态各自的对数正态谱分布叠加的形式：

$$\frac{dN}{d\ln r} = \sum_{i=1}^{2} \frac{N_i}{\sqrt{2\pi}\sigma_i} \exp\left[-\frac{\left(\ln r - \ln r_{0,i}\right)^2}{2\sigma_i^2}\right] \tag{1-6}$$

式中，下标 i 表示大气颗粒物的粗、细两种模态；σ 为粒子半径标准差；r_0 为粒子平均半径。

3. 光学厚度

大气颗粒物光学厚度，又称气溶胶光学厚度（Aerosol Optical Depth，AOD），定义为整层大气气溶胶的消光系数在垂直方向上的积分，描述气溶胶颗粒物对光的衰减作用：

$$\tau(\lambda) = \int_0^{\infty} N \cdot \sigma_{\text{ext}}(\lambda)ds \tag{1-7}$$

式中，$\tau(\lambda)$ 为波段 λ 的光学厚度；N 为传播介质密度；$\sigma_{\text{ext}}(\lambda)$ 为介质在该波段的质量消光系数；ds 为路径微分。气溶胶光学厚度是大气气溶胶光学参数中最重要的参数。气溶胶光学厚度一般采用光学遥感探测的手段获取。地基遥感多波段气溶胶光学厚度精度可达 0.01（Holben et al.，1998）；在卫星遥感可获取的气溶胶参数中，气溶胶光学厚度也是发展最早、反演最稳定、精度最高的参数。

需要说明，考虑气溶胶整体时，式（1-7）中的介质密度、质量消光系数均是大气颗粒物自然状态的平均值，而当关注的目标转变为大气颗粒物中的某部分时，如细粒子气溶胶、粗粒子气溶胶、吸收性气溶胶，甚至黑碳、沙尘等成分，则相关参数应进行相应变化，并通过式（1-7）计算得到不同类型颗粒物的光学厚度。

4. Ångström 波长指数

气溶胶粒子在满足 Junge 谱分布［式（1-3）］的情况下，光学厚度与波长之间的关系可表示为

$$\tau(\lambda) = \beta\lambda^{-\alpha} \tag{1-8}$$

式中，β 称为大气浑浊度系数，与气溶胶粒子总数、粒子谱分布和复折射指数有关；α 为 Ångström 指数（Ångström Exponent，AE），是 Ångström（1964）提出的描述气溶胶光学厚度随波长变化的参数。Ångström 指数是衡量粒子群平均粒径大小的重要参数（Kaufman et al.，1994），可用于对大气颗粒物类型的粗略区分（Eck et al.，2009；2005；Smirnov et al.，2002）。AE 数值范围一般为 0～2，较小的 AE 代表粗颗粒物为主要粒子，而较大的 AE 代表细颗粒物占主导地位。Ångström 指数可由两个波长的光学厚度差异计算，对式（1-8）进行数学变形，可得 AE 的计算公式：

$$\alpha = -\frac{\ln\left(\tau_{\lambda_1}/\tau_{\lambda_2}\right)}{\ln\left(\lambda_1/\lambda_2\right)} \tag{1-9}$$

式中，λ_1、λ_2 为两个气溶胶观测波段（如通常可分别取 440 nm 和 870 nm）。

在研究光学吸收性气溶胶时，通常采用的一个重要参数是吸收性气溶胶波长指数（Absorption Ångström Exponent，AAE）。AAE 的定义和式（1-8）给出的 AE 指数类似，描述的是气溶胶吸收与波长的关系，可利用气溶胶吸收光学厚度（Absorption Aerosol Optical Depth，AAOD）在波长 λ 处的导数计算得到：

$$\alpha_{\text{abs}} = -\mathrm{d}\ln\left[\tau_{\text{abs}}(\lambda)\right] / \mathrm{d}\ln\lambda \tag{1-10}$$

$$\tau_{\text{abs}}(\lambda) = \tau(\lambda) \cdot \left[1 - \omega(\lambda)\right] \tag{1-11}$$

式中，α_{abs} 为 AAE；$\tau_{\text{abs}}(\lambda)$ 为波长 λ 处气溶胶吸收光学厚度，可由总光学厚度 $\tau(\lambda)$ 和单次散射反照率 $\omega(\lambda)$ 计算得到。

5. 单次散射反照率

大气颗粒物与入射辐射的相互作用主要包括散射和吸收两种形式，颗粒物的散射和吸收效应与入射光的波长、颗粒物成分（复折射指数）、颗粒物形态（尺度谱分布、形状）等因素相关。对于真实大气中的多粒子体系，散射系数和吸收系数可表

示为

$$k_{sca}(\lambda) = \int \sigma_{sca}\left[\lambda, m(\lambda), D_p\right] N(\ln D_p) d\ln D_p$$
$$= \int \frac{\pi}{4} D_p^2 Q_{sca}(m, \chi) N(\ln D_p) d\ln D_p \qquad (1\text{-}12)$$

$$k_{abs}(\lambda) = \int \sigma_{abs}\left[\lambda, m(\lambda), D_p\right] N(\ln D_p) d\ln D_p$$
$$= \int \frac{\pi}{4} D_p^2 Q_{abs}(m, \chi) N(\ln D_p) d\ln D_p \qquad (1\text{-}13)$$

式中，k_{sca} 和 k_{abs} 分别为散射系数和吸收系数，单位为 mol/L·m；$\sigma_{sca}(\lambda)$ 和 $\sigma_{abs}(\lambda)$ 分别为波长 λ 处的散射截面和吸收截面，是复折射指数 m 和粒径 D_p 的函数；N 为粒子谱分布；Q_{sca} 和 Q_{abs} 分别为散射效率和吸收效率，尺度参数 $\chi = \pi D_p / \lambda$。

单次散射反照率（Single Scattering Albedo，SSA）定义为大气颗粒物散射系数与消光系数（散射系数与吸收系数之和）的比值，反映气溶胶消光中吸收和散射部分的相对大小：

$$\omega(\lambda) = k_{sca}(\lambda) / k_{ext}(\lambda) = k_{sca}(\lambda) / \left[k_{abs}(\lambda) + k_{sca}(\lambda)\right] \qquad (1\text{-}14)$$

单次散射反照率是评估气溶胶辐射效应的重要光学特性，也是辐射强迫计算的关键输入参数之一。一般认为，当 SSA 大于 0.95 时大气颗粒物具有较强的散射性，对地-气系统起到冷却作用；而当 SSA 小于 0.85 时，大气颗粒物吸收性较强，对地-气系统起到加热作用。

6. 散射相矩阵

散射相矩阵（Scattering Phase Matrix）可以完整描述大气颗粒物的散射特性。如果不做关于散射体形状和位置的假设，散射相矩阵 $\boldsymbol{P}$ 由 16 个非零元素组成；而对于单个球形粒子而言，散射相矩阵的独立元素减少为 4 个（Liou，2002）：

$$\boldsymbol{P} = \begin{bmatrix} P_{11} & P_{12} & 0 & 0 \\ P_{12} & P_{22} & 0 & 0 \\ 0 & 0 & P_{33} & P_{34} \\ 0 & 0 & -P_{34} & P_{44} \end{bmatrix} \qquad (1\text{-}15)$$

散射相矩阵的第一个元素 P_{11} 称为散射相函数，表示电磁波被散射到特定方向上的概率。散射相函数满足以下归一化条件：

$$\int_0^{2\pi} \int_0^{\pi} \frac{P_{11}(\Theta)}{4\pi} \sin\Theta d\Theta d\phi = 1 \qquad (1\text{-}16)$$

式中，散射角 Θ 表示入射光的散射方向，即入射方向和散射方向的夹角；ϕ 为方位角；$\sin\Theta d\Theta d\phi$ 为微分立体角。入射光在方向 Θ 上的散射强度可以表示为

$$I(\Theta) = I_0 \frac{\sigma_{\text{sca}}}{r^2} \frac{P_{11}(\Theta)}{4\pi} \qquad (1\text{-}17)$$

式中，I_0 为入射强度；r 为观测点到粒子的距离；σ_{sca} 为散射截面。

1.3.3 辐射与环境效应

根据 1.3.1 节和 1.3.2 节的介绍，大气颗粒物主要集中于对流层大气中，来源广泛，组成十分复杂，其理化特性也有很大的变化范围。在从紫外到红外很宽的波谱范围内，大气颗粒物对电磁波有不同程度的吸收和散射作用，在地球大气辐射收支平衡和全球气候变化中扮演重要的角色。另外，大气颗粒物还严重影响全球大气环境质量（Toon，2000），其中细颗粒物 PM$_{2.5}$ 已成为大多数城市地区的首要空气污染来源。由于其广泛的空间分布、短暂的生命周期、巨大的时空变化、复杂的化学组成，以及对全球和区域气候以及大气环境质量的重要影响（Penner，2001；Ramanathan et al.，2001；王明星，2000），大气颗粒物已经成为大气科学领域研究关注的热点。

1. 辐射效应

大气颗粒物是影响气候变化的重要因子，主要通过以下三种方式影响全球气候。

（1）大气颗粒物对短波和长波辐射的直接散射和吸收作用，即直接辐射强迫。根据 IPCC 第五次评估报告中对各种因子对气候影响的评估，颗粒物中各成分的辐射强迫作用较为复杂，散射作用可降低入射到地气系统的太阳辐射，对大气起冷却作用；部分颗粒物可以吸收太阳短波辐射，对大气层起加热作用。气溶胶冷却和加热两种作用与其单次散射反照率及地表反射率等有关。

（2）大气颗粒物可通过对云的作用影响地气辐射系统的短波和长波辐射，即间接辐射强迫。气溶胶可增加大气中云凝结核的浓度，改变云的微物理结构和云反照率，进而改变地气辐射平衡（石广玉等，2008；张小曳，2007；颜鹏等，2004）。此外，气溶胶能够改变云的高度，延长云的寿命，进而对地气系统辐射产生间接影响。

（3）气溶胶是大气化学过程的重要因素，可以改变温室气体等其他大气成分的浓度分布，进而对全球气候变化产生影响。

气溶胶辐射特性很大程度上由气溶胶的化学成分及粒径等物理因素决定（姚青等，2012；Seinfeld and Pandis，1998）。图 1-9 显示了大气中各种排放物导致的辐射强迫（Boucher et al.，2013），包含了主要气溶胶成分的辐射效应。硫酸盐、铵盐等水溶性成分由于具有较高的单次散射反照率而对太阳辐射产生很强的散射作用，主要表现为致冷效应（Delene and Ogren，2002；Schwartz，1996）。气溶胶的散射作用主要集中在短波范围（波长小于 4 μm），但这一波段范围气溶胶同样具有明显的吸

收作用。黑碳是气溶胶中吸收特性最强的成分，在可见光至近红外光谱范围内有强
烈的吸收（Liousse et al.，1996；Haywood et al.，1997；Penner et al.，1998；Jacobson，
2001）。研究显示，黑碳吸收作用导致的大气增温可抵消 50%～100% 的硫酸盐类的
致冷效应，在某些强吸收气溶胶区域，气溶胶对大气层顶的辐射效应可能由致冷效
应变为增温效应（Haywood and Shine，1995；Charlock and Sellers，1980）。气溶胶粒
径也会对辐射效应产生影响，当气溶胶中吸湿性物质（如硫酸盐等）吸收水分粒径
增大后，其光学和物理参数特性发生变化，进而改变气溶胶辐射特性（Bohren and
Huffman，1998；Liou，2002）。例如，灰霾天气下气溶胶粒子的吸湿增长作用使得单
次散射反照率和不对称因子均明显增大（谢一凇等，2013）。

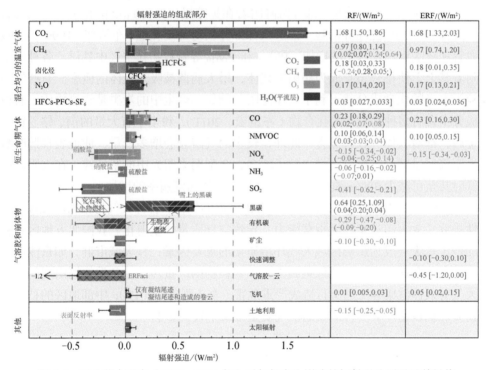

图 1-9　工业革命以来（1750～2011 年）对气候产生影响的辐射强迫因子及其量值
柱形表示辐射强迫（RF），不同的色彩和纹理表示不同的大气成分，误差线表示不确定性（ERF）
资料来源：IPCC 第五次评估报告第一工作组报告

2. 环境效应

　　大气颗粒物严重影响空气质量，引发了一系列环境问题，如能见度下降和酸雨
危害。气溶胶粒子对太阳光的散射和吸收影响大气能见度，使得可视距离缩短。沙
尘暴（以沙尘或浮尘为主）、灰霾（以细小烟尘或盐粒为主）、雾（吸湿性粒子强烈吸
收水汽）等不良天气状况均会降低大气能见度，为交通运输带来严重危险。气溶胶
粒子可以吸附或溶解大气中某些污染气体，产生化学反应，污染大气环境。例如，

燃烧排放的 NO、NO_2、SO_2 等气体，在紫外线的照射下会氧化，遇水滴或在高温的情况下生成硝酸、亚硝酸、硫酸等二次气溶胶，造成大气污染，导致酸雨或酸雾的形成。酸雾可随人的呼吸进入肺部组织；酸雨降落地面后可使土壤、湖泊、河流酸化，严重影响土壤、水体和动植物等生态系统，对城市建筑物、金属和文物古迹也有强烈的腐蚀作用。此外，气溶胶粒子还会导致光化学烟雾的产生。人为活动排放的碳氢化合物和氮氧化合物等一次污染物在阳光的作用下发生一系列复杂的化学反应，产生臭氧、醛、酮、酸、过氧乙酰硝酸酯等二次污染物，二次污染物与一次污染物相混合形成光化学烟雾，使得大气能见度显著降低，损害大气环境。

大气颗粒物严重影响人类健康。一般来说，直径大于 50 μm 的粒子难以被人体吸入，10～50 μm 的粒子绝大部分沉降附着在鼻腔里，5～10 μm 的粒子可进入气管或支气管，而小于 2.5 μm 的粒子能进入深部呼吸道乃至肺泡（车凤翔，1999），导致心血管和哮喘疾病发病率的增加。$PM_{2.5}$ 和 PM_{10} 等颗粒物在空气中悬浮，各种病菌易附着其上，使得气溶胶成为病菌的载体，增大病菌被吸入人体的概率。有些气溶胶粒子本身的化学成分就不利于人体健康。例如，烟尘中的炭黑是致癌物质，有机物成分中含有多种高毒性的化合物（岑世宏，2011），粉尘中有大量的镉、铬、铅等重金属，都对人体有较大危害。此外，较多的气溶胶会增多云量，使地表日照时数和太阳辐射量减少；城市中烟尘粒子增多，会削弱太阳光中的紫外线（在太阳高度较低时甚至可减少 30%～50%），可导致儿童佝偻病发病率的增加。

近 30 年来，随着我国工业化和城市化进程的加快，各种大气污染物高强度、集中性排放，大大超过了环境承载能力，导致空气质量严重退化。我国北方地区春秋季的沙尘暴天气成为影响区域大气环境质量的重要因素；特大城市群，如京津唐、长江三角洲和珠江三角洲地区遭到大气细颗粒物的严重污染，冬季频繁出现的霾污染天气对人体健康和交通出行造成严重危害（李正强等，2013）；中部地区的秸秆等生物质燃烧也给广大乡村区域的空气质量带来了较大影响。

第2章　大气颗粒物光学厚度

大气气溶胶光学厚度（Aerosol Optical Depth，AOD）是描述大气颗粒物特性的重要光学参量之一，也是卫星遥感大气颗粒物的基本参数。该参数不仅表征大气柱内的颗粒物含量，也体现颗粒物与环境相互影响的强度。本章在阐述大气颗粒物卫星遥感基本原理的基础上，面向不同种类的卫星遥感探测技术，有针对性地论述多光谱、多角度、多时相以及偏振卫星的大气颗粒物光学厚度反演算法的特征和优势，帮助读者了解卫星遥感的基本原理和多元探测手段。

2.1　大气颗粒物光学厚度卫星遥感原理

卫星传感器接收到的太阳短波（可见光至近红外波段）辐射（图 2-1）主要来源于两部分：一是入射太阳辐射未与地表交互、仅与大气中颗粒物和气体分子发生散射及吸收作用后进入传感器的部分（大气程辐射项）；二是入射太阳辐射穿透大气到达地表后发生反射，并再次经大气中颗粒物和气体分子散射及吸收后进入传感器的部分（地表辐射项）。其中，地表辐射项中还包括地表反射辐射被大气后向散射回地表，并经多次地表-大气相互作用后最终到达传感器的部分。一般情况下，多次散射项的量级较小，在一些计算中可取近似估计或忽略。

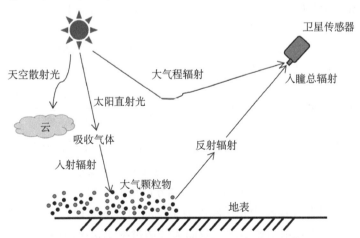

图 2-1　卫星观测大气辐射基本过程示意图（引自张莹等，2022）

在平面平行大气假设下，上述辐射过程可用物理模型表达：

$$I(\mu_v) = I^{atm}(\mu_v) + \mu_s F_0 \delta(\Omega, \Omega_0) T(\mu_s) \rho^{sur} T(\mu_v)$$
$$+ \mu_s F_0 \delta(\Omega, \Omega_0) T(\mu_s) \rho^{sur} S \rho^{sur} T(\mu_v) \qquad (2\text{-}1)$$
$$+ \mu_s F_0 \delta(\Omega, \Omega_0) T(\mu_s) \rho^{sur} S \rho^{sur} S \rho^{sur} T(\mu_v) + \cdots$$

式中，μ_s 和 μ_v 分别为太阳天顶角和卫星观测天顶角的余弦值；$I(\mu_v)$ 为卫星传感器接收到的辐射亮度（入瞳处辐亮度），单位是 W/（$m^2 \cdot$ sr）；$I^{atm}(\mu_v)$ 为大气程辐射项；F_0 为大气层顶（Top of Atmosphere，TOA）处太阳辐射通量密度，单位是 W/m^2；$\delta(\Omega, \Omega_0)$ 为狄拉克函数，表示信号仅在（入射→出射）立体角 $\Omega_0 \rightarrow \Omega$ 方向上存在，其他方向均为 0，单位为 sr^{-1}，因此，$F_0 \delta(\Omega, \Omega_0)$ 表示 $\Omega_0 \rightarrow \Omega$ 方向上的太阳光辐射亮度；S 为大气层半球反射率；ρ^{sur} 为地表反射率；$T(\mu_s)$ 和 $T(\mu_v)$ 分别为入射方向（向下）和出射方向（向上）的大气透过率。一般情况下，大气颗粒物遥感探测选择的波段为大气透过率较高的大气窗口波段，常用的包括可见光的 440 nm、490 nm、550 nm、670 nm 以及近红外的 865 nm 等通道，而尽量避开氧气、臭氧、水汽及其他痕量气体的吸收通道。式（2-1）等号右侧第一项为大气程辐射项，第二项为地表单次反射贡献项，第三项及之后的各项为大气下边界和地表多次反射耦合的贡献项。可以看出，等号右侧第二项及后面各项形成公比为 $S\rho^{sur}$ 的等比数列，当多次散射次数 n 取无穷大时，式（2-1）通过无穷级数求和变为

$$I(\mu_v) = I^{atm}(\mu_v) + \frac{\rho^{sur}\left[1 - \left(S\rho^{sur}\right)^n\right]}{1 - S\rho^{sur}} \mu_s F_0 \delta(\Omega, \Omega_0) T(\mu_s) T(\mu_v)$$
$$= I^{atm}(\mu_v) + \frac{\rho^{sur}}{1 - S\rho^{sur}} \mu_s F_0 \delta(\Omega, \Omega_0) T(\mu_s) T(\mu_v) \qquad (2\text{-}2)$$

对式（2-2）等号两侧在半球空间求积分，并利用太阳辐射项进行归一化，可将各波段的辐射亮度转化为光谱反射率形式：

$$\rho_\lambda^{toa}(\mu_s, \mu_v, \varphi_r) = \rho_\lambda^{atm}(\mu_s, \mu_v, \varphi_r) + \frac{T_\lambda(\mu_s) T_\lambda(\mu_v) S_\lambda \rho_\lambda^{sur}(\mu_s, \mu_v, \varphi_r)}{1 - S_\lambda \rho_\lambda^{sur}(\mu_s, \mu_v, \varphi_r)} \qquad (2\text{-}3)$$

式中，ρ_λ 为波长 λ 处的等效反射率，上标 toa、atm、sur 分别表示大气层顶、大气路径、地表，大气层顶反射率即卫星传感器入瞳处的等效反射率或表观反射率；φ_r 为相对方位角，定义为太阳方位角和卫星观测方位角的夹角。

本节简要介绍大气颗粒物光学厚度卫星反演的基本原理。分析式（2-3）等号右侧可以看出，大气程辐射贡献 ρ_λ^{atm}、双向大气透过率 $T(\mu_s)$ 和 $T(\mu_v)$、半球反射率 S 均是与卫星观测几何、大气颗粒物光学参数等相关的物理量，而地表方向反射率 ρ_λ^{sur} 是与观测几何、地表反射特性相关的物理量。当卫星观测几何已知时，大气颗粒物卫星遥感反演实质是基于式（2-3）等号左侧卫星观测的表观反射率，将等号右侧

的大气程辐射和地-气耦合两部分贡献分别估算出来的过程。因此，大气颗粒物光学厚度卫星遥感反演需要解决两个关键问题：一是对地表进行准确估算，将地表和大气部分对表观反射率的贡献进行分离，即通常所说的地-气解耦合；二是构建大气程辐射项，基于辐射传输模型建立反演查找表，获得不同观测几何、波段、气溶胶模型和光学厚度组合情况下所对应的大气反射率。在此基础上，通过设置适当的反演代价函数，得到与卫星实际观测最佳匹配的表观反射率模拟值，对应的 AOD 即反演结果。

其中，气溶胶模型的建立和选择是影响最终气溶胶光学厚度反演结果的重要因素。在实际反演过程中，可采用辐射传输模型自带的气溶胶模型，如 6SV（Kotchenova and Vermote，2007）和 MODTRAN（Berk et al.，2014）等，也可以采用更具区域适用性的气溶胶模型以获得更好的效果。例如，利用大范围、长时间地基遥感观测的多种光学-微物理参数，通过统计聚类等方法建立区域典型（城市型、大陆型、海洋型、沙漠型、生物质燃烧型等）气溶胶模型（Li et al.，2019；Omar et al.，2005）。

2.2　大气颗粒物光学厚度卫星探测技术

自 1972 年美国国家航空航天局（NASA）发射 Landsat 卫星以来，大气颗粒物卫星探测技术已有 50 年的发展历程。美国、日本、法国等国家和欧洲地区研制和发射了大量对地观测卫星，我国也发射了风云气象卫星系列、环境卫星系列、海洋卫星系列、高分卫星系列等，被全球学者广泛用于研究和定量反演大气颗粒物的特性。参考 Lee 等（2009）的总结和相关文献，表 2-1 汇总了可用于大气颗粒物探测的卫星载荷。不同卫星传感器的观测特点、技术优势各有特色，所采用的反演方法也不尽相同，本节对几种主要的大气颗粒物卫星探测技术进行概要介绍。

表 2-1　可用于大气颗粒物探测的主要卫星传感器

发射年份	卫星平台	传感器	波段设置 / μm
1972	Landsat	MSS	0.50～1.10，4 波段
1975	GOES	VISSR	0.65～12.5，5 波段
	Apollo-Soyuz	SAM	0.83，单波段
1979	AEM-2	SAGE	0.38～1.0，4 波段
	NOAA	AVHRR	0.57～11.50，5 波段
1984	ERBS	SAGE-2	0.38～1.02，4 波段
1991	UARS	HALOE	2.45～10.01，8 波段
1993	SPOT-3	POAM-2	0.35～1.06，9 波段
1994	SSD	LITE	0.35～1.06，3 波段
1995	ERS-2	ATSR-2	0.55～12.0，7 波段
		GOME	0.24～0.79，高光谱
1996	ADEOS	POLDER-1	0.44～0.91，9 波段
	Earth Probe	TOMS	0.31～0.36，6 波段
1997	OrbView-2	SeaWiFS	0.41～0.86，8 波段

发射年份	卫星平台	传感器	波段设置 / μm
1997	TRMM	VIRS	0.63~12.0，5 波段
1998	SPOT-4	POAM-3	0.35~1.01，9 波段
1999	Terra	MODIS	0.4~14.4，36 波段
		MISR	0.45~0.87，4 波段
2001	METEOR-3M	SAGE-3	0.38~1.54，9 波段
	Proba	CHRIS	0.40~1.05，62 波段
	Odin	OSIRIS	0.27~0.81，1 波段
	Aqua	MODIS	0.4~14.4，36 波段
2002	ENVISAT	AATSR	0.55~12.0，7 波段
		MERIS	0.4~1.05，15 波段
		SCIAMACHY	0.24~2.40，1 波段
	ADEOS-2	POLDER-2	0.44~0.91，9 波段
		ILAS-2	0.75~12.8，4 波段
		GLI	0.38~12.0，36 波段
	MSG-1	SEVIRI	0.6~13.4，12 波段
2003	ICEsat	GLAS	0.53~1.06，2 波段
2004	Aura	OMI	0.27~0.50，3 波段
2005	PARASOL	POLDER-3	0.44~1.02，9 波段
2006	CALIPSO	CALIOP	0.53~1.06，2 波段
	MetOp-A	GOME-2	0.24~0.79，高光谱
2008	FY-3	MERSI	0.4~12.5，20 波段
	HJ-1A/1B	CCD、IRS	0.43~12.5，8 波段
2010	COMS	GOCI	0.41~0.86，8 波段
2011	Suomi-NPP	VIIRS	0.41~12.01，22 波段
2012	MetOp-B	GOME-2	0.24~0.79，高光谱
2014	Himawari-8	AHI	0.43~13.4，16 波段
2015	GF-4	PMS	0.45~0.90，5 波段
2016	FY-4	AGRI	0.45~13.8，14 波段
	TG-2	MAI	0.56~0.91，6 波段
	Tansat	CAPI	0.38~1.64，5 波段
	Himawari-9	AHI	0.43~13.4，16 波段
2017	GICOM-C	SGLI	0.67~0.87，2 波段
	Sentinel-5p	Tropomi	0.27~2.38，3 波段
2018	GF-5	DPC	0.44~0.91，8 波段
	MetOp-C	GOME-2	0.24~0.79，高光谱
2020	GFDM	SMAC	0.49~2.25，8 波段
	HJ-2	PSAC	0.41~2.25，9 波段
	GK-2B	GOCI-II	0.38~0.87，13 波段
2021	GF-5(02)	DPC-II	0.44~0.91，8 波段
		POSP	0.38~2.25，9 波段
2022	DQ-1	DPC-III	0.44~0.91，8 波段
		POSP-II	0.38~2.25，9 波段
	CM-1	DPC-IV	0.44~0.91，8 波段

1. 单波段探测

单波段探测的观测信息非常有限，一般仅适用于反射率较低且稳定的下垫面上空的大气颗粒物反演，如 NOAA/AVHRR（图 2-2）利用 0.63 μm 通道观测对海洋上空 AOD 进行反演。单波段反演的主要原理是基于下垫面反射率较低的特点，地表反射率（或海洋表面离水辐射）可通过较简便的模型计算得到，从而分离出大气颗粒物散射贡献。此时，式（2-3）中等号右侧第一项对卫星表观反射率的贡献远大于第二项，表观反射率变化与 AOD 的变化基本呈线性关系，可通过建立辐射传输查找表实现 AOD 的反演。

图 2-2　搭载先进甚高分辨率辐射计（AVHRR）的 NOAA-19 卫星
（引自 https://www.ospo.noaa.gov/Operations/POES/index.html）

2. 多波段探测

与单波段探测相比，多波段探测的优势在于两个方面：一是使用多个通道的观测信息，能够对大气颗粒物参数进行更好的约束，提高反演精度，如 SeaWiFS 等卫星传感器采用多波段探测获得海洋上空 AOD；二是地表反射率在一些特定探测通道之间存在较为稳定的线性关系，利用多个通道观测数据可以联合获取地表反射率和大气颗粒物信息，最具有代表性的是 MODIS（图 2-3）传感器反演陆地上空 AOD 的暗目标法（将在 2.3.1 节介绍）。

图 2-3　搭载中分辨率成像光谱仪（MODIS）的 Aqua 卫星
（引自 https://aqua.nasa.gov/content/about-aqua）

3. 多角度探测

多角度探测通过不同观测角度对地成像，利用地表、大气颗粒物的方向性散射（反射）特征，基于角度和空间信息进行地-气解耦，实现大气颗粒物的反演。多角度与多波段结合，使有效数据量大幅增加，同时提供不同于光谱维度的角度观测信息。通常情况下，由于光程较长，较大的观测角度对大气的变化更为敏感，可用于对大气颗粒物的探测。典型的多角度卫星传感器为美国的 Terra/MISR 传感器（图 2-4），其利用 CCD 面阵相机在不同观测角度下进行对地观测，最多可获取地面像元 9 个不同角度的多波段辐射信息。结合多光谱和多角度信息可对大气颗粒物参数反演进行更好的约束，进而实现高精度反演（将在 2.3.2 节介绍）。

图 2-4   搭载多角度成像光谱辐射计（MISR）的 Terra 卫星
（引自 https://eospso.gsfc.nasa.gov/sites/default/files/sat/Terra_b.jpg）

4. 偏振探测

卫星强度辐射（标量）探测对地表敏感，在传统非偏振卫星探测信号中大气颗粒物往往是弱信息，其参数反演能力和精度受到较大限制。电磁波的偏振特征对大气颗粒物更为敏感（Hasekamp and Landgraf，2007），可为大气颗粒物反演提供更多的信息。偏振探测可与多光谱和多角度的观测方式结合，在强度的基础上拓展多个维度的颗粒物探测信息，提高反演的精度并获取更多的反演参量。这种结合多角度、多波段、偏振和强度辐射的探测方式被认为是目前较为全面、先进的大气颗粒物卫星探测技术（图 2-5、图 2-6）。

高分辨率对地观测系统（简称高分）系列卫星中的高分五号卫星（图 2-7）于 2018 年 5 月成功发射，其上搭载多角度偏振成像仪（Directional Polarimetric Camera，DPC），是中国自主研发的第一个同时具备多角度、多波段、强度和偏振成像探测能力的星载传感器。

图 2-5　搭载地球偏振与方向性反射传感器（POLDER-3）的 PARASOL 卫星
（引自 https://www.nasa.gov/images/content/414610main_PARASOL-satellite.jpg）

图 2-6　搭载多角度偏振成像仪（DPC）的高分五号卫星

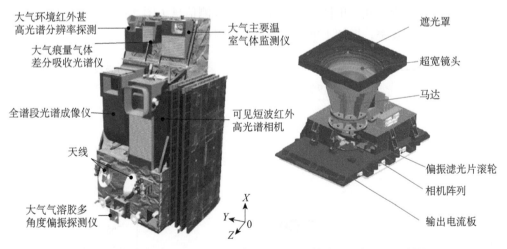

图 2-7　高分五号卫星（左）及其搭载的 DPC 传感器（右）主要结构
（引自 Li et al.，2018）

DPC 传感器采用沿轨方向连续拍照成像方式，可以实现地面同一目标像元 9~12 个观测角度的辐射信息探测，同时滤光-偏振片轮快速旋转，以获取不同光谱通道的偏振和强度辐射信号（李正强等，2019b）（图 2-8）。DPC 具有宽视场的特点，CCD 探测阵列（512×512）的瞬时视场角为 ±50°，幅宽约为 1850 km，两天即可覆盖全球海陆区域。

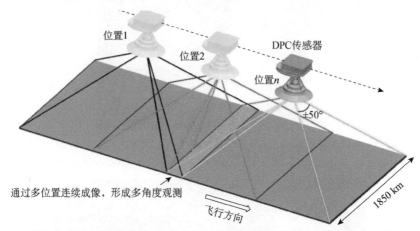

图 2-8　DPC 传感器沿轨方向多角度成像原理（引自李正强等，2019b）

DPC 探测波段包括可见光至近红外区间的 443 nm、565 nm、763 nm、765 nm、910 nm 五个非偏振波段，以及 490 nm、670 nm、865 nm 三个偏振波段。每个偏振波段通过 0°、60°、120° 三个不同解析角度的偏振通道进行组合测量，获得 Stokes 分量（I、Q、U）。DPC 传感器 443 nm、490 nm、565 nm、670 nm 和 865 nm 的 5 个波段主要用于探测大气颗粒物、云、陆表和海表信息，763 nm 和 765 nm 位于 O_2-A 吸收带附近，可探测氧气和大气压，910 nm 为水汽吸收探测波段。DPC 采用多波段、多角度和偏振探测方式，单像元可获得 126 个探测信息（图 2-9），有效提高了传感器的探测能力和效率，增加了可反演的参数并提高了反演精度。

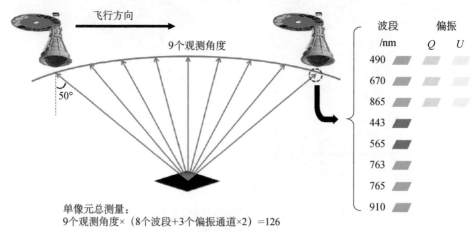

图 2-9　高分五号 DPC 传感器多维度信息观测示意图（引自 Li et al.，2018）

5. 高时相探测

静止轨道卫星对确定区域的探测频次可以达到小时、分钟级，高时间分辨率是其主要探测优势。这种"高时相"探测模式尤其适用于重点地区对大气环境的连续监测，动态捕捉大气污染状态及演变特征。具有大气气溶胶探测能力的代表性静止轨道卫星传感器包括美国 GOES 气象卫星系列上搭载的 VISSR、韩国 COMS 卫星上搭载的 GOCI、日本 Himawari-8 卫星搭载的 AHI（图 2-10），以及我国 FY-4 气象卫星搭载的 AGRI 等。利用静止卫星的凝视探测方式，基于"地表随时间慢变、气溶胶随时间快变"特性的时间序列气溶胶反演算法逐步得到了发展和应用（将在 2.3.5 节中介绍），并进一步在伪多时相的气溶胶探测中获得拓展，如 MODIS 伪多角度大气校正算法（MAIAC）（Lyapustin et al.，2011）。

图 2-10 搭载先进葵花成像仪（AHI）的 Himawari-8 卫星
（引自 https://www.jma.go.jp/jma/jma-eng/satellite/index.html）

2.3 大气颗粒物光学厚度卫星反演算法

2.3.1 中分辨率成像光谱仪算法

1. 暗目标法

美国 NASA 发射的 Aqua 卫星和 Terra 卫星上搭载了中分辨率成像光谱仪（Moderate Imaging Spectrometer，MODIS）。暗目标（Dark Target，DT）法由 Kaufman 等（1997）提出并应用在 MODIS 传感器，其基本假设是陆地上浓密植被、湿土壤及水体区域为红光（0.66 μm）和蓝光（0.47 μm）波段遥感影像上的"暗像元"，反射率较低，对卫星表观反射率的贡献相对较小，在清洁无云的陆地暗像元上空，表观反射率随 AOD 的增加而增加；MODIS 短波红外通道（2.12 μm）信号中大气占比小，大气颗粒物等的贡献可以忽略，卫星在此通道观测的表观反射率可近似认为是真实地表反射率。同时，暗像元的红、蓝光通道地表反射率与短波红外通道地表反射率存在相对固定的线性关系：

$$\rho_{0.47}^{\text{sur}} = \frac{1}{4}\rho_{2.12}^{\text{sur}} \qquad (2\text{-}4)$$

$$\rho_{0.66}^{\text{sur}} = \frac{1}{2}\rho_{2.12}^{\text{sur}} \qquad (2\text{-}5)$$

式中，ρ^{sur} 为地表反射率（下标分别表示蓝光 0.47 μm、红光 0.66 μm、短波红外 2.12 μm）。植被冠层模拟研究发现，这种关系的出现是由植被中叶绿素对可见光的吸收及水分对近红外的吸收共同作用形成的（Kaufman et al.，2002）。基于上述假设，可以较简便地利用 2.12 μm 通道表观反射率实现对红、蓝光通道地表反射率的近似估算（Tanre et al.，1999；Eck et al.，1999），进而利用查找表等方法实现 AOD 的反演（Kaufman et al.，1997）。然而，研究发现上述线性关系获得的地表反射率有一定的低估，导致 AOD 反演比基验证偏高约 0.1（Chu et al.，2002；Remer et al.，2005）；也有一些研究显示，某些地表存在显著的双向反射特性，式（2-4）、式（2-5）描述的可见光-近红外线性关系受观测几何影响较大，甚至可能失效（Gatebe et al.，2001；Remer et al.，2001）。Levy 等（2007a）通过引入受大气影响较小的归一化植被指数（Normalized Difference Vegetation Index，NDVI），进一步对暗像元地表估算线性关系进行订正，将可见光波段地表反射率估算改为先利用 2.12 μm 表观反射率估算 0.66 μm 波段的地表反射率，再通过 0.66 μm 传递到 0.47 μm（图 2-11），同时考虑了观测几何的影响，实现了更高精度地表反射率的估算，在 MODIS 较新版本的 C5 和 C6 算法中得到应用（Levy et al.，2010，2013）：

$$\rho_{0.66}^{\text{sur}} = f\left(\rho_{2.12}^{\text{sur}}\right) = \rho_{2.12}^{\text{sur}} \cdot \text{slope}_{0.66/2.12} + \text{yint}_{0.66/2.12} \qquad (2\text{-}6)$$

$$\rho_{0.47}^{\text{sur}} = g\left(\rho_{0.66}^{\text{sur}}\right) = \rho_{0.66}^{\text{sur}} \cdot \text{slope}_{0.47/0.66} + \text{yint}_{0.47/0.66} \qquad (2\text{-}7)$$

$$\text{slope}_{0.66/2.12} = \text{slope}_{0.66/2.12}^{\text{NDVI}_{\text{SWIR}}} + 0.002\Theta - 0.27 \qquad (2\text{-}8)$$

$$\text{yint}_{0.66/2.12} = -0.00025\Theta + 0.033 \qquad (2\text{-}9)$$

$$\text{slope}_{0.47/0.66} = 0.49 \qquad (2\text{-}10)$$

$$\text{yint}_{0.47/0.66} = 0.005 \qquad (2\text{-}11)$$

$$\text{slope}_{0.66/2.12}^{\text{NDVI}_{\text{SWIR}}} = \begin{cases} 0.48\,(\text{NDVI}_{\text{SWIR}} < 0.25) \\ 0.58\,(\text{NDVI}_{\text{SWIR}} > 0.75) \\ 0.48 + 0.2\,(\text{NDVI}_{\text{SWIR}} - 0.25)\,(0.25 \leqslant \text{NDVI}_{\text{SWIR}} \leqslant 0.75) \end{cases} \qquad (2\text{-}12)$$

暗目标法是卫星遥感陆地上空 AOD 反演应用最广泛的算法，也为其他卫星传感器的大气颗粒物反演提供了可参考的思路。例如，不具备近红外和短波红外通道观测能力的卫星传感器，可根据 NDVI 参数提取影像区域最浓密的植被像元，进而确定地表反射率（Kaufman and Sendra，1988）；无短波红外观测的传感器也可将 2.1 μm 通道变换为受大气影响同样较小的 1.65 μm 通道，并通过建立该通道与红蓝光波段反射率的线性关系对地表反射率进行估算。

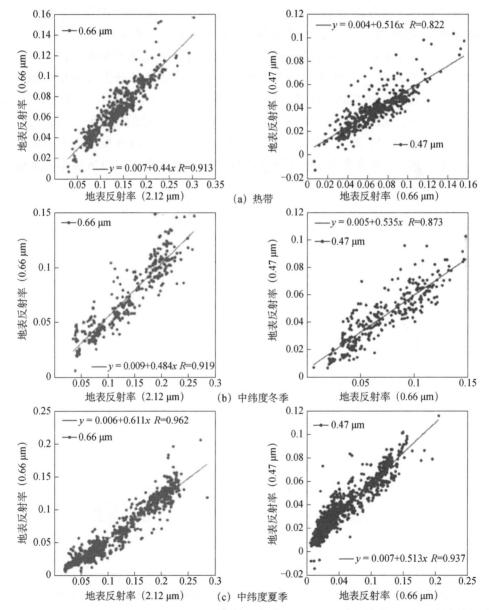

图 2-11　不同地区、季节的非城市站点（暗地表）红光、蓝光、短波红外波段地表反射率线性关系（引自 MODIS_ATBD_MOD04-C005）

　　基于暗像元地表反射率估算，MODIS 的 DT 算法采用查找表方法进行陆地上空 AOD 反演。查找表的建立需要确定气溶胶模型，一般采用多波段的复折射指数光谱、粒子尺度谱分布等参数描述气溶胶模型，通过 Mie 散射（适用于球形粒子）或 T 矩阵（适用于椭球形粒子）方法实现微物理参数到光学参数的转换（即气溶胶模型对应的单次散射反照率和散射相函数等）。对于全球陆地区域，DT 算法设置了 5 种气溶胶模型（Levy et al.，2007b），包括大陆型、中等吸收型（发展中国家型）、吸收型（烟尘型）、非吸收型（城市工业型）和椭球形（沙漠型）；每种模型均由 2 个及以上的对数正态分布的模态组成，其微物理和光学特性来源于 AERONET 的太阳-天空辐射计观测数据，并通过聚类方法获得气溶胶模型的参数。在此基础上，MODIS 算法针对全球不同区域（1°×1°网格）、不同季节设定了气溶胶模型，反演结果可较好地反映全球典型陆地区域的气溶胶分布情况。需要说明，MODIS-DT 算法采用的全球气溶胶模型从 C5 到 C6 版本的产品更迭发生了一定变化，主要表现在细粒子气溶胶模型的时空分布方面（C6 版本气溶胶模型分布如图 2-12 所示）。

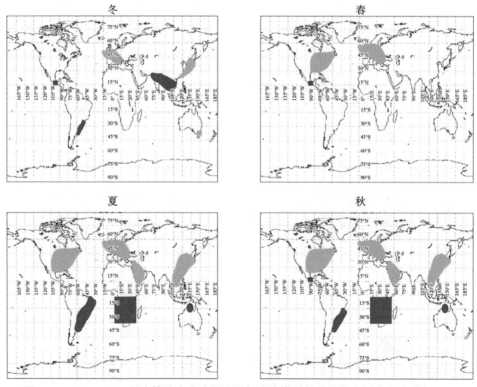

图 2-12　MODIS-C6 版本算法中全球细粒子气溶胶模型的季节性空间分布（引自 Levy et al.，2013）

红色表示强吸收；绿色表示弱吸收；无色表示中等吸收

2. 深蓝算法

暗目标法主要应用于卫星影像中含有浓密植被、水体等暗像元的情况，而对于沙漠、干旱/半干旱等以亮地表（特别是可见光红光波段）为主的区域，则难以获得高精度的 AOD 反演结果。对于亮地表地区，MODIS 采用深蓝（Deep Blue，DB）算法（Hsu et al.，2004，2006）作为暗目标法的有效补充。深蓝算法首先需要获得目标区域的背景图像，作为初始地表反射率输入。背景图像是指不受气溶胶影响或受影响较小的影像，一般来源于长时间序列地表反射率气候学统计数据，可以利用最小反射率技术（Minimum Reflectivity Technique）获取（Herman and Celarier，1997；Koelemeijer et al.，2003）。其基本原理是假设同一区域地表覆盖类型在季节/月尺度上变化较小，对于一个月内的卫星观测数据，区域内每个像元均存在一个"最清洁"的场景，对应最小表观反射率，可认为此时不受气溶胶和云的影响，卫星表观反射率仅由大气分子瑞利散射和地表均一朗伯体表面反射贡献构成。利用大气辐射传输模型结合地面高程建立瑞利散射查找表，去除大气分子散射影响，进而获得此像元的地表反射率。在实际反演中，为减小云阴影对地表反射率估算的影响，首先获取深蓝波段（412 nm）反射率最小的像元的朗伯等效反射率（该波段受云阴影的影响较小），再进一步估算其他波段（470 nm、650 nm）的地表反射率。另外，为了减小观测角度对地表反射率的影响（地表双向反射特性），地表反射率计算采用了接近天底观测方向的数据。最小反射率技术最终可输出全球亮地表区域（0.1°×0.1°网格）的多波段地表反射率数据，用于后续 AOD 反演。

由于深蓝算法主要针对的是沙漠、干旱及半干旱地区的反演，与暗目标法相比，深蓝算法气溶胶模型较为简单，只考虑了沙漠型主导和沙漠/烟尘混合型两种气溶胶模型，反演时气溶胶模型的选择与全球干旱/半干旱区域的地理位置和季节有关。其中，混合型气溶胶主要是考虑非洲荒漠草原区域的季节性生物质燃烧带来的烟尘颗粒，进行查找表计算时利用一个混合比例参数，对沙尘模型和烟尘模型的表观反射率模拟值进行线性组合，得到总体表观反射率。建立查找表时考虑的气溶胶模型参数包括光学厚度、单次散射反照率和散射相函数，通过最大似然估计方法寻找查找表中多波段表观反射率与卫星观测的表观反射率光谱匹配达到最佳的情况，即对应所要反演的亮地表上空气溶胶光学厚度（Hsu et al.，2006）。

2.3.2　多角度成像光谱仪算法

多角度成像光谱仪（Multi-angle Imaging SpectroRadiometer，MISR）搭载于 Terra 卫星，采用 9 个不同视角的相机探测地表和大气，对地成像角度分别为 0°、±26.1°、±45.6°、±60.0°、±70.5°（0°表示天底观测，正负号表示前向和后向观测），探测波段包括可见光–近红外区间的 446 nm、558 nm、672 nm 和 866 nm 四个通道。MISR 现行的气溶胶光学厚度反演方法为经验正交函数（Empirical Orthogonal Function，EOF）

法，利用多个角度的观测信息，构建多角度辐射协方差矩阵，通过协方差矩阵的经验正交函数的线性组合对地表反射贡献进行估算，进而实现气溶胶光学参数的反演（Diner et al.，2005）。EOF 法最初是面向非均匀地表上空气溶胶反演的需求建立的，又称为非均匀地表法（Martonchik et al.，1998）。该方法假设在足够"大"的空间范围（MISR 设置 16×16 像元，即 17.6 km $\times$ 17.6 km 的范围为一个反演区域）内满足地表非均匀、大气均一的条件，不依赖于地表类型的准确描述或地表反射率的准确估算，而是通过数学变化用 EOF 表达反演区域的平均地表辐射贡献，实现地表反射和大气辐射的有效分离。下面对该算法的数学过程进行简要介绍（MISR_Level 2 Aerosol Retrieval ATBD，2008）。

将区域内各像元的 TOA 表观反射率减去区域中某一个像元的 TOA 表观反射率，可得

$$J_{x,y}\left(\mu,\mu_0,\varphi-\varphi_0\right)=\rho_{x,y}\left(\mu,\mu_0,\varphi-\varphi_0\right)-\rho_{\text{bias}}\left(\mu,\mu_0,\varphi-\varphi_0\right) \tag{2-13}$$

式中，$\rho_{x,y}$ 为区域内坐标为(x,y)的像元的表观反射率；μ、μ_0、φ 和 φ_0 分别为观测天顶角、太阳天顶角、观测方位角和太阳方位角；ρ_{bias} 为区域内所有像元统一扣除掉的表观反射率（即表观反射率偏置项）；$J_{x,y}$ 为各像元扣除偏置项后的表观反射率（Martonchik et al.，2002）。在实际反演中，MISR 设置 ρ_{bias} 为天底观测方向中该区域内绿光波段的最小表观反射率，进而获取 9 个角度、4 个波段下扣除偏置项后的表观反射率。由于假设区域内大气均一，式（2-13）的求差过程已将大气程辐射扣除，$J_{x,y}$ 仅与地表反射贡献 ρ^{sur} 有关，又称为地表函数：

$$J_{x,y}\left(\mu,\mu_0,\phi-\phi_0\right)=\rho_{x,y}^{\text{sur}}\left(\mu,\mu_0,\varphi-\varphi_0\right)-\rho_{\text{bias}}^{\text{sur}}\left(\mu,\mu_0,\varphi-\varphi_0\right) \tag{2-14}$$

在此基础上，定义协方差矩阵：

$$C_{i,j}=\sum_{x,y}J_{x,y,i}\cdot J_{x,y,j}=\sum_{x,y}\left[\rho_{x,y}^{\text{sur}}\left(i\right)-\rho_{\text{bias}}^{\text{sur}}\left(i\right)\right]\cdot\left[\rho_{x,y}^{\text{sur}}\left(j\right)-\rho_{\text{bias}}^{\text{sur}}\left(j\right)\right] \tag{2-15}$$

式中，i 和 j 表示各相机对应的观测几何；$C_{i,j}$ 为 $N_{\text{cam}} \times N_{\text{cam}}$ 的矩阵（N_{cam} 为有效观测角度个数，MISR 一般为 9），其特征向量 $f_{i,n}$ 即特征向量方程的解：

$$\sum_{j=1}^{N_{\text{cam}}}C_{i,j}\cdot f_{j,n}=\lambda_n\cdot f_{i,n} \tag{2-16}$$

式中，λ_n 为特征向量 $f_{i,n}$ 对应的特征值。一般情况下，N_{cam} 个 N_{cam} 维特征向量形成正交空间，满足：

$$\sum_{i=1}^{N_{\text{cam}}}f_{i,n}\cdot f_{i,m}=\delta_{nm}=\begin{cases}1,n=m\\0,n\neq m\end{cases} \tag{2-17}$$

因此，地表函数可展开为如下形式：

$$J_{x,y,i} = \rho_{x,y}^{sur}(i) - \rho_{bias}^{sur}(i) = \sum_{n=1}^{N_{cam}} A_n^{x,y} \cdot f_{i,n} \qquad (2\text{-}18)$$

与 MODIS 等反演算法实现多波段表观反射率的最佳匹配不同，MISR 的 EOF 算法是利用最小二乘原理，寻找区域内表观反射率随观测角度的变化特性与经验正交函数线性组合的最佳匹配，此时对应的气溶胶光学厚度即为所求。算法构建的代价函数如下：

$$\chi_{het}^{2}(\tau) = \cfrac{\displaystyle\sum_{l=1}^{4}\sum_{j=1}^{9} v(l,j) \cdot \left[\left|\langle\rho_{MISR}(l,j)\rangle - \rho^{black}(l,j)\right| - \sum_{n=1}^{N(l)} A_n(l)\cdot f_{j,n}(l)\right]^2}{\sigma^2(l)} \Bigg/ \displaystyle\sum_{l=1}^{4}\sum_{j=1}^{9} v(l,j) \qquad (2\text{-}19)$$

式中，l 为波段，j 为角度，且各参数均是描述对应波段和角度下的物理量；$\langle\rho_{MISR}\rangle$ 为区域内表观反射率均值；如果 $\langle\rho_{MISR}\rangle$ 有效，则 $v=1$，否则 $v=0$；ρ^{black} 为下垫面为黑体时的表观反射率，即 AOD 为 0 时的大气程辐射；σ^2 为对应的方差；N 为所用的特征向量个数。此外，展开项系数 A_n 可通过对式（2-19）的正交归一化获得：

$$A_n(l) = \left[\sum_{j=1}^{9}\left[\rho_{MISR}(l,j) - \rho^{black}(l,j)\right]\right] \cdot f_{j,n}(l) \qquad (2\text{-}20)$$

在气溶胶模型方面，MISR 官方算法采用粒子形状（球形、沙尘形）、粒径大小（尺度谱均值半径、方差）、光谱吸收特性（复折射指数、单次散射反照率）等参量进行描述。将 8 种不同的单成分气溶胶粒子类型（表 2-2）中的两种或三种按照不同比例进行组合，形成 74 种气溶胶模型（表 2-3）。

表 2-2　MISR 构建气溶胶模型使用的 8 种颗粒物光学-物理参数

成分类型	复折射指数		粒子数谱分布			单次散射反照率
	实部	虚部	中值半径/μm	标准差	有效半径/μm	
1：球形	1.45	0.00	0.03	0.501	0.06	1.000
2：球形	1.45	0.00	0.06	0.531	0.12	1.000
3：球形	1.45	0.00	0.12	0.560	0.26	1.000
6：球形	1.45	0.00	1.00	0.642	2.80	1.000
8：球形	1.45	0.0147	0.06	0.531	0.12	B-0.911 G-0.900 R-0.885 N-0.853

续表

成分类型	复折射指数		粒子数谱分布			单次散射反照率
	实部	虚部	中值半径/μm	标准差	有效半径/μm	
14：球形	1.45	0.0325	0.06	0.531	0.12	B-0.821 G-0.800 R-0.773 N-0.720
19：沙尘形	B-1.50 G-1.51 R-1.51 N-1.51	B-0.0041 G-0.0021 R-0.00065 N-0.00047	0.5	0.405	0.21	B-0.919 G-0.977 R-0.994 N-0.997
21：沙尘形	1.51	B-0.0041 G-0.0021 R-0.00065 N-0.00047	1.0	0.693	3.32	B-0.810 G-0.902 R-0.971 N-0.983

注：B/G/R/N 分别表示 MISR 的蓝光、绿光、红光、近红外波段。

资料来源：引自 MISR_Level 2 Aerosol Retrieval ATBD，2008。

表 2-3　MISR 反演气溶胶光学厚度采用的气溶胶模型

模型序号	谱分布模态	成分类型	各成分光学厚度混合比例变化区间
1-10	双模态	1+6	0~0.2（1）；1.0~0.8（6）
11-20	双模态	2+6	0~0.2（2）；1.0~0.8（6）
21-30	双模态	3+6	0~0.2（3）；1.0~0.8（6）
31-40	双模态	8+6	0~0.2（8）；1.0~0.8（6）
41-50	双模态	14+6	0~0.2（14）；1.0~0.8（6）
51-53	三模态	2+6+19	0.72~0.16（2）；0.08~0.64（6）；0.20（19）
54-56	三模态	2+6+19	0.54~0.12（2）；0.06~0.48（6）；0.40（19）
57-59	三模态	2+6+19	0.36~0.08（2）；0.04~0.32（6）；0.60（19）
60-62	三模态	2+6+19	0.18~0.04（2）；0.02~0.16（6）；0.80（19）
63-66	三模态	2+19+21	0.40（2）；0.48~0.12（19）；0.12~0.48（21）
67-70	三模态	2+19+21	0.20（2）；0.64~0.16（19）；0.16~0.64（21）
71-74	双模态	19+21	0.8~0.2（19）；0.2~0.8（21）

注：第三列中的数值以及第四列括号中的数值对应表 2-2 中成分类型编号。

资料来源：引自 MISR_Level 2 Aerosol Retrieval ATBD，2008。

2.3.3　地球反射偏振和方向性传感器算法

　　法国于 2004 年 12 月发射的 PARASOL 卫星上搭载了 POLDER-3 偏振多角度对地观测传感器，在轨稳定运行约 9 年时间，于 2013 年 10 月结束探测任务。与其他辐射强度探测卫星相比，POLDER-3 在多波段、多角度探测基础上增加了偏振维度，提高了获取大气颗粒物及云散射特性的能力，为卫星遥感反演更多的气溶胶参数提供了新的技术手段。

　　由于大气细模态球形颗粒散射产生高偏振光，卫星偏振观测信号对细颗粒物更为敏感。研究表明，在一定散射角范围内（80°~140°），地球大气偏振信号主要来源于细粒子气溶胶的贡献，而粗模态气溶胶的贡献基本可以忽略（Tanre et al.，

2011），因此 POLDER-3 的偏振反演方法和产品主要针对细粒子气溶胶。POLDER-3 具有 490 nm、670 nm 和 865 nm 三个偏振波段，但由于蓝光波段受分子散射影响较大，其官方算法仅采用了红光和近红外两个偏振通道进行反演。

地表偏振反射的贡献主要是由地表植被叶面或土壤表面的镜面反射产生，且随角度变化特性显著，但与地表强度反射率相比，地表偏振反射率的量级较低，且具有基本不随波长变化的独特优势（Maignan et al.，2009）。POLDER-3 反演算法利用全球地表覆盖类型数据（International Geosphere-Biosphere Programme，IGBP）和归一化植被指数（NDVI），引入 Nadal 和 Bréon（1999）提出的半经验模型对地表偏振反射贡献进行估算。首先，考虑菲涅尔反射，偏振分量是入射角 A_{inc}、折射角 A_{ref} 的函数：

$$F_p\left(A_{inc}\right)=\frac{1}{2}\left[\left(\frac{n\mu_t-\mu_i}{n\mu_t+\mu_i}\right)^2-\left(\frac{n\mu_i-\mu_t}{n\mu_i+\mu_t}\right)^2\right] \qquad (2\text{-}21)$$

式中，n 为复折射指数实部（一般可设为固定值 1.5）；μ_i 和 μ_t 分别为入射角 A_{inc} 和折射角 A_{ref} 的余弦。入射角和折射角可通过卫星观测几何计算：

$$\begin{cases}\cos A_{sca}=-\cos\theta_s\cos\theta_v-\sin\theta_s\sin\theta_v\cos\varphi_r \\ A_{inc}=\left(\pi-A_{sca}\right)/2 \\ \sin A_{inc}=n\sin A_{ref}\end{cases} \qquad (2\text{-}22)$$

式中，θ_s 和 θ_v 分别为太阳天顶角和观测天顶角；φ_r 为相对方位角；A_{inc} 为散射角。由此，地表偏振反射率 ρ_p^{sur} 可通过菲涅尔反射半经验公式计算：

$$\rho_p^{sur}\left(\theta_v,\theta_s,\varphi_r\right)=a\left[1-\exp\left(-b\frac{F_p\left(A_{inc}\right)}{\mu_s+\mu_v}\right)\right] \qquad (2\text{-}23)$$

式中，μ_s 和 μ_v 分别对应 θ_s 和 θ_v 的余弦值，经验系数 a 和 b 可由地表覆盖类型（森林、灌木、低植被、沙漠）和归一化植被指数数值范围确定（表 2-4）。

表 2-4　全球地表偏振反射率半经验模型经验系数（引自 Nadal and Bréon，1999）

地表类型	归一化植被指数	经验系数 a（×100）	经验系数 b	模型偏差 δ（×100）
森林	0~0.15	0.70	120	0.13
	0.15~0.3	0.75	125	0.10
	≥0.3	0.65	120	0.08
灌木	0~0.15	1.50	90	0.14
	0.15~0.3	0.95	120	0.08
	≥0.3	0.70	140	0.09
低植被	0~0.15	1.30	90	0.12
	0.15~0.3	0.95	90	0.12
	≥0.3	0.75	130	0.09
沙漠	0~0.15	2.50	45	0.12
	≥0.15	2.50	45	0.18

获得上述地表偏振贡献后，可进一步计算 POLDER-3 的大气顶表观偏振反射率模拟值：

$$\begin{aligned}&\rho_p^{toa}\left(z,\theta_s,\theta_v,\varphi_r\right)\\&=\rho_p^{atm}\left(z,\theta_s,\theta_v,\varphi_r\right)+\rho_p^{sur}\left(\theta_s,\theta_v,\varphi_r\right)\cdot T\left(\theta_s\right)\cdot T\left(z,\theta_v\right)\end{aligned}\tag{2-24}$$

式中，ρ_p^{toa} 为表观偏振反射率；ρ_p^{atm} 为偏振程辐射反射率；ρ_p^{sur} 为地表偏振反射率；z 为传感器高度。双向透过率 T 可通过式（2-25）和式（2-26）计算得到（Waquet et al., 2009）：

$$T_\lambda\left(\theta_s\right)=\exp\left[-\left(\frac{\beta\tau_{0,\lambda}^m+\gamma\tau_{0,\lambda}^a}{\mu_s}\right)\right]\tag{2-25}$$

$$T_\lambda\left(z,\theta_v\right)=\exp\left[-\left(\frac{\beta\tau_\lambda^m\left(z\right)+\gamma\tau_\lambda^a\left(z\right)}{\mu_v}\right)\right]\tag{2-26}$$

式中，$\tau_{0,\lambda}$ 为波长 λ 处的整层大气物质光学厚度；$\tau_\lambda(z)$ 为传感器高度 z 处的光学厚度；上标 m 和 a 分别表示大气分子（Molecule）和颗粒物（Aerosol）。大气分子光学厚度系数 β 可设为定值（0.9），颗粒物光学厚度系数 γ 可由与气溶胶模型相关的 Ångström 波长指数拟合得到（Lafrance，1997）。传感器高度 z 处的颗粒物和分子光学厚度与整层大气光学厚度存在如下关系：

$$\tau_\lambda^x\left(z\right)=\tau_{0,\lambda}^x\left[1-\exp\left(-\frac{z}{H_x}\right)\right],\left(x=m,a\right)\tag{2-27}$$

式中，H_x 表示大气物质标高（即参考高度），对于大气分子，可设置 $H_m=8$ km，对于颗粒物，可设置 $H_a=2$ km。在卫星遥感反演中，由于卫星传感器高度远远超过参考高度，$\tau_\lambda(z)$ 可认为近似等于 $\tau_{0,\lambda}$。

最后，利用 6SV 等矢量辐射传输模型，通过考虑观测几何、地表高程和细粒子光学厚度等维度，可以建立针对不同气溶胶模型和观测波段的大气偏振程辐射 ρ_p^{atm} 查找表。POLDER-3 反演算法采用的陆地上空气溶胶模型主要针对细粒子气溶胶建立，包括 10 种气溶胶模型，其中的复折射指数实部和虚部来自 Dubovik 等（2002）根据地基观测统计建立的生物质燃烧与城市工业型气溶胶的复折射指数均值（1.47-0.01i），尺度谱分布参数中值半径的变化范围为 0.05~0.15 μm，有效半径变化范围为 0.075~0.225 μm，半径自然对数标准差数值设定为 0.40（模型具体参数如表 2-5 所示）。气溶胶最优模型可通过寻找式（2-28）计算的最小拟合偏差进行确定，对应的光学厚度即待反演的细粒子气溶胶光学厚度：

$$\eta = \sqrt{\frac{1}{2N}\sum_{\lambda=1}^{2}\sum_{j=1}^{N}\left[\rho_{\text{p}}^{\text{toa}}\left(\lambda,\varTheta_{j}\right)-\rho_{\text{p}}^{\text{meas}}\left(\lambda,\varTheta_{j}\right)\right]^{2}} \qquad (2\text{-}28)$$

式中，$\varTheta_{j}$ 为第 j 个角度下的观测几何；$\rho_{\text{p}}^{\text{meas}}$ 为相应角度和波长下的卫星偏振反射率观测值（可由偏振观测分量 Q 和 U 计算得到）；N 为有效角度个数。

表 2-5　POLDER-3 陆地气溶胶反演采用的气溶胶模型参数（引自 Tanre et al.，2011）

气溶胶模型	中值半径/μm	标准差	有效半径/μm	复折射指数实部	复折射指数虚部
细粒子模型	0.05	0.40	0.075	1.47	0.01
	0.06		0.090		
	0.07		0.105		
	0.08		0.120		
	0.09		0.135		
	0.10		0.150		
	0.11		0.165		
	0.12		0.180		
	0.13		0.195		
	0.15		0.225		

2.3.4　多角度偏振相机算法

与法国的 POLDER-3 相比，DPC 具有高空间分辨率的优势，星下点像元空间分辨率由 POLDER-3 的 6×7 km 提高约 1 倍至 3.3 km，同时 DPC 的强度辐射定标误差优于 5%，偏振定标误差优于 0.02（Li et al.，2018），能够实现更精细的大气和陆表、海表探测。DPC 的观测机制、波段设置与 POLDER-3 类似，因此可通过对 POLDER-3 偏振算法进行改进（Zhang et al.，2017），实现细粒子气溶胶光学厚度的反演（谢一淞等，2019）。同时，基于其类似 MISR 多角度观测的特点，可利用多角度强度辐射观测开展气溶胶总光学厚度的反演（Zhang et al.，2017）。结合细粒子、总光学厚度反演结果可以计算重要的气溶胶细粒子比参数。此外，新一代的最优化估计方法同时采用光谱、角度、偏振多维观测信息，可以实现对多波段、多模态（粗粒子、细粒子、总）气溶胶光学厚度的同时反演（Li et al.，2018）。

1. 细粒子气溶胶光学厚度反演

地表偏振反射率估算精度是影响细粒子光学厚度反演的重要因素，微小的偏振地表估算偏差在气溶胶反演中误差可能放大数十倍（Maignan et al.，2009）。虽然国际上已有学者建立了相关的二向地表偏振反射模型（Litvinov et al.，2010；Waquet et al.，2009），但这些半经验模型依然很难有效覆盖所有的地表类型。Ge 等（2020）提出了一种基于地表偏振反射率光谱不变性原理的细粒子气溶胶光学厚度反演方法（Spectral Neutrality of Surface Polarized Reflectance，SNOSPR），并将其应用在 GF-5/DPC 的细粒子气溶胶光学厚度反演中。与 POLDER-3 偏振算法不同，SNOSPR 方法将光谱不变性（即可见光和近红外波段的地表偏振反射率比值接近于 1）作为约束条件来约束细粒子气溶胶光学厚度反演结果。

地表偏振反射率 $\rho_{\mathrm{p}}^{\mathrm{sur}}$ 可通过 TOA 表观偏振反射率 $\rho_{\mathrm{p}}^{\mathrm{toa}}$ 和查找表计算的偏振程辐射 $\rho_{\mathrm{p}}^{\mathrm{atm}}$ 计算：

$$\rho_{\mathrm{p},\lambda}^{\mathrm{sur}}(\Theta,\tau,M) = \frac{\rho_{\mathrm{p},\lambda}^{\mathrm{toa}}(z,\Theta,\tau,M) - \rho_{\mathrm{p},\lambda}^{\mathrm{atm}}(z,\Theta,\tau,M)}{T_{\lambda}(z,\theta_{\mathrm{s}}) \cdot T_{\lambda}(z,\theta_{\mathrm{v}})} \qquad (2\text{-}29)$$

式中，Θ 为观测几何；z 为地表高程；M 和 τ 分别为细粒子气溶胶模型和细粒子气溶胶光学厚度。对应各波段地表偏振反射率，可以利用光谱不变性建立约束条件：

$$\eta_{\mathrm{spec}} = \sqrt{\left[\frac{\rho_{\mathrm{p},\lambda_1}^{\mathrm{sur}}(\Theta,\tau,M)}{\rho_{\mathrm{p},\lambda_2}^{\mathrm{sur}}(\Theta,\tau,M)} - 1\right]^2} \qquad (2\text{-}30)$$

式中，λ_1 和 λ_2 分别为 DPC 反演所用的偏振波段 670 nm 和 865 nm。根据约束条件最小化可获得该观测角度下与该气溶胶模型对应的光学厚度和地表偏振反射率，之后在多个角度上取平均，得到每个气溶胶模型对应的细粒子光学厚度和地表偏振反射率。另外，一般地表在空间分布上具有连续性，因此可以假设在一定空间尺度范围内地表偏振反射率变化较小（Tanre et al.，2011），以此建立空间一致性判定窗口（如 3×3 窗口），从而构建约束条件：

$$\eta_{\mathrm{space}} = \sqrt{\frac{1}{\mathrm{num}}\sum_{P_{\mathrm{s}}=1}^{\mathrm{num}}\left[\rho_{\mathrm{p},\lambda}^{\mathrm{sur}}(P_{\mathrm{s}}) - \left\langle\rho_{\mathrm{p},\lambda}^{\mathrm{sur}}\right\rangle\right]^2} \qquad (2\text{-}31)$$

式中，num 为窗口内像元个数，$\left\langle\rho_{\mathrm{p}}^{\mathrm{sur}}\right\rangle$ 为窗口内各像元的地表偏振反射率平均值；P_{s} 为窗口内某一个像元。式（2-31）的含义是找到使得窗口内地表偏振反射率最稳定时对应的最优气溶胶模型，即当 η_{space} 取得最小值时，对应的即最优反演结果。

2. 气溶胶光学厚度反演

气溶胶光学厚度可以利用波段间地表强度反射率比值的角度不变性特征来进行反演。通过对美国地质勘探局（USGS）地物光谱库中七大类、近 1700 种常见地物的光谱反射率及其波段间比值进行统计分析，发现可见光波段间的地表反射率比值通常具有较高的相关性，而在可见光-近红外波段间的反射率比值离散度相对较大。另外，波段间地表反射率比值在不同观测方向上基本不变的特性也可应用于卫星遥感的地表特征提取（Flowerdew and Haigh，1995；Diner et al.，2005）。葛邦宇（2020）通过 BRDF-BPDF 库的地表反射率模拟，发现当散射角位于 80°～180°时，波段间比值分布集中且比较稳定；进一步，缩小范围到 80°～160°来作为 AOD 反演的样本选择区间，还可以避免地物反射"热点效应"对反射率比值的影响。

在不同的地表类型上，波段间地表反射率比值的稳定性有所差异，使用多个波段比值进行反演会不可避免地引入额外误差，进而造成其中一些地表类型的反演结果产生较大偏差。基于 MODIS 地表反射率产品，通过对不同地表类型、不同波段间地表反射率大量样本进行相关性分析（图 2-13），最终选择 490～670 nm、565～670 nm 两个波段组合作为角度不变性应用的波段。通过比较两组波段间的相关系数，为每一种地表类型选定相关性、稳定性最好的波段组合用于 AOD 反演，并给出波段比值的参考值。

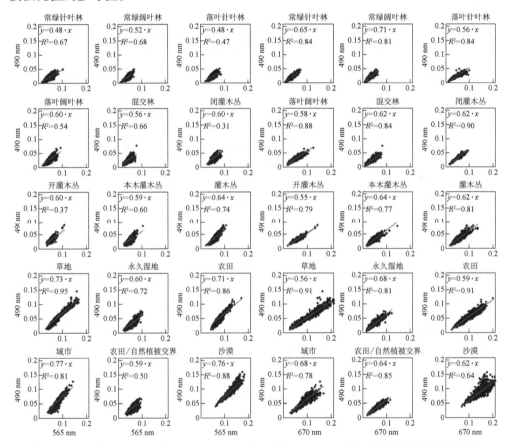

图 2-13　可见光 490 nm 与 565 nm（左三列）波段、670 nm（右三列）波段地表反射率的线性关系（引自葛邦宇，2020）

　　真实大气气溶胶的时空分布具有复杂性的同时也具有一定的规律，因此反演中气溶胶模型的构建应当兼顾全面性和代表性。基于 SONET 地基分布式站点长期观测数据，通过聚类分析得到了中国地区适用的 10 种基础模态气溶胶模型（Li et al.，2019），具体包括五种细模态（f）模型：城市污染型（Urban Polluted，f-ULW）、二次污染型（Secondary Polluted，f-BLW）、混合污染型（Combined Polluted，f-UHS）、飞灰污染型（Polluted Fly Ash，f-BNM）和大陆背景型（Continental Background，f-BNS），以及五种粗模态（c）模型：夏季飞灰型（Summer Fly Ash， c-ULW）、冬季飞灰型（Winter Fly Ash，c-UHS）、初始沙尘型（Primary Dust，c-UNW）、输送沙尘型（Transported Dust，c-BNM）和背景沙尘型（Background Dust，c-BHM），气溶胶模型参数如表2-6所示。这10种基础模态模型可组合获得36种双模态气溶胶模型，覆盖了中国地区多种地表类型和颗粒物来源，可应用于改进GF-5/DPC 在中国地区的 AOD 反演精度。

表 2-6　中国区域基础模态气溶胶模型（引自 Li et al.，2019）

细模态模型									
类型	r_f /μm	r_{SMF} /μm	σ_f /μm	σ_{SMF} /μm	C_f /(μm³/μm²)	C_{SMF} /(μm³/μm²)	n_f	$k_{f,440}$	k_f
f-ULW	0.200	—	1.669	—	0.136	—	1.410	0.007	0.009
f-UHS	0.146	—	1.710	—	0.063	—	1.515	0.014	0.017
f-BLW	0.142	0.320	1.456	1.637	0.087	0.069	1.392	0.007	0.010
f-BNS	0.107	0.236	1.339	1.710	0.046	0.081	1.459	0.016	0.020
f-BNM	0.135	0.644	1.516	2.742	0.073	0.058	1.477	0.011	0.014
粗模态模型									
类型	r_c /μm	r_{SMC} /μm	σ_c /μm	σ_{SMC} /μm	C_c /(μm³/μm²)	C_{SMC} /(μm³/μm²)	n_c	$k_{c,440}$	k_c
c-ULW	2.751	—	1.941	—	0.089	—	1.437	0.006	0.009
c-UHS	3.133	—	1.890	—	0.090	—	1.522	0.015	0.028
c-UNW	2.250	—	1.675	—	0.482	—	1.495	0.003	0.003
c-BNM	3.448	1.532	1.724	1.986	0.105	0.059	1.492	0.009	0.019
c-BHM	4.788	2.026	1.439	1.941	0.076	0.121	1.518	0.008	0.012

注：模型参数包括尺度谱分布的中值半径 r、标准偏差 σ、体积浓度 C、复折射指数实部 n、虚部 k。下标 f、c、SMF、SMC 依次表示标准细模态、标准粗模态、亚微米细模态、超微米粗模态。

基于查找表和表观反射率数据可获得不同气溶胶模型、光学厚度对应的各波段地表反射率模拟值，利用每一种地表类型的最优地表反射率波段比值，构建 AOD 反演评价函数：

$$\eta_{spec} = \left| \frac{\rho_{\lambda_1}^{sur}(\mu_s, \mu_v, \varphi)}{\rho_{\lambda_2}^{sur}(\mu_s, \mu_v, \varphi)} - k_{\lambda_1 \lambda_2}^{sur} \right| \tag{2-32}$$

式中，$\rho^{sur}(\mu_s, \mu_v, \varphi)$ 为不同观测角度下计算的地表反射率；k^{sur} 为最优波段间地表反射率比值；λ_1 和 λ_2 分别为计算最优波段间地表反射率比值所使用的两个波段。根据式（2-32）可确定每个观测角度下、每种气溶胶模型对应的待选波段的 AOD 和地表反射率。与细粒子气溶胶光学厚度反演类似，通过设定反演窗口（如 3×3 像元），寻找相邻空间内地表反射率模拟值最稳定时对应的气溶胶模型作为最佳模型，其对应的气溶胶光学厚度即反演结果：

$$\eta_{space} = \sqrt{\frac{1}{num} \sum_{i=1}^{4} \sum_{P_s=1}^{num} \left[\rho_{\lambda_i}^{sur}(P_s) - \overline{\rho_{\lambda_i}^{sur}} \right]^2} \tag{2-33}$$

2.3.5　静止轨道海色成像仪算法

韩国静止卫星 COMS（Communication，Ocean and Meteorological Satellite）搭载的海洋水色成像仪 GOCI（Geostationary Ocean Color Imager）含有从可见光到近红外的 8 个光谱波段（412 nm、443 nm、490 nm、555 nm、660 nm、680 nm、745 nm、865 nm）。GOCI 探测目标区域覆盖东亚地区，以韩国为中心（36°N，130°E），包括韩国、朝鲜、日本以及中国和俄罗斯的部分区域，覆盖范围约 2500 km×2500 km，空间分辨率 500 m。GOCI 的时间分辨率达到 1h，可获取目标区域当地白昼时段 1 天以内 8 个小时（如 09:00～17:00）的逐小时观测影像（Choi et al.，2012；Ahn et al.，2012），这对于监测大气颗粒物的快速变化具有重要价值。

1. 最小反射率算法

由于 GOCI 传感器缺少 2.1 μm 观测波段，无法采用类似 MODIS 的暗目标算法进行可见光波段地表反射率估算，因此官方算法采用最小反射率技术估算陆地和浑浊水体的反射率信息。GOCI 官方算法（Yonsei Aerosol Retrieval，YAER，Version 1）（Choi et al.，2016）中的地表反射率库构建方法可分解为如下几个步骤：首先，进行影像中云像元、冰雪像元的识别，陆地区域识别参照 MODIS-DB 算法（Hsu et al.，2004），海洋区域识别参照 MODIS-DT 算法（Remer et al.，2005）。通过云识别检测的像元按照 12×12 的窗口进行聚合（对应 6 km×6 km 的空间范围），并利用 490 nm 波段反射率数据对最暗的 20% 和最亮的 40% 的像元进行剔除，以消除残余云、云阴影和地表污染等的影响。然后，假设 30 天内地表真实反射率变化不大且至少存在一天清洁天气以及 12×12 像元范围内地表反射率均一，对清洁像元进行遍历和查找。通过对单景影像表观反射率进行瑞利散射校正，获得瑞利散射校正反射率（Rayleigh-corrected Reflectance，RCR）数据，并在 12×12 像元窗口和 30 天的时空尺度上取平均值以获得每个月逐小时、逐波段的 RCR 数据。最后，根据 RCR 数据库选择最暗的像元作为地表反射率数据，该过程一般利用 412 nm 波段进行查找，主要是考虑到该波段地表反射率的变化较小且对应的大气信号较强。此外，RCR 数据中最暗的 0～1% 的像元往往受残余云阴影等因素的影响而需要滤除（Lee et al.，2010），而亮度超过 3% 的像元可能受到气溶胶和云的影响，因此采用最暗的 1%～3% 的像元作为选择地表反射率数据的基础。图 2-14 给出了 GOCI 获得的 2012 年春季三个月的地表反射率结果示例（Choi et al.，2016）。

需要说明的是，上述最小反射率方法需要连续一个月的地表反射率数据集以获得待反演日期的地表反射率，影响近实时（Near-real-time，NRT）处理能力。因此，GOCI-YAER Version 2 算法（Choi et al.，2018）对其做了改进。一方面，V2 算法采用 5 年期（2011 年 3 月～2016 年 2 月）的逐波段、逐小时、逐月地表反射率气候学统计数据作为基础地表反射率数据库,同时还改善了低气溶胶负载情况下地表反射率数值偏低的问题;另一方面,将 V1 算法的地表反射率分辨率(6 km×6 km)提高到 0.5 km×0.5 km,改进了地表反射率空间变化特征的获取能力。

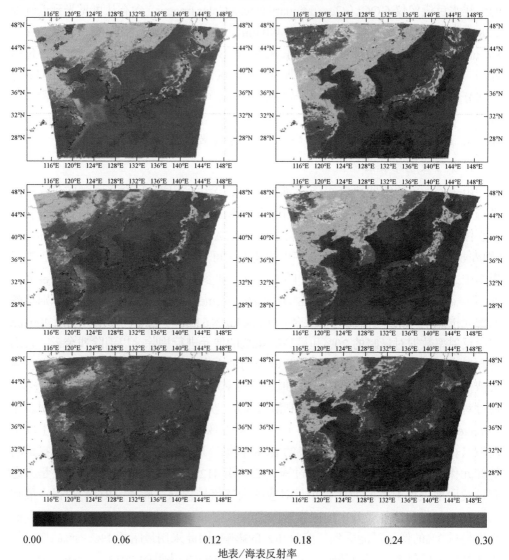

图 2-14　GOCI 最小反射率算法获得的 2012 年 3 月(上)、4 月(中)、5 月(下)的地表和海表反射率(左列 443 nm,右列 660 nm)(引自 Choi et al.,2016)

在气溶胶模型方面,YARE 算法利用 AERONET Level 2.0 的全球反演数据进行建模,使用的气溶胶参数包括细粒子比例(FMF)和单次散射反照率(SSA)(Choi et al.,2016)。该算法将全球气溶胶分为 26 种模型,同时考虑到颗粒物吸湿增长和聚集作用可造成上述参数随 AOD 增长发生变化,因此对于每种气溶胶模型都根据

AOD 数值范围分为低（0.0～0.5）、中（0.5～0.8）、高（0.8～3.6）三档。

在建立先验地表反射率和气溶胶模型的基础上，YARE 算法进行气溶胶光学厚度反演的思路如下（Choi et al.，2016）：首先，利用 GOCI 各波段的 TOA 反射率、地表反射率和查找表反演获得各波段的光学厚度；然后，利用各模型的 Ångström 指数气候学统计数据，将 7 个波段的光学厚度转换为参考波段（550 nm）的光学厚度，对于不同的气溶胶模型，各波段转换的 $AOD_{\lambda,550}$ 存在不同的标准差；最后，假设最优的模型对应最小的标准差，因此选择标准差最小的三个气溶胶模型作为备选模型，并进行加权平均获得最终的 AOD 反演结果（权重为标准差的倒数，标准差越大，加权计算所占比重越小）。

2. 时间序列算法

时间序列算法利用短时间内多个时间序列的影像进行大气和地表信息的解耦合，其基本思路主要基于两个关键假设：一是气溶胶光学特性在时间维度上变化较快而在空间维度上变化缓慢；二是地表反射率在空间上变化显著而在较短的时间间隔内基本不变。在静止卫星多天连续、同时次的观测场景中，对于下垫面同一地理位置，卫星观测角度基本不变，较短时间段内（如相邻两天），同一地方时的太阳高度角和方位角变化也很小，因此可以认为相邻两景卫星影像表观反射率的差异主要是由大气光学特性变化引起的，从而根据建立好的气溶胶光学厚度查找表实现气溶胶和地表信息的同时反演。时间序列算法与最小反射率方法最主要的区别在于对地表反射率和反演代价函数处理上的不同，本节结合 GOCI 观测，对这两方面进行介绍。

基于上述思路，构建描述静止卫星相邻时相多幅影像地表反射率差异的代价函数（Hagolle et al.，2008），相邻景地表反射率差异最小时对应的气溶胶光学厚度即反演结果：

$$\text{Cost} = \sum_{\lambda,(i,j)} \left[\rho_{\lambda,(i,j)}^{\text{sur}}(D) - \rho_{\lambda,(i,j)}^{\text{sur}}(D+l) \right]^2 \quad (2\text{-}34)$$

式中，ρ^{sur} 为地表反射率；λ 为波长；(i, j) 表示目标像元在所选子区域中的位置；D 和 $D+l$ 分别为时间序列的第 D 天和第 $D+l$ 天（满足地表反射率不变条件的第 D 天之后的某一天）。地表反射率可基于 TOA 表观反射率和 AOD 通过大气校正过程获得：

$$\rho_{\lambda,(i,j)}^{\text{sur}}(D) = \text{ATM}_{\text{corr}} \left[\rho_{\lambda,(i,j)}^{\text{toa}}(D), \tau(D) \right] \quad (2\text{-}35)$$

式中，ρ^{toa} 为表观反射率；τ 为气溶胶光学厚度；ATM_{corr} 为从 TOA 表观反射率获取地表反射率的大气校正过程。若第 D 天和第 $D+l$ 天的 AOD 变化较小，则无论 AOD 取何值，这两天的地表反射率反演数值都会非常接近，代价函数达到最小，导致反演出现多解。因此，需要在代价函数中加入一个先验地表反射率项，约束反演得到的地表反射率，进而实现对 AOD 反演结果的约束（Hagolle et al.，2008；Zhang et al.，2014）。将式（2-34）与式（2-35）合并，加入初始地表反射率项，则代价函数可写为

$$
\begin{aligned}
\text{Cost} = &\sum_{\lambda,(i,j)} \left\{ \text{ATM}_{\text{corr}} \left[\rho_{\lambda,(i,j)}^{\text{TOA}}(D), \tau(D) \right] - \text{ATM}_{\text{corr}} \left[\rho_{\lambda,(i,j)}^{\text{TOA}}(D+l), \tau(D+l) \right] \right\}^2 \\
&+ \sum_{\lambda,(i,j)} \left\{ \text{ATM}_{\text{corr}} \left[\rho_{\lambda,(i,j)}^{\text{TOA}}(D), \tau(D) \right] - \rho_{\lambda,(i,j)}^{\text{sur}}(D) \right\}^2 \quad\quad (2\text{-}36) \\
&+ \sum_{\lambda,(i,j)} \left\{ \text{ATM}_{\text{corr}} \left[\rho_{\lambda,(i,j)}^{\text{TOA}}(D'), \tau(D') \right] - \rho_{\lambda,(i,j)}^{\text{sur}}(D) \right\}^2
\end{aligned}
$$

式中，ρ^{sur} 为先验地表反射率项，可根据研究时段内清洁天气下的 GOCI 数据获取（如 YARE 算法中的地表反射率库），也可利用相同时间段其他卫星的地表反射率数据（如 MODIS 的 MOD09 产品）获取。当使用后者时，需根据不同传感器波段的差异进行光谱匹配，以降低两传感器光谱响应差异对反演结果的影响（张玉环，2014）。另外，对于长时间序列的连续反演，上述方法获得的地表反射率反演结果可以作为后续数据的先验知识库，从而实现对地表反射率数据的自我更新（Chen et al.，2018）。

第 3 章 大气颗粒物细粒子比

大气颗粒物细粒子比（Fine Mode Fraction，FMF）是气溶胶颗粒物重要的光学参数，在一定程度上可反映大气颗粒物的物理特征。从第 1 章的介绍可知，大气颗粒物与人为活动密切相关，了解大气颗粒物细粒子比对环境污染、气候变化等研究具有重要意义。本章主要介绍大气颗粒物细粒子比的定义、遥感反演算法。通过对不同算法进行分析，可以帮助读者对该参数建立深入的认识，为反演算法的选择提供参考。

3.1 细粒子比的定义

3.1.1 光学厚度表征

大气细模态颗粒物主要来自人为源，如汽车尾气、工厂排放、秸秆焚烧或垃圾燃烧等。少部分细模态颗粒物来源于自然排放，如尺寸较小的沙尘和海盐颗粒等。气溶胶光学厚度是所有尺寸的大气颗粒物的消光总和，而细模态气溶胶光学厚度（AOD_f）则对应其中细模态颗粒物（如 $PM_{2.5}$）的消光。定义大气颗粒物的细粒子比（FMF）为细模态颗粒物气溶胶光学厚度与总气溶胶光学厚度之比：

$$FMF = \frac{AOD_f}{AOD} \tag{3-1}$$

FMF 是一个 0~1 的无量纲参数。

3.1.2 光谱变化表征

细粒子比可通过气溶胶光学厚度的光谱变化进行表征。首先对总气溶胶光学厚度进行分解：

$$AOD = AOD_f + AOD_c \tag{3-2}$$

式中，AOD_c 为粗模态气溶胶光学厚度。Ångström 指数（α）为气溶胶光学厚度的自然对数对波长的导数［式（1-9）所示］，同理，粗细模态的 Ångström 指数也具有类似表达。自然对数的微分通常可表达为 $d\ln(x) = dx/x$，则结合式（3-2）可整理得

$$\alpha = \frac{\alpha_f AOD_f + \alpha_c AOD_c}{AOD} = \alpha_f FMF + \alpha_c(1 - FMF) \tag{3-3}$$

式中，α_f 为细模态气溶胶 Ångström 指数；α_c 为粗模态气溶胶 Ångström 指数。整理式（3-3）可以得到细粒子比的光谱变化参数（Ångström 指数）表征：

$$FMF=\frac{\alpha-\alpha_c}{\alpha_f-\alpha_c} \tag{3-4}$$

3.2　细粒子比遥感反演算法

FMF 参数遥感反演方法主要包括模态组合算法、光谱退卷积算法以及深度学习算法。模态组合算法采用不同细模态与粗模态的组合来匹配卫星观测到的光谱反射率，通过选择最优组合获得细粒子比参数。光谱退卷积算法（Spectral Deconvolution Algorithm，SDA）主要依据颗粒物消光的光谱特性进行推演计算。深度学习算法是基于卫星光谱辐亮度与地基反演的细粒子比数据集，通过训练深度学习模型来获取细粒子比。

3.2.1　模态组合算法

1. 算法基础

模态组合算法是基于辐射传输模型的细粒子比反演方法，其基本思想是将不同的气溶胶粗、细模态组合（图 3-1），通过大气辐射传输计算大气顶的表观反射率，匹配卫星观测获得的表观反射率，实现细粒子比的反演。其中，气溶胶粗、细模态可由不同地区的外场试验或多种观测手段获得，辐射传输过程简化为查找表以提高运算效率。模态组合算法也可使用气溶胶尺度谱分布函数（如正态分布）通过辐射传输方程计算，并以最优化方法进行迭代反演来获得 FMF 参数。

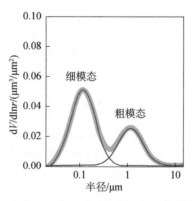

图 3-1　粗、细模态（细线）组合形成大气颗粒物整体谱分布（粗线）示意图

2. 查找表算法

MODIS 传感器 FMF 官方算法使用的是模态组合算法。MODIS 观测得到的光谱辐射（0.55~2.13 μm）可用于反演大气气溶胶含量及颗粒特性（Tanre et al.，1996）。在海洋上空，MODIS 算法采用 4 个细模态和 5 个粗模态的不同类型气溶胶组合，通过辐射传输模型建立大气顶表观反射率查找表，从而反演海洋上空的 FMF。在陆地上空，则采用 5 个细模态和 6 个粗模态的气溶胶类型组合反演 FMF。由于气溶胶分为粗、细两个模态，反演过程即选取能够最佳模拟 MODIS 观测光谱反射率的粗、细模态组合。大气顶表观反射率粗细模态组合表示为

$$\rho^{\text{toa}} = \text{FMF}\rho_{\text{f}}^{\text{toa}} + (1-\text{FMF})\rho_{\text{c}}^{\text{toa}} \tag{3-5}$$

式中，ρ^{toa} 为卫星观测的大气顶表观反射率，下标 f 和 c 分别表示细模态和粗模态。对于每一组粗、细模态组合，先找到一个 0.55 μm 的气溶胶光学厚度使得残差 ε 最小：

$$\varepsilon = \sqrt{\frac{\displaystyle\sum_{\lambda=1}^{6} N_\lambda \left(\frac{\rho_\lambda^{\text{m}} - \rho_\lambda^{\text{LUT}}}{\rho_\lambda^{\text{m}} - \rho_\lambda^{\text{ray}} + 0.01} \right)^2}{\displaystyle\sum_{\lambda=1}^{6} N_\lambda}} \tag{3-6}$$

式中，N_λ 为波长 λ 处有效像元数；ρ_λ^{m} 为波长 λ 处观测得到的反射率；$\rho_\lambda^{\text{ray}}$ 为瑞利散射贡献的反射率；$\rho_\lambda^{\text{LUT}}$ 为由查找表中模态组合计算得到的反射率。0.01 是为了防止晴天时波长较长的情况下分母趋近于 0 而增加的常数项（Tanre et al.，1997）。由于 0.87 μm 通道相比于其他短波长受离水辐射变化的影响较小，即使在细模态主导的情况下也能够呈现强气溶胶信号。因此，反演中要求 $\rho_{0.87}^{\text{LUT}}$ 准确拟合该波长下 MODIS 的观测值，同时根据 ε 的值对 20 组解进行排序，其中能够使 ε 最小的粗细模态组合（即 FMF）就是最优解。注意，查找表获得的解可能不唯一，在这种情况下利用平均解代替唯一解。这里平均解是指满足残差小于 3%的所有解的平均值，或者在没有残差小于 3%的解时，取残差最小的 3 个解的平均值作为最终解。由于陆地上空传感器接收的辐射中气溶胶信息相对较弱，因此与海洋上空相比，陆地上空的细粒子比反演结果具有较大的不确定性（Levy et al.，2010）。

3. 最优化反演算法

查找表算法需要先确定典型气溶胶粗、细模态类型，这样可能导致反演结果偏离真实情况。最优化反演算法能够直接使用气溶胶尺度谱分布进行前向辐射传输计算，在连续的求解空间中寻找最优估计结果，理论上具有较高的反演精度。因此，利用最优化反演算法能够实现多参数同时反演（包括总气溶胶光学厚度和细粒子光

学厚度），由此求解得到 FMF。

气溶胶和地表特性通用反演（Generalized Retrieval of Aerosol and Surface Properties，GRASP）算法是由法国 GRASP-SAS 公司开发的气溶胶卫星遥感算法，旨在同时对气溶胶和地表特性进行全局最优化反演（图 3-2），是目前该前沿领域较为先进的反演算法之一。该算法基于不确定性正态分布的假设，结合最大似然原理，对多组观测数据和先验约束进行最小二乘最优拟合，即从策略上要求同时满足以下方程：

$$\begin{cases} f^* = f(a) + \Delta f \\ 0^* = (\Delta a)^* = S \cdot a + \Delta(\Delta a) \\ a^* = a + \Delta a^* \end{cases} \quad (3\text{-}7)$$

式中，方程组第一行中 f^* 为观测向量；Δf 为误差向量；a 为状态向量（被反演量）；f 为前向模型。方程组第二行用于约束被反演量的变异性（例如，复折射指数实部和虚部的光谱平滑性，以及地表反射率模型参数的光谱依赖等）。第三行 a^* 表示状态向量的先验估计，Δa^* 表示状态向量先验估计的不确定性，这个方程代表了对先验知识的利用也要达到最优化。

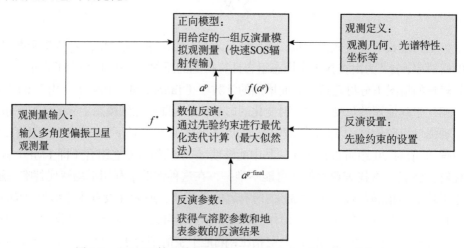

图 3-2　GRASP 算法结构示意图（引自 Dubovik et al.，2011）

GRASP 算法对 POLDER 传感器在大气窗口光谱波段的所有可用角度观测值进行统计优化多变量拟合，采用 Ross-Li 模型和 Nadal-Bréon 模型分别模拟地表的二向反射函数和二向偏振反射函数，实现对气溶胶和地表特征的反演。同时，POLDER/GRASP 算法的多像元反演方案在反射率较高的沙漠表面也能得到与地面观测一致性较高的结果，克服了传统方法在亮地表上空对大气颗粒物特性反演偏差大的局限。POLDER/GRASP 算法提供了反演代码（https://www.grasp-open.com）获取渠道，也可从 AERIS/ICARE 数据与服务中心（http://www.icare.univ-lille1.fr/）获得基于 GRASP 的 POLDER 反演数据产品。

4. 算法性能对比

虽然官方网站指出，MODIS 陆地上空的 FMF 产品具有很大的不确定性，但该产品仍然在许多研究中获得使用。另外，基于地面测量数据的细粒子比卫星反演算法的验证仍然不足。针对这一问题，本节结合 POLDER 和 MODIS 两个传感器，基于地面遥感观测网络（AERONET、SONET 等）的 FMF 产品，验证分析相关算法的性能，以期为读者选择合适的卫星 FMF 数据集提供参考。

以 2013 年 1~10 月中国地区为例，对 MODIS 官方细粒子比产品与 POLDER/GRASP 提供的 FMF（细粒子气溶胶光学厚度和总气溶胶光学厚度比值）进行比较。SONET 观测网是与 AERONET 相似的地基太阳-天空辐射计观测网络，它可提供基于光谱退卷积算法（3.2.2 节）计算的 500 nm 细粒子比结果，通常被用作卫星产品验证的地面真值。图 3-3 分别展示了 POLDER/GRASP 和 MODIS 的 FMF 产品与 SONET 地基 FMF 产品的对比结果。与 MODIS 相比，POLDER/GRASP 算法计算的 FMF 精度有巨大提升，与 SONET 产品一致性好，期望误差线内的样本比例（Gfrac）由 16.75%（MODIS）增加到 62.35%（POLDER/GRASP）。此外，即使对于 POLDER/GRASP 产品，仍有大约 31% 的样本值低于期望误差线，这可能与粗模态气溶胶反演存在偏差相关。

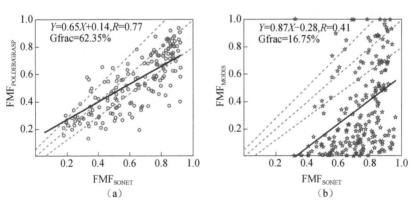

图 3-3　中国陆地上空 2013 年 1~10 月 POLDER/GRASP 的 FMF（490 nm）产品验证结果（a）及 MODIS 的 FMF（550 nm）产品验证结果（b）（引自 Wei et al.，2020）

灰色虚线分别代表 1∶1 线和期望误差线；深色实线表示拟合直线

3.2.2　光谱退卷积算法

1. 算法基础

光谱退卷积算法是在细粒子比光谱变化表征的基础上，利用 Ångström 指数求得细粒子比的方法。原则上，求得三个不同尺度的 Ångström 指数（α、α_f、α_c）即可计算细粒子比。然而，粗细模态气溶胶的 Ångström 指数同样未知，仅有多波段气溶胶光学厚度求导（即退卷积）得到的 Ångström 指数不足以求解 FMF。为获得更多光谱信息，对 Ångström 指数进一步求导，可得

$$\alpha' = \alpha_f' \text{FMF} + \alpha_c' (1 - \text{FMF}) - \text{FMF}(1 - \text{FMF})(\alpha_f - \alpha_c)^2 \qquad (3\text{-}8)$$

式中，α'、α_f'、α_c' 分别为 α、α_f、α_c 对波长的导数。注意到式（1-9）和式（3-8）联立仍存在多个未知量。理论模拟（O'Neill et al., 2003）显示，在 500 nm 处，α_f 存在以下近似关系：

$$\alpha_f' = a\alpha_f^2 + b\alpha_f + c \qquad (3\text{-}9)$$

式中，$a = -0.22$，$b = 0.43$，$c = 1.4$。多数情况下，粗模态气溶胶指数相对稳定，根据 O'Neill 等（2001）的统计结果，α_c 在 500 nm 处的经验统计值约为 -0.15。由于粗模态气溶胶指数近似为常数，其一阶导数值（即粗模态气溶胶光学厚度的二阶导数）可近似为 0。因此，将式（1-9）、式（3-8）和式（3-9）联立，即可求得 FMF。

2. 极值修正

尽管利用光谱退卷积的基础公式可以求得 FMF 值，但由于求解误差，可能出现 $\alpha_f < \alpha$ 的情况，导致细粒子比大于上限 1.0。因此，通常使用物理强迫方法进一步获得合理的 FMF（O'Neill et al., 2003）。极值修正平均（Mean of Extreme Modification，MOE）方法利用初步计算的 $\alpha_f^{(1)}$ 及其误差 $\Delta\alpha_f$，在一定的 FMF 范围内强制 $\alpha_f > \alpha$。MOE 假设 α_f 为一条可由初次计算的 $\alpha_f^{(1)}$ 及其误差 $\Delta\alpha_f$ 决定的曲线，该曲线可由多项式拟合：

$$\alpha_f \left[\alpha_f^{(1)}\right] = \omega\left[\alpha_f^{(1)}\right]\left[\alpha_f^{(1)} + \Delta\alpha_f\right] + \left\{1 - \omega\left[\alpha_f^{(1)}\right]\right\}\alpha \qquad (3\text{-}10)$$

式中，权重函数 ω 的表达式为

$$\omega\left[\alpha_f^{(1)}\right] = b_0 + b_1\alpha_f^{(1)} + b_2\left[\alpha_f^{(1)}\right]^2 \qquad (3\text{-}11)$$

式中，b_0、b_1 和 b_2 为权重函数 ω 的拟合系数。利用式（3-10）和式（3-11）即可实现 FMF 的极值修正，有效解决 FMF 大于上限 1.0 的问题。

3. 查找表实现途径

由于卫星观测波段有限，气溶胶 Ångström 指数仅能使用少数几个波段求解。因此，需要对 SDA 算法进行一定的简化。查找表-光谱退卷积（LUT-SDA）算法基于两波长（红光和蓝光波段）气溶胶光学厚度求解气溶胶 Ångström 指数（α），通过查找表来反演细粒子比参数。反演查找表中的四个变量分别是气溶胶 Ångström 指数

α、细模态气溶胶指数 $α_f$、气溶胶 Ångström 指数的一阶导数 $α'$，以及细粒子比 FMF。基于构建的查找表，细粒子比 FMF 即可通过代价函数求得。图 3-4 中比较了 LUT-SDA 算法与传统 SDA 算法的异同。

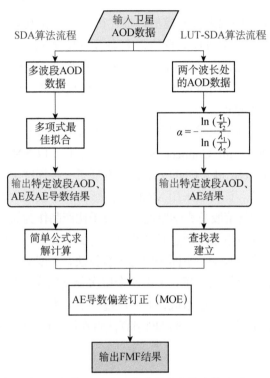

图 3-4　光谱退卷积（SDA）算法及基于光谱退卷积的查找表（LUT-SDA）算法流程
（引自 Yan et al.，2017）

4. 算法性能检测

Yan 等（2017）采用 LUT-SDA 算法获得了细粒子比，并与 MODIS 模态组合算法的细粒子比产品进行了对比。验证使用 AERONET 观测网 SDA 算法计算的 500nm 处的细粒子比作为真值数据，验证站点包括北京、香港和大阪，数据时间范围约为半年。结果表明，LUT-SDA 算法获得的细粒子比结果与 AERONET 提供的细粒子产品具有更好的一致性，大多数（80%）反演结果偏差小于 40%（期望误差）。相比于模态组合算法的细粒子比结果，LUT-SDA 算法极大地改善了细粒子比低估现象，具有更高精度。

对于信息量有限的传统标量辐射传感器（如 MODIS），尽管只采用了两个波段的气溶胶光学厚度数据，LUT-SDA 算法依然能够有效提高细粒子比的反演精度。需要指出，SDA 算法依赖气溶胶消光的光谱变化，而 MODIS 暗目标算法获得的气溶胶光学厚度依赖气溶胶类型，因此，采用最优化反演策略获得的多波段气溶胶光学厚度更加适合作为 SDA 算法的输入数据。

3.2.3　深度学习算法

最优化算法基于前向辐射传输模型，描述待反演量和卫星观测量之间的物理关系。而基于辐射传输的气溶胶反演算法，大多需要假设气溶胶模型（包括粒子尺度谱分布、气溶胶形状和光谱吸收等信息），这在一定程度上会引入较大不确定性，尤其对于强度辐射传感器（如 MODIS），基于辐射传输模型和查找表反演可信的细粒子比产品仍然具有较大难度。

深度学习作为一种新型技术被引入气溶胶细粒子比的反演中。Chen 等（2020）采用全连接神经网络（Full Connect Neural Network，FCNN）和卷积神经网络（Convolutional Neural Network，CNN）组合，发展了一种深度学习反演气溶胶总光学厚度和细粒子比的算法。该算法采用 MODIS 传感器 5 个波段的表观反射率、地表反射率，以及地面测量的气溶胶总光学厚度与细粒子比产品作为深度学习模型的训练数据集，利用光谱和空间双重维度信息联合约束，挖掘多光谱遥感信息量，实现了基于深度学习的细粒子比参数反演。不同于模态组合算法，深度学习算法舍弃了利用辐射传输作为前向模型的传统做法，建立了由两个层次分支构成的多输入神经网络框架，上层由几何观测角度的全连接层组成，下层通过三个二维卷积层来处理 5 个波段的表观反射率和地表反射率图像。卷积神经网络算法将在第 10 章中详细描述，这里仅作简单介绍。

第4章　大气颗粒物吸湿因子

大气颗粒物具有吸湿性，即悬浮在大气中的颗粒物吸收空气中水分的能力。原位测量近地面大气颗粒物干质量浓度时通常通过物理方法（加热）将大气颗粒物中的水分去除。然而，大气颗粒物通常由多种成分构成，如黑碳、硫酸盐、硝酸盐、铵盐、有机物、沙尘以及海盐等，这些组成成分往往具有不同的吸湿潮解特性。因此，作为多成分的混合物，大气颗粒物具有复杂的吸湿潮解特征。要了解大气颗粒物的吸湿特性，不仅要了解大气环境中水分的情况，还要了解大气颗粒物成分对吸湿特性的影响。本章主要介绍大气颗粒物的吸湿增长理论、吸湿特性测量，以及大气湿度的卫星遥感方法，以帮助读者了解大气颗粒物的吸湿特征。

4.1　颗粒物吸湿特性相关参数

4.1.1　比湿

水汽在大气中所占的比例通常不足 3%，然而水在地球大气条件下的三相变化较其他大气成分具有更为基础的科学意义，也对人类活动直接产生重要影响。水汽主要来源于地球表面水分的蒸发，尤其在大洋表面，水汽上升凝结形成水滴或冰晶，再以降水的方式回到地球表面。水汽在大气中会随大气的流动进行传输，降落于陆地的水分则形成地表或地下径流，并部分重归海洋，形成大气—陆地—海洋水循环。

通常将水汽和干空气的混合气体称为湿空气，表征湿空气中水汽含量的物理量称为空气湿度。假设一定体积空气中含有水汽质量 m_v 克，含有干空气质量 m_d 克，定义比湿为水汽与干空气的质量比，即

$$\gamma = \frac{m_v}{m_d} \tag{4-1}$$

式中，比湿 γ 的单位通常为 g/g，或 g/kg。

4.1.2　相对湿度

大气相对湿度（Relative Humidity，RH）的定义为在一定温度和压强下，环境水汽含量（ χ_v ）与饱和水汽含量（ χ_{vs} ）的摩尔分数的比值，且有以下表达式：

$$RH = \frac{\chi_v}{\chi_{vs}} = \frac{\gamma}{\gamma_s} \frac{\varepsilon + \gamma_s}{\varepsilon + \gamma} \approx \frac{\gamma}{\gamma_s} \tag{4-2}$$

式中，ε 为水汽与干空气摩尔质量的比值（0.622）；γ 为比湿；γ_s 为饱和比湿。为求解相对湿度 RH，需获得一定温度和压强下的实际比湿和饱和比湿。其中，比湿 γ 可用水汽压强 e 和空气压强 p 求得：

$$\gamma = \frac{\varepsilon e}{p - e} \qquad (4\text{-}3)$$

由于大气中通常 $e < 60$ hPa，比湿 γ 可近似认为：

$$\gamma = \frac{\varepsilon e}{p} \qquad (4\text{-}4)$$

式中，p 为空气总压强。相对湿度 RH 可近似表达为

$$\text{RH} \approx \frac{e}{e_s} \qquad (4\text{-}5)$$

式（4-4）中的水汽压强 e 替换为饱和水汽压即可求解饱和比湿。水面和冰面饱和水汽压（e_s 和 e_{si}）可利用 Tetens 经验公式（Murray，1967）计算求解：

$$e_s = 6.1078\exp\left(\frac{17.2693882(T - 273.16)}{T - 35.86}\right) \qquad (4\text{-}6)$$

$$e_{si} = 6.1078\exp\left(\frac{21.8745584(T - 276.16)}{T - 7.66}\right) \qquad (4\text{-}7)$$

4.1.3 吸湿增长因子

大气中的悬浮颗粒物通常可视为由可溶于水和不可溶于水的成分混合而成，而各成分的吸湿特性各不相同，导致大气中的颗粒物吸湿增长很复杂。Tang 等（1981）在讨论硫酸盐和硝酸盐对大气能见度的重要作用时，利用颗粒物尺寸的变化来描述吸湿性粒子在不同相对湿度下的增长情况，其被称为几何吸湿增长因子：

$$f(\text{RH}) = \frac{D}{D_0} \qquad (4\text{-}8)$$

式中，D_0 为干燥颗粒物的粒径；D 为环境相对湿度下颗粒物的粒径。而对颗粒物的粒径变化进行观测并不容易，通常需在实验室中利用单颗粒悬浮技术进行测定。另外，人们发现颗粒物的散射特性变化同样可表征颗粒物吸湿增长的变化，并定义了与几何吸湿增长因子类似的散射吸湿增长因子：

$$f_o\left(\mathrm{RH}\right)=\frac{k_{\mathrm{sca}}\left(\mathrm{RH}\right)}{k_{\mathrm{sca,dry}}}\qquad（4\text{-}9）$$

式中，$k_{\mathrm{sca,dry}}$ 和 $k_{\mathrm{sca}}\left(\mathrm{RH}\right)$ 分别为干燥和潮湿状态下气溶胶的散射系数。

4.2　颗粒物吸湿增长理论

4.2.1　Köhler 方程

大气颗粒物中无机盐具有较强的吸湿性（可溶于纯水），部分有机成分也具有一定的吸湿能力。在环境相对湿度增加时，具有吸湿性的颗粒物的质量会随着相对湿度的增加而增加。实验室测量发现，一些气溶胶成分（如氯化钠、硫酸盐），在低环境相对湿度情况下能保持固体粒子状态，一旦环境相对湿度达到某一临界值，它们会自发吸收水汽而形成饱和溶液滴，这一临界值称为潮解相对湿度。自然状态下的气溶胶成分混合在一起，粒子通常表现出无突变的吸湿增长特征，潮解现象较少被观测到。当粒子吸湿成为溶液滴后，是否能继续长大则取决于溶液滴的平衡水汽压。

设 e_n 和 e_s 分别为溶液和纯水在平液面时的平衡水汽压，N 和 n 分别为溶液中水（溶剂）和可溶性盐（溶质）的摩尔数，理想溶液的拉乌尔（Raoult）定律可表示为

$$e_n=e_s\frac{N}{N+n}\qquad（4\text{-}10）$$

对于非理想溶液，拉乌尔定律不再严格成立，比值 e_n/e_s 与可溶性盐的解离程度（或溶液浓度）相关，引入范德霍夫（van's Hoff）因子 i，则有

$$\frac{e_n}{e_s}=\frac{N}{N+i\cdot n}\qquad（4\text{-}11）$$

当溶液较稀时，由于溶质摩尔数 n 较小，故式（4-11）又可简化为

$$\frac{e_n}{e_s}=1-\frac{i\cdot n}{N}\qquad（4\text{-}12）$$

对于大气中悬浮的半径为 r 的溶液滴，若式（4-12）中 e_n 为溶液滴的平衡水汽压，则 e_s 对应纯水滴的平衡水汽压，记为 e_r。设溶液滴中溶质和水的质量分别为 m_n 和 m_w，摩尔质量分别为 M_n 和 M_w，则

$$n=\frac{m_n}{M_n}\qquad（4\text{-}13）$$

$$N=\frac{m_w}{M_w}\qquad（4\text{-}14）$$

式中，m_w 为纯水滴的质量，可表示为

$$m_w = \frac{4}{3}\pi\rho_w r^3 \qquad (4\text{-}15)$$

在环境相对湿度较高时，考虑到 $m_w \gg m_n$，则有

$$\frac{e_n}{e_r} = 1 - \frac{3im_n M_w}{4\pi\rho_w M_n}\frac{1}{r^3} = 1 - \frac{C_n}{r^3} \qquad (4\text{-}16)$$

这里引入参数 C_n 描述颗粒物成分对平衡水汽压的影响。C_n 随溶质分子量的减小而增加，并正比于范德霍夫因子 i。

另外，注意到式（4-16）中 e_r 是半径为 r 的纯水滴的平衡水汽压，它应满足开尔文方程。开尔文方程描述了弯曲液面上平衡水汽压与温度和曲率的关系，水滴表面的平衡水汽压 e_r 可表达为

$$e_r = e_s \exp\left(\frac{2\sigma}{\rho_w R_v T}\frac{1}{r}\right) = e_s \exp\left(\frac{C_r}{r}\right) \qquad (4\text{-}17)$$

式中，C_r 仅与水的特性相关。若取温度 T=273 K，表面张力系数 σ=75.6×10^{-3} N/m，水汽的比气体常数 R_v = 461.5 J/（kg·K），可计算得到 C_r 为 1.2×10^{-3} μm，所以在 $r \gg 10^{-3}$ μm 时，对指数项做泰勒展开并略去高次项，式（4-17）可简化为

$$e_r = e_s\left(1 + \frac{C_r}{r}\right) \qquad (4\text{-}18)$$

式中，括号中的 C_r/r 项可看作因水滴曲率而对平衡水汽压的修正。水滴尺度越小、曲率越大，要求的平衡水汽压越高。由此，将式（4-18）代入式（4-16）得到：

$$e_n = e_s\left(1 + \frac{C_r}{r}\right)\left(1 - \frac{C_n}{r^3}\right) \approx e_s\left(1 + \frac{C_r}{r} - \frac{C_n}{r^3}\right) \qquad (4\text{-}19)$$

由式（4-19）可知，环境水汽压大于溶液滴表面的平衡水汽压时，液滴可吸收环境水汽而增大，反之减小。而液滴的曲率和溶质含量会对液滴表面的平衡水汽压产生影响，即曲率越大会使液滴的平衡水汽压增加，而溶质的存在则降低液滴的平衡水汽压。

式（4-19）可写成饱和比 S 的公式：

$$S = \frac{e_n}{e_s} \approx \left(1 + \frac{C_r}{r} - \frac{C_n}{r^3}\right) \qquad (4\text{-}20)$$

式（4-19）和式（4-20）被称为寇拉（Köhler）方程，由它绘制的曲线被称为寇拉曲线。由于式（4-20）右侧的曲率作用项为正，而拉乌尔作用项为负，则 S 必存在极值。这一极值称为临界饱和比 S_c，它对应的粒子半径称为临界半径 r_c：

$$r_c = \sqrt{\frac{3C_n}{C_r}} \tag{4-21}$$

$$S_c = \left(1 + \frac{2}{3}\sqrt{\frac{C_r^3}{3C_n}}\right) \tag{4-22}$$

临界饱和比 S_c 又被称为"霾点"，通常情况下此临界值大于 1.0，这种大气状态称为过饱和状态。图 4-1 展示的寇拉曲线描述粒子的增长过程。当环境过饱和度超过霾点时，溶液滴会在曲率作用的影响下继续长大，溶液浓度不断降低，最终气溶胶粒子生长成为云滴。然而，在环境相对湿度增加但未越过霾点时，则吸湿性颗粒物会发生吸湿增长。当环境相对湿度下降时，溶液滴中的含水量蒸发，颗粒物缩小并达到平衡。

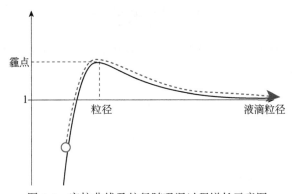

图 4-1　寇拉曲线及粒径随吸湿过程增长示意图

4.2.2　κ-Köhler 方程

寇拉方程不仅可表示为式（4-20）的形式，基于 4.2.1 节的推导过程也可写为

$$S = a_w \exp\left(\frac{2\sigma}{\rho_w R_v Tr}\right) \tag{4-23}$$

式中，a_w 为溶液的水活度。吸湿参数 κ 被定义为对溶液水活度的影响：

$$\frac{1}{a_w} = 1 + \kappa\frac{V_s}{V_w} \tag{4-24}$$

式中，V_s 为干燥物质体积；V_w 为水的体积。这里定义了一个与溶液水活度相关的简单参数 κ，而这个参数在多元溶液中具备的性质仍需进一步推导明确。

对于一个处于平衡状态的多元溶液系统（多种溶质+水），适用于 ZSR
（Zdanovskii，Stokes and Robinson）假设，颗粒物中含水量的总体积被认为是独立的
成分，即独立溶质成分及对应的含水量（V_{wi}）的和。利用 ZSR 假设重新整理式
（4-24）可得

$$V_w = \frac{a_w}{1-a_w}\sum_i \kappa_i V_{si}$$

（4-25）

多元溶液系统的总体积（水+溶质）V_T 为

$$V_T = \sum_i V_{si} + V_{wi} = V_s + V_w$$

（4-26）

定义干燥单成分体积比为

$$\varepsilon_i = \frac{V_{si}}{V_s}$$

（4-27）

将式（4-26）和式（4-27）代入式（4-25）可得

$$V_T - V_s = \frac{a_w}{1-a_w}V_s\sum_i \varepsilon_i \kappa_i$$

（4-28）

假设颗粒物为球形，它的体积可用等效体积半径（干燥颗粒物—r_d，总颗粒
物—r）计算，即

$$V_s = \frac{4}{3}\pi r_d^3$$

（4-29）

$$V_T = \frac{4}{3}\pi r^3$$

（4-30）

将式（4-29）和式（4-30）代入式（4-28），整理得

$$S(r) = \frac{r^3 - r_d^3}{r^3 - r_d^3(1-\kappa)}\exp\left(\frac{2\sigma}{\rho_w R_v Tr}\right)$$

（4-31）

式中，各个单成分的 κ_i 与成分占比的乘积总和为 κ：

$$\kappa = \sum_i \varepsilon_i \kappa_i$$

（4-32）

由式（4-32）可知，尽管饱和比与粒子半径相关，但吸湿参数 κ 与颗粒物的粒径
无关，仅与颗粒物的混合成分相关。

4.3　吸湿增长模型

4.3.1　吸湿过程的参数化

观测不同相对湿度下颗粒物的吸湿增长因子，可建立其与相对湿度的参数化模

型。许多模型依据实验室或外场的观测结果建立，并得到了广泛的应用。最常用的方程是依据观测到的颗粒物散射建立的单参数拟合方程（Kasten，1969）：

$$f(\mathrm{RH}) = \left(1 - \frac{\mathrm{RH}}{100}\right)^{-b} \qquad (4\text{-}33)$$

式中，b 为表征散射增强幅度的参数。Sheridan 等（2002）在 Kasten（1969）提出的公式中加入了参考（干燥）浊度计的相对湿度：

$$f(\mathrm{RH}) = \left(\frac{1 - \mathrm{RH}/100}{1 - \mathrm{RH}_{\mathrm{ref}}/100}\right)^{-b} \qquad (4\text{-}34)$$

式中，RH 和 $\mathrm{RH}_{\mathrm{ref}}$ 分别为加湿浊度计和参考浊度计内测得的相对湿度。

类似单参数模型，一类双参数模型被提出（如 Carrico et al.，2003; Zieger et al.，2011），以参数 a 代表拟合截距：

$$f(\mathrm{RH}) = a\left(1 - \frac{\mathrm{RH}}{100}\right)^{-b} \qquad (4\text{-}35)$$

另一种双参数模型的变形形式也被一些文献报道（Kotchenruther and Hobbs，1998; Carrico et al.，2003）：

$$f(\mathrm{RH}) = 1 + a\left(\frac{\mathrm{RH}}{100}\right)^{b} \qquad (4\text{-}36)$$

Fierz-Schmidhauser 等（2010）引入了一个指数为 7/3 的修正参数方程：

$$f(\mathrm{RH}) = \left(1 + \frac{\mathrm{RH}}{100 - \mathrm{RH}}\right)^{7/3} \qquad (4\text{-}37)$$

还有一些研究提出了更复杂的多参数模型拟合吸湿增长因子的方程，如 Sheridan 等（2001）[式（4-38）] 和 Day 等（2000）[式（4-39）] 提出的两种三参数模型：

$$f(\mathrm{RH}) = a\left(1 + b\left(\frac{\mathrm{RH}}{100}\right)^{c}\right) \qquad (4\text{-}38)$$

$$f(\mathrm{RH}) = \frac{d + e\mathrm{RH}}{1 + h\mathrm{RH}} \qquad (4\text{-}39)$$

一些研究还利用多项式拟合方法改进吸湿增长模型，如大型 IMPROVE（Interagency Monitoring of PROtected Visual Environments）观测网络（IMPROVE，2000）推荐以如下形式拟合：

$$f(\text{RH}) = b_0 + b_1\left(1 - \frac{\text{RH}}{100}\right)^{-1} + b_2\left(1 - \frac{\text{RH}}{100}\right)^{-2} \tag{4-40}$$

Koloutsu-Vakakis 等（2001）还提出了更直接的多项式拟合：

$$f(\text{RH}) = 1 + A_1\text{RH} + A_2\text{RH}^2 + A_3\text{RH}^3 \tag{4-41}$$

上述式（4-33）～式（4-41）可以较好地描述由单调吸湿增长引起的散射增强。然而，这些方程并不能表征整个湿度范围内的气溶胶潮解行为。Kotchenruther 等（1999）提出了根据观测到的湿度曲线特征，使用不同的方程项拟合吸湿行为。对于 $f(\text{RH})$ 随相对湿度平稳变化且在颗粒物水分蒸发过程中为单调曲线的情况，Kotchenruther 等建议使用式（4-39）进行计算，而对于潮解曲线，Kotchenruther 等引入了一个新的模型：

$$\begin{aligned}
f(\text{RH}) &= \left[1 + a\left(\frac{\text{RH}}{100}\right)^b\right] \cdot \left\{1 - \frac{1}{\pi}\left[\frac{\pi}{2} + \arctan\left(1 \times 10^{24}\frac{\text{RH}}{100} - \frac{d}{100}\right)\right]\right\} \\
&+ c\left(1 - \frac{\text{RH}}{100}\right)^{-g} \cdot \left\{\frac{1}{\pi}\left[\frac{\pi}{2} + \arctan\left(1 \times 10^{24}\frac{\text{RH}}{100} - \frac{d}{100}\right)\right]\right\}
\end{aligned} \tag{4-42}$$

式（4-42）是式（4-35）和式（4-36）的组合。两公式由开关函数连接，其中 d 为潮解相对湿度（DRH）。需要注意，式中利用 arctan 正负无穷大时逼近正负 $\pi/2$ 的特性，实现了互为 0 和 1 的开关函数。与此类似，Titos 等（2016）采用略有差异的潮解相对湿度开关函数连接了两个式（4-35）标准模型，组成了新的吸湿增长模型，解决吸湿潮解的不连续问题：

$$\begin{aligned}
f(\text{RH}) &= a_1\left(1 - \frac{\text{RH}}{100}\right)^{-\gamma_1} \cdot \left\{1 - \frac{\pi}{2}\left[\frac{\pi}{2} + \arctan\left(1 \times 10^{24}\frac{\text{RH}}{100} - \frac{d}{100}\right)\right]\right\} \\
&+ a_2\left(1 - \frac{\text{RH}}{100}\right)^{-\gamma_2} \cdot \left\{1 - \frac{\pi}{2}\left[\frac{\pi}{2} + \arctan\left(1 \times 10^{24}\frac{\text{RH}}{100} - \frac{d}{100}\right)\right]\right\}
\end{aligned} \tag{4-43}$$

以上模型可较好地拟合颗粒物吸湿增长的过程。图 4-2 显示了上述模型拟合的两组吸湿因子随相对湿度的变化，图 4-2（a）与实际大气中的颗粒物吸湿过程类似，图 4-2（b）为实验室中测定的硫酸铵吸湿增长因子随相对湿度的变化。由两组试验可以看出，环境大气中的混合颗粒物可由大部分模型很好的拟合，除式（4-33）和式（4-37）的两种模型，其余模型的拟合相关系数均大于 0.95，均方根误差不大于 0.1。而对于具有显著潮解相对湿度的硫酸铵颗粒物，式（4-42）和式（4-43）两个加入潮解相对湿度开关函数的模型较其他模型提供了更优的结果。虽然环境大气中的颗粒物通常由多种成分混合而成，但是简单模型描述的吸湿增长因子有可能更接近实际情况。

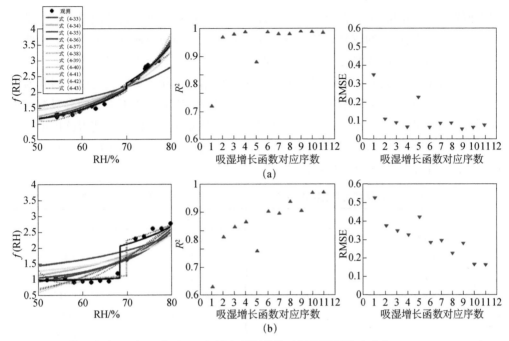

图 4-2　利用式（4-33）～式（4-43）拟合的颗粒物吸湿增长因子（引自 Titos et al.，2016）

顶栏：实际大气过程；底栏：实验室中硫酸铵样品。R^2 为相关系数；RMSE 为均方根误差，
序数对应左上角图中线型自上而下顺序

4.3.2　混合吸湿参数模型

除使用外场测量对吸湿增长因子直接建模外，还可以利用吸湿参数 κ 表征几何吸湿增长因子模型。将式（4-24）变形为

$$\frac{V_{\mathrm{w}}}{V_{\mathrm{s}}} = \frac{a_{\mathrm{w}}\kappa}{1-a_{\mathrm{w}}} \tag{4-44}$$

依据式（4-8）的几何吸湿增长因子定义，进一步将式（4-44）两边加 1，可得

$$\frac{V_{\mathrm{T}}}{V_{\mathrm{s}}} = \frac{D^3}{D_0^3} = \frac{1-(1-\kappa)a_{\mathrm{w}}}{1-a_{\mathrm{w}}} \tag{4-45}$$

将式（4-45）中颗粒物的总体积与干燥体积的比例开三次方，可获得吸湿参数 κ 表征的几何吸湿增长因子：

$$f(\mathrm{RH}) = \frac{D}{D_0} = \left[\frac{1-(1-\kappa)\mathrm{RH}}{1-\mathrm{RH}}\right]^{\frac{1}{3}} \tag{4-46}$$

该模型中的吸湿参数 κ 可在试验中进行测量，也可基于颗粒物成分含量进行计算获得。由于吸湿增长模型具有显著的地区性差异，因而往往需要通过实地测量获取不同区域、不同时期的颗粒物吸湿特性。然而，颗粒物吸湿特性测量对试验条件要求较高，而颗粒物的成分采样测量目前已成为大气环境监测的常见业务。由此，可以提供一条实际业务的可行途径：依据式（4-46），结合吸湿参数 κ 的性质，在测量颗粒物干燥物质成分体积比例 ε_i 的情况下，仅用环境相对湿度就可以获得几何吸湿增长因子。相比于上一节中列举的模型，该途径的优势在于不需要拟合吸湿因子随湿度的变化曲线，而是通过成分采样测量来获得吸湿增长因子，使得该模型具有更广泛的适用性，更易推广至不同区域。表 4-1 列举了部分已测量的成分吸湿参数 κ_i 的值，可用于计算混合吸湿参数 κ。

表 4-1　颗粒物成分吸湿参数 κ 值（引自 Petters and Kreidenweis，2007）

成分	κ	成分	κ
$(NH_4)_2SO_4$	0.53	NH_4NO_3	0.547
NaCl	1.12	H_2SO_4	1.19
$NaNO_3$	0.8	$NaHSO_4$	1.01
Na_2SO_4	0.68	$(NH_4)_3H(SO_4)_2$	0.51
丙二酸	0.44	戊二酸	0.2
谷氨酸	0.154	丁二酸	<0.006
左旋葡聚糖	0.165	己二酸	<0.006
邻苯二甲酸	0.059	高邻苯二甲酸	0.08
蒎酮酸	<0.006	丙烯酸	0.060
α-蒎烯	0.022	B-蒎烯	0.022

采用上述基于成分测量的吸湿增长参数测量途径，Zhang 等（2020）结合中国陆地和近海的化学成分分析数据，利用吸湿参数计算了混合吸湿参数，获得了中国区域吸湿参数的空间分布（图 4-3）。空间插值后的吸湿参数的空间分布特点是东部高、西部低，沿海地区显著高于内陆地区，与地面测量点的结果符合性较好。

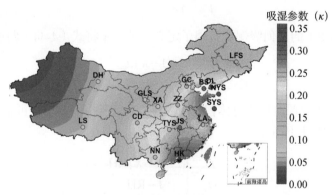

图 4-3　基于克里格空间插值的中国区域吸湿参数空间分布（κ）
地面测量值用圆圈表示

4.4　大气湿度的卫星遥感方法

4.4.1　近红外大气水汽总量反演

近红外通道获得大气水汽总量的原理是将太阳反射光作为辐射源，选择近红外区中水汽的一个弱吸收区和一个窗区通道，通过差分吸收方法获得大气中的水汽总量。在近红外波段，卫星传感器在某一波长 λ 处所接收到的辐射可表示为

$$L(\lambda) = L_0(\lambda) T(\lambda) \rho^{\text{sur}}(\lambda) + L_{\text{atm}}(\lambda) \tag{4-47}$$

式中，L 为探测器上接收到的辐射；L_0 为大气上界的太阳辐射；$T(\lambda)$ 为整层大气透过率，它是太阳—地表—探测器路径上的透过率，可反映水汽总量的信息；ρ^{sur} 为地表反射率；L_{atm} 是太阳—地表—探测器路径上大气分子和气溶胶的散射辐射。卫星观测到的表观反射率为

$$\rho^{\text{toa}}(\lambda) = \frac{L(\lambda)}{L_0(\lambda)} \tag{4-48}$$

由于在近红外光谱区大气分子和气溶胶的散射辐射很小，可以忽略，于是式（4-47）可简化去掉 L_{atm} 项。由式（4-47）和式（4-48）可将表观反射率改写为

$$\rho^{\text{toa}}(\lambda) = T(\lambda) \rho^{\text{sur}}(\lambda) \tag{4-49}$$

地球表面大部分是由水体、土壤、岩石、植被或冰雪覆盖，其地表反射率在 0.85～1.25 μm 近似相等或呈线性变化。因此，可以近似认为，水汽的透过率 T 可通过相隔不远的一个吸收通道（λ_a）与一个窗区通道（λ_w）表观反射率的比值得到

$$T(\lambda_a) = \frac{\rho^{\text{toa}}(\lambda_a)}{\rho^{\text{toa}}(\lambda_w)} \tag{4-50}$$

利用卫星观测获得大气水汽在大气路径上的透过率后，进一步利用辐射传输模型（如 6S 等）建立水汽总量与透过率关系的查找表，从而反演获得大气水汽总量。利用大气水汽总量尚无法获得近地面相对湿度，这是由于水汽的垂直分布存在时空变化，而近地面温度、压强及地面高程的差异也影响相对湿度的估计。尽管从水汽总量还无法直接获得近地面相对湿度，但它为地面湿度提供了一个关键观测参数的约束。例如，可以通过廓线订正模型估计的大气湿度廓线获得相对精确的近地面相对湿度。

4.4.2　红外光谱大气水汽廓线反演

大气廓线的卫星遥感方法主要利用对温度、水汽及臭氧吸收敏感的红外通道，

进而对大气温、湿、臭氧廓线进行反演。反演的主要思路是基于辐射传输模型模拟卫星传感器在红外通道获取的大气顶亮温，利用特征向量统计回归方法建立大气廓线与卫星观测亮温之间的系数矩阵，从而反演大气温度和比湿廓线。该方法的原理可表达为

$$X(p_i) - X_0(p_i) = \sum_i^N A(v_i, p_i)\big[L(v_i) - L_0(v_i)\big] \quad (4\text{-}51)$$

式中，X 为预测量廓线（如比湿廓线）；X_0 为大气廓线的初始状态；L 为表观辐射；$A(v_i, p_i)$ 为线性算子；v_i 为波数；p_i 为压力在垂直方向上的分层。采用矩阵形式，该方程可简化表达为

$$X = AL \quad (4\text{-}52)$$

求导得

$$\frac{\partial}{\partial A}\big|AL - X\big|^2 = 0 \quad (4\text{-}53)$$

A 可进一步被写为

$$A = \big(L^\mathrm{T} L\big)^{-1} L^\mathrm{T} X \quad (4\text{-}54)$$

基于求得的 A 矩阵，可利用卫星观测的多波段辐射值反演获得温湿廓线。这种特征统计反演法的优点在于，可以通过因子变换，间接避免相关性而产生的干扰。而且特征统计回归法在温度、比湿的反演中可以保留几乎全部的光谱信息，信息失真较少、精度损失较小。此外，如果训练样本包含较多具有代表性的廓线，或相应样本中的观测廓线取值范围较大，则该方法的场景覆盖性就更好。因此，需选取全球范围内不同下垫面情况、不同季节的大气廓线观测数据库，利用统计回归方法，针对卫星传感器的波段和观测角度等信息，建立反演所需的系数矩阵 A。由于温湿廓线反演方法仅适用于晴空反演，因此需要先做云掩膜，只对晴空区域进行反演。

该方法早期被 Seemann 等（2003）应用于 MODIS 传感器，近年来也被应用于红外高光谱传感器，如 AIRS、HIRS 等。然而，由于高光谱传感器观测通道多，数据量巨大，在利用特征向量统计回归方法之前，需要先将观测信息降维或进行通道选择处理（张水平，2009）。许多学者还利用统计回归算法反演的结果作为初始场，来约束物理解。物理算法的优点是精度高，能达到数值天气预报的要求，但该方法计算需要占用大量时间，目前的业务化系统中通常还没有采用。此外，近些年来，利用神经网络等人工智能方法对比湿廓线反演的研究也逐渐增多。神经网络具有很强的非线性问题处理能力以及良好的容错能力，这使其具有既提高反演精度，又节约计算时间的潜力。

4.5　颗粒物吸湿增长因子的测量

4.5.1　单颗粒吸湿增长的测量

实验室通常采用单颗粒悬浮技术测量大气颗粒物吸湿性质，以分析常见的化学物质粒径增长过程。实现单颗粒悬浮技术的实验装置由单颗粒悬浮腔室、加湿装置、激光探测部分、试验数据采集四部分组成。核心部分是单颗粒悬浮腔室，其原理是通过使单粒子带电进而克服重力作用，使得粒子处于悬浮状态，其物理方程为

$$m = \frac{qU}{gz} \tag{4-55}$$

式中，m 为粒子质量；q 为粒子带电的电荷量；U 为电板两端电压；g 为重力加速度；z 为电板距离。图 4-4 为单颗粒悬浮试验原理图，改变悬浮腔室内的相对湿度，颗粒物发生吸湿增长，引起自身重量增加。为了维持颗粒物的力学平衡，则必须增加电磁场两端的电压。通过将测量电板的电压信号直接输出到计算机，就可以获得颗粒物质量的数据。同时，激光探测部分获得粒子侧向散射变化信息，从而建立相对湿度与颗粒物质量、粒径、密度之间的函数关系。

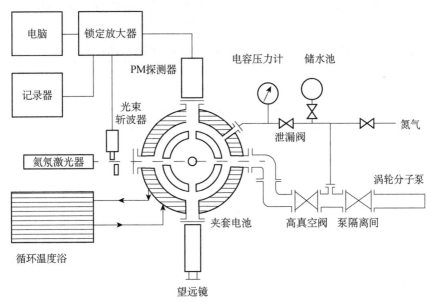

图 4-4　单颗粒悬浮试验原理图（引自 Tang and Munkelwitz，1994）

无机盐由于吸湿增长引起的一系列粒径及光散射特征变化可利用图 4-4 中展示的系统进行测量。图 4-5 显示了$(NH_4)_2SO_4$单颗粒的相变、生长和蒸发与环境相对湿度的关系，空心点表示$(NH_4)_2SO_4$单颗粒的潮解过程，实心点表示单颗粒蒸发结晶过程。干燥的$(NH_4)_2SO_4$单粒子在环境相对湿度达到80%时发生潮解，质量可快速增加

1倍以上。当相对湿度继续增加时，它的质量进一步增加。而含水的$(NH_4)_2SO_4$单颗粒在相对湿度下降过程中则沿着较为连续的曲线下降，达到结晶相对湿度时，单颗粒的质量突变远小于潮解时的质量突变。不同水溶性无机盐的潮解和结晶相对湿度列于表4-2。

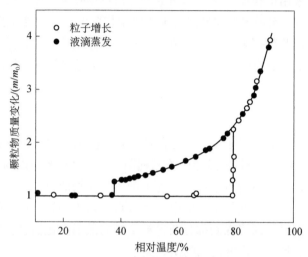

图4-5　$(NH_4)_2SO_4$单颗粒的相变、生长和蒸发与环境相对湿度的关系
（引自 Tang and Munkelwitz，1994）

表 4-2　不同水溶性无机盐的潮解（RHD）和结晶（RHC）相对湿度 （单位：%）

	$(NH_4)_2SO_4$	NH_4HSO_4	$(NH_4)_3H(SO_4)_2$	Na_2SO_4	$NaNO_3$
RHD	80.0	40.0	69.0	84.0	74.5
RHC	37.0~40.0	0.05~22.0	35.0~44.0	57.0~59.0	0.05~30.0

　　Tang 和 Munkelwitz（1994）不仅给出了不同无机盐成分的单颗粒物水活度与溶质比例的关系，还利用多项式拟合了它们之间的函数关系：

$$a_w = 1.0 + \sum C_i x^i \qquad (4\text{-}56)$$

$$\rho_s = 0.9971 + \sum A_i x^i \qquad (4\text{-}57)$$

式中，x 为溶质比重；ρ_s 为溶液密度；C_i 和 A_i 分别为式（4-56）和式（4-57）两多项式的系数。已知水活度情况下，利用式（4-56）可求解 x，进而利用式（4-57）可计算出溶液的密度。多项式系数列于表4-3。

表 4-3　水活度（a_w）和密度（ρ_s）拟合多项式系数表（括号中的数字表示以10为底的指数）
（引自 Tang and Munkelwitz，1994）

	$(NH_4)_2SO_4$	NH_4HSO_4	$(NH_4)_3H(SO_4)_2$	Na_2SO_4		$NaHSO_4$	$NaNO_3$
x/%	0~78	0~97	0~78	0~40	40~67*	0~95	0~98
C_1	−2.715(−3)	−3.05(−3)	−2.42(−3)	−3.55(−3)	−1.99(−2)	−4.98(−3)	−5.52(−3)
C_2	3.113(−5)	−2.94(−5)	−4.615(−5)	9.63(−5)	−1.92(−5)	3.77(−6)	1.286(−4)

续表

	(NH$_4$)$_2$SO$_4$	NH$_4$HSO$_4$	(NH$_4$)$_3$H(SO$_4$)$_2$	Na$_2$SO$_4$		NaHSO$_4$	NaNO$_3$
C_3	−2.336(−6)	−4.43(−7)	−2.83(−7)	−2.97(−6)	1.47(−6)	−6.32(−7)	−3.496(−6)
C_4	1.412(−8)	…	…	…	…	…	1.843(−8)
A_1	5.92(−3)	5.87(−3)	5.66(−3)	8.871(−3)		7.56(−3)	6.512(−3)
A_2	−5.036(−6)	−1.89(−6)	2.96(−6)	3.195(−5)		2.36(−5)	3.025(−5)
A_3	1.024(−8)	1.763(−7)	6.68(−8)	2.28(−7)		2.33(−7)	1.437(−7)
$\sigma(a_\text{w})$	2.76(−3)	7.94(−3)	5.97(−3)	3.87(−3)	3.39(−3)	3.13(−3)	6.65(−3)
$\sigma(\rho_\text{s})$	8.98(−5)	4.03(−4)	2.13(−3)	1.71(−4)		7.55(−4)	3.83(−4)

* 在这个浓度区间，$a_\text{w} = 1.557 + \sum C_i x^i$ 。

4.5.2　颗粒物群吸湿增长的测量

还有一种用于观测吸湿增长因子的仪器是吸湿性串联微分迁移率分析仪（H-TDMA）系统（图 4-6）。该仪器主要包含三个部分：气溶胶颗粒的产生和干燥部件、颗粒粒径尺度选择及湿度控制装置，以及加湿后气溶胶颗粒的数量和尺度分布检测系统。系统内的悬浮气溶胶颗粒物由被测纯物质的水溶液雾化产生，或由含有不同比例的有机和无机物质的被测混合物雾化产生。雾化后的颗粒通过硅胶扩散干燥器和气体干燥器，可将气流相对湿度降低到 10% 以下。利用湿度探针测量干燥气溶胶颗粒的相对湿度（RH1），随后气溶胶颗粒通过一个中和器，达到接近玻尔兹曼电荷分布。之后带电颗粒进入第一个微分迁移率分析仪（DMA1），选择期望的初始直径的单分散粒子。被选择的具有一定粒径的气溶胶颗粒进一步进入湿度调整部件，并拥有相对湿度 RH2。通过第二个微分迁移率分析仪（DMA2），确定气溶胶颗粒的粒径大小，并结合冷凝粒子计数器（CPC）确定某粒径的气溶胶数浓度。以此获得环境湿度 RH2 下，气溶胶颗粒吸湿后的尺度分布及浓度信息。

单颗粒测量技术对气溶胶颗粒制备有较高要求，串联微分迁移率分析仪系统可测量颗粒物群体的特性，被更广泛地应用于实验室测量单一及混合成分颗粒。针对常见的具有不同混合比例的无机盐与有机成分的颗粒物测量，可以发现，尽管无机盐的吸湿性很强烈，与吸湿性较弱的有机成分混合后，混合物的吸湿性出现显著变化。如图 4-7 所示，当环境相对湿度较低时，己二酸包裹的硫酸铵保持结晶状态。当环境相对湿度增加接近 80% 时，硫酸铵成为溶液状态，而吸湿性差的己二酸保持不变。当相对湿度进一步增加时，则溶液进一步稀释，包裹住原有的己二酸外壳，形成球形颗粒物。而当环境相对湿度减小时，颗粒物含水量则逐渐蒸发，颗粒物由球形退化为不规则形状。

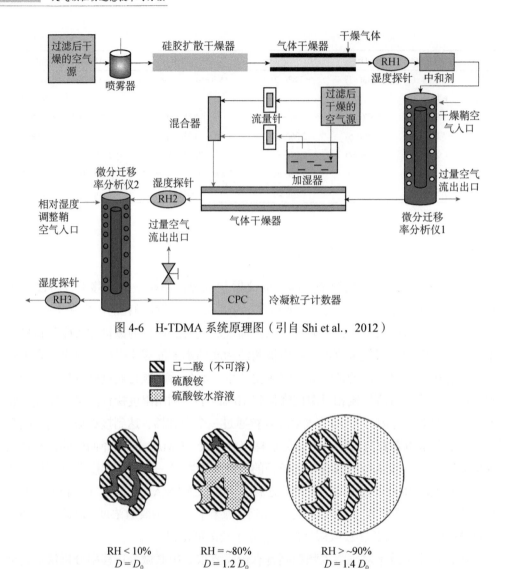

图 4-6　H-TDMA 系统原理图（引自 Shi et al.，2012）

图 4-7　己二酸与硫酸铵混合颗粒物的吸湿过程示意图（引自 Sjogren et al.，2007）

　　为了使实验室产生的气溶胶颗粒物更接近真实大气中的悬浮颗粒物，需对具有不同成分、不同混合比例的颗粒物进行实验室吸湿性测试，测定其吸湿增长因子。Prenni 等（2003）用硫酸铵与不同有机酸的混合物作为试验对象（表 4-4），测定相对湿度在 80%情况下的颗粒物吸湿增长因子。他们发现，当有机酸的体积占比达到 50%左右时，颗粒物吸湿性会受到影响。当有机酸的吸湿性较高时，则颗粒物的吸湿性改变不大。当相对湿度进一步增加时（90%），有机酸的吸湿性产生了较大差异，导致混合颗粒物的吸湿性进一步增大。这也说明，不同的有机酸吸湿特性有显著差异。

表 4-4　硫酸铵与有机酸混合物的吸湿增长因子（ f ）和潮解相对湿度（RHD）

（引自 Prenni et al.，2003）

混合物（硫酸铵：有机酸）		有机酸体积比	f(80%)	f(90%)	RHD(%)
己二酸	100：1	0.013	1.43	1.66	77.8
	10：1	0.126	1.40	1.62	77.7
	1：1	0.565	1.20	1.35	77.7
丁二酸	100：1	0.011	1.41	1.66	77.7
	10：1	0.111	1.38	1.61	77.6
	1.4：1	0.449	1.30	1.52	76.3
草酸	100：1	0.009	1.44	1.66	77.8
	10：1	0.094	1.43	1.66	77.0
	1.5：1	0.383	1.39	1.69	—
丙二酸	100：1	0.011	1.42	1.65	77.2
	10：1	0.108	1.42	1.65	77.7
	2.3：1	0.322	1.42	1.66	—
戊二酸	100：1	0.012	1.42	1.64	79.3
	10：1	0.121	1.39	1.61	78.3
	1.5：1	0.453	1.30	1.50	77.3
硫酸铵		1.00	1.47	1.69	79.3
己二酸		1.00	1.00	1.00	—
丁二酸		1.00	1.01	1.01	—
草酸		1.00	1.17	1.43	—
丙二酸		1.00	1.37	1.73	—
戊二酸		1.00	1.15	1.29	—

　　H-TDMA 系统不仅可用于在实验室内测量单一及混合成分的颗粒物吸湿特性，还可以通过改造对实际大气中的悬浮颗粒物进行测量。当测量实际大气时，将气溶胶发生装置改装为抽气装置，并增加具有不同颗粒物尺度截断作用的切割头，实现对不同尺度大气颗粒物的测量。为了获得不同尺度大气颗粒物的吸湿情况，DMA1需要循环选择颗粒物的尺寸，从而造成整个测量过程耗时增加。

4.5.3　基于积分浊度计的吸湿增长测量

　　积分浊度计（图 4-8）是一种能够测量气溶胶颗粒物散射特性的高灵敏度仪器。浊度计通过测量腔室内的散射光，减去腔室内壁散射、腔室内气体散射以及检测器固有的电子噪声，从而获得颗粒物的散射检测。积分浊度计通过对不同散射角范围内（如 7°～170°，90°～170°）的散射光积分，可以实现对气溶胶的总散射和后向散射的近似测量，这为了解气溶胶散射特性提供了直接的观测信息。

　　由于积分浊度计在观测中具有使用便捷、采样快速的优势，因而被广泛用于场地试验。积分浊度计可实时监测气溶胶的散射吸湿增长因子 f_σ(RH)，通常可采用串联或并联两种形式组成积分浊度计系统，对颗粒物的光学吸湿增长因子进行外场测量。两种积分浊度计系统都是由两台浊度计与一个可控加湿模块组成。在串联浊度计系统中，颗粒物首先经过干燥管进入第一台浊度计测量其散射系数，随后经过可调控的加湿系统使颗粒物吸湿增长，进入第二台浊度计测量其吸湿后的散射系数，最后计算光散射吸湿增长因子。在并联浊度计系统中，两台浊度计分别独立抽取环境大气进行监测，其中一台前端装有可控加湿装置，另一台则具备干燥能力。由两台仪器的观测值求比值，即可获得颗粒物的光散射吸湿增长因子。积分浊度计联用系统的优点在于能够直接测量气溶胶散射性质随环境相对湿度的变化，且可快速应用于场地试验。然而，该方法也存在一定的缺点。尽管加湿模块可调控颗粒物所处的环境湿度，但当颗粒物进入浊度计腔室时，光源发热等影响可能导致湿度的降低，从而引入测量误差。

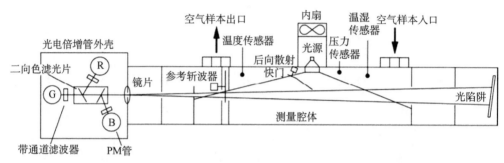

图 4-8   积分浊度计原理图（引自 Model 3563 积分浊度计操作手册）

许多大型试验都对光学散射吸湿增长因子进行了测量（表 4-5），不同地区、不同气溶胶类型的吸湿因子存在较大的差异。总体而言，颗粒物吸湿性较强的城市型、海洋型气溶胶的吸湿因子多在 1.8 以上，显著高于生物质燃烧型颗粒物的吸湿因子 1.1～1.6。具有不同来源的人为源排放的颗粒物也会存在较大的吸湿性差异。例如，在东亚地区，与韩国相比，我国观测的人为源颗粒物吸湿性通常更强。

表 4-5   大型试验中气溶胶散射吸湿增长因子的观测值（引自刘新罡和张远航，2010）

试验地区	试验名称	气溶胶类型	f_σ(RH)	测量湿度/%	探测波长/nm
巴西	SCAR-B	生物质燃烧	1.16	80/30	550
美国东部沿海	TARFOX	城市型	1.81～2.30	80/30	550
葡萄牙	ACE-2	清洁	1.69±0.16	82/27	550
		人为	1.46±0.10		
印度洋试验	INDOEX	生物质燃烧或沙尘	1.58±0.21	85/40	——
南非	SAFARI 2000	生物质燃烧	1.42±2.07	80/30	550
东亚地区	ACE-Asia	沙尘	2.00±0.27	85/40	550
		人为（中国）	2.75±0.38		
		人为（韩国）	1.91±0.16		
		生物质燃烧	1.60±0.20		
浙江临安	—	人为	1.70～2.00	80/<40	530
北京上甸子地区	—	清洁	1.22	80/<40	525
广州市区	2006 PRIDE-PRD	城市型	2.04±0.28	80/45	550

试验地区	试验名称	气溶胶类型	$f_\sigma(RH)$	测量湿度/%	探测波长/nm
广州市区		海洋/城市混合型	2.29±0.28		
		海洋型	2.68±0.59		
北京市区	2006 CARE Beijing	城市型	1.63±0.19	80/35	550

第 5 章　大气颗粒物垂直分布

大气颗粒物的垂直分布是指大气中悬浮颗粒物随垂直高度的分布特征。在第 2 章中，利用遥感获得的大气颗粒物整层的光学厚度代表在整层大气中的颗粒物总量，而垂直分布则表征了大气颗粒物不同高度的分布差异。假设整层大气颗粒物总量不变，不同的垂直分布显然影响近地面颗粒物含量的分配，因此垂直分布也是近地面细颗粒物遥感估算的关键环节。本章主要介绍与大气颗粒物垂直分布密切相关的大气边界层特征和大气颗粒物垂直分布的星地探测技术，同时基于探测总结大气颗粒物的垂直分布模型，实现近地层大气颗粒物含量的遥感分离。

5.1　大气的垂直结构

大气层主要分为对流层、平流层、中间层、热层和散逸层，而天气现象最活跃的层是对流层。对流层中的气溶胶是一个由自然和人为源组成，包括固态和液态颗粒物的复杂动力学混合体系。虽然大气颗粒物可远距离输送，但由于源区主要在地面，其中直接来源的大尺寸颗粒物通常就沉降在局地源区附近，因此大多数气溶胶集中于对流层。同时，对流层颗粒物具有较大的变动性，并且水平分布的变化很明显，受大气稳定度和混合层厚度的影响强烈。因为受地面直接排放的大尺寸颗粒物的影响较弱，4～5 km 及以上的大气颗粒物尺度较小，形成稳定的背景气溶胶。

5.1.1　大气边界层

大气中的热量和水分主要来源于下垫面，而动量主要来自上层气流的运动。动量输送到低层，补偿由于下垫面的不光滑而摩擦消耗的动能。这种能量和物质的交换在大气的动量、热量、水汽及其他微量气体的平衡中有着重要作用，其作为范围构成了大气边界层的主要区域。大气边界层的发展具有明显的日变化，其厚度最低时只有几十米，高时可达 2 km 以上甚至更高。在陆地上空，白天地表受到太阳辐射加热而温度上升；夜晚地表发射长波辐射因而冷却降温，导致边界层出现明显的日变化。在海洋上空，水的比热容远大于陆地，且海洋表面温度的日变化不明显，因此海洋边界层的日变化不显著。无论在陆地还是海洋，高压区边界层通常低于低压区，这与高压区的下沉气流相关。

图 5-1 以高压区内无云小风条件下的边界层为例，说明边界层的日夜变化。在地

面加热过程的驱动下，白天边界层的发展较快，通常中午可达到最大高度，底层为超绝热分布，中层为混合层，顶层为逆温层，称作边界层顶部逆温，或称作卷夹层。午后，辐射对地面的供热过程减弱，地表温度开始下降，但仍能保持对大气边界层的供热，因而混合层厚度得以维持在接近中午时的高度。入夜后，地面净辐射成为负值（仅有长波发射），下垫面冷却导致大气边界层自下而上降温，并逐渐发展成为逆温层结的稳定大气边界层。稳定层结时，湍涡运动反抗重力做功消耗动能，因此夜间稳定边界层比白天混合层的发展要弱得多，厚度也小得多。在稳定边界层之上为残留层，残留层顶为覆盖逆温层。夜间，地面通常是微风或静风，但在稳定边界层顶常会出现很强的风速，这种现象称为夜间低层喷流。在边界层底部，受到下垫面直接影响的区域与混合层及稳定边界层等又具有不同的特征。因此，大气边界层内部是一个多层结构，可被分为三层：

（1）黏性副层。紧靠地面的一个薄层，典型厚度小于 1 cm，在大气遥感实践中通常可以忽略。

（2）近地层。从黏性副层到 1/10 边界层厚度，这一层内大气运动呈现明显的湍流性质。而且，湍流通量值随高度变化很小，故也称为常通量层或常应力层。

（3）上部摩擦层或埃克曼层。这一层从近地面层到边界层顶，依据不同的稳定度类型，又可称为稳定边界层、中性边界层和对流边界层（混合层）。

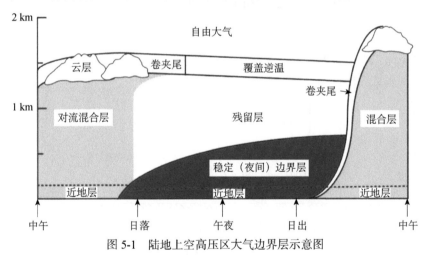

图 5-1　陆地上空高压区大气边界层示意图

大气边界层高度是衡量边界层发展的指标，也是与大气颗粒物垂直分布密切相关的参数。当气流经过地面时，地面上各种粗糙元，如草、沙粒、庄稼、树木、房屋等会使大气流动受阻，这种摩擦阻力由于大气中的湍流而向上传递，并随高度的增加逐渐减弱，达到某一高度后便可忽略，该高度可确定为大气边界层高度。它随气象条件、地形、地面粗糙度而变化，范围通常在几百米到几公里。边界层高度在常规观测中难以直接得到，因此至今并没有统一的边界层高度获取方法，现行的方法主要是依赖探空观测计算或地面观测资料估算获得。

　　有探空观测时，可采用风速极值法或位温廓线法。风速极值法是指从地面向上取风向开始与自由大气风向一致的高度，或取风速达到自由大气风速时的高度，亦或取风速达到最大值的高度作为边界层高度。位温廓线法通常是指边界层内位温梯度转变为自由大气所具有的特征时的高度，或者将位温梯度明显不连续的高度作为边界层高度。位温廓线法是对观测资料的直接分析方法，虽然观测本身存在一定的误差，但分析中未引入假设条件，相对可靠，因此在有探空观测的情况下得到广泛应用。此外，干绝热法可以通过清晨探空廓线和日最大温度估算当日最大的混合层发展高度，在有探空和地面观测的站点得到广泛应用，尤其是当日最大的混合层发展高度可作为污染潜势因子，因此在环境应用等方面具有优势。在此，我们介绍几种被广泛使用的大气边界层估计方法。

1. 位温廓线法

　　位温廓线法（Liu and Liang，2010）是利用位温垂直变化识别大气边界层高度的方法，较适用于中纬度内陆地区的边界层高度计算。在一个日变化周期内，大气边界层结构可分为三个主要的状态，即对流边界层（CBL）、稳定边界层（SBL）和中性残余层（NRL）。该方法首先通过探空廓线数据的第五层和第二层位温差来判断边界层的稳定状态，即稳定、不稳定和中性（图5-2）。

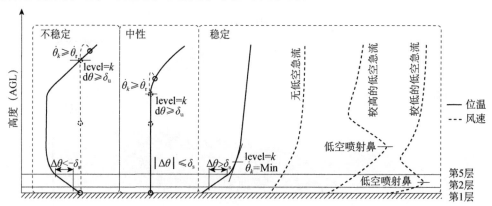

图5-2　大气边界层高度位温廓线法示意图（引自 Liu and Liang，2010）

$$\theta_5 - \theta_2 \begin{cases} <-\delta_s, & \text{CBL} \\ >+\delta_s, & \text{SBL} \\ =\text{else}, & \text{NRL} \end{cases} \quad (5\text{-}1)$$

式中，θ 为位温（单位：K），下标代表探空数据的层数，地面的层数为1；δ_s 为位温增量在 CBL 顶部之上或在 SBL 顶部之下的稳定（反转）层的最小值，理想情况下，δ_s 的值可以设置为零，但在实践中 δ_s 根据表面特性指定为小的正值。

由于浮力是 CBL 中驱动湍流的主要机制，大气边界层高度也是从地面绝热上升的气团达到中性浮力的高度。在实际计算中，对于不稳定区域，首先向上扫描以找到满足条件的最底层 k：

$$\theta_k - \theta_1 \geqslant \delta_u \qquad (5\text{-}2)$$

式中，δ_u 为不稳定层最小的位温增量。然后，通过另一次向上扫描来修正第一次猜测的 k 层，以搜索第一次满足式（5-3）所示的位温垂直梯度条件的层：

$$\dot{\theta}_k \equiv \frac{\partial \theta_k}{\partial z} \geqslant \dot{\theta}_r \qquad (5\text{-}3)$$

式中，$\dot{\theta}_k$ 为每间隔高度 z 的位温垂直梯度；$\dot{\theta}_r$ 为上部逆温层的位温垂直梯度的最小值。这里可以认为 $\dot{\theta}_r$ 是上升气块冲破逆温的阈值，从而定义了 CBL 的卷夹层范围，同样的过程也被用来确定中性状态下 NRL 的边界层高度。注意到，稳定状态下的边界层高度比不稳定状态下更难量化，而且在没有实际观测边界层湍流动能剖面的情况下，算法难以可靠地确定 SBL 顶部。对于稳定状态，大气边界层高度定义为从地面到稳定层顶部的高度。在 SBL 主要受浮力影响的情况下，首先向上扫描以找到 $\dot{\theta}_k$ 达到最小值的最底层。然后，如果符合式（5-4）中任一条件，则确定该 k 层为边界层高度：

$$\begin{cases} \dot{\theta}_k - \dot{\theta}_{k-1} < -\dot{\delta} & \text{or} \\ \dot{\theta}_{k+1} < \dot{\theta}_r, \dot{\theta}_{k+2} < \dot{\theta}_r \end{cases} \qquad (5\text{-}4)$$

式中，第一个条件保证 θ_k 是一个具有曲率 $\dot{\delta} = 40\,\text{K/km}$ 的局部峰值，第二个条件表示 k 层以上两层（$k+1$ 层和 $k+2$ 层）组成的逆温层不明显。

2. 总体理查森数法

针对气候学分析，理查森数（Ri）方法也是获得边界层高度的方法之一，它既适用于稳定边界层又适用于对流边界层。总体理查森数（Ri_b）是将热力学结构和垂直风切变相结合的无量纲参数，具体定义为大气静力稳定度与垂直风切变之比，表示为

$$Ri_b = \frac{gz\left[\theta(z) - \theta(z_0)\right]}{\theta(z_0)\left[U^2(z) + V^2(z)\right]} \qquad (5\text{-}5)$$

式中，z 为高度（$z > z_0$）；z_0 为地面高度；U 和 V 为两个水平风速分量；g 为地球重力常数；θ 为位温。在垂直方向上，Ri_b 第一次大于临界阈值 0.25 时对应的高度即大气边界层高度。

3. 罗氏法

当探空资料难以获得时，可采用罗氏法，基于地面气象资料估算混合层厚度。

罗氏法考虑了热力和机械湍流对大气混合层的共同作用，以及边界层上部大气运动状况与地面气象参数间的相互联系和反馈作用。罗氏法用地面气象参数估算混合层厚度：

$$H_{\text{mix}} = \frac{121}{6}(6-P_{\text{SL}})(T-T_{\text{d}}) + \frac{0.169P_{\text{SL}}\left(\overline{V(z)}+0.257\right)}{12f\ln\left(z/z^*\right)} \tag{5-6}$$

式中，H_{mix} 为混合层厚度；T 为大气温度；T_{d} 为露点温度；P_{SL} 为帕斯奎尔稳定度级别，以整数 1~6 记；$\overline{V(z)}$ 为 z 高度处所观测的平均风速；z^* 为地面粗糙度；f 为地转参数，可表达为

$$f = 2\Omega\sin\phi \tag{5-7}$$

式中，ϕ 为观测点的地理纬度；Ω 为地转角速度。该方法由于仅使用常规气象观测资料而得到广泛应用。然而，该方法具有较大的经验性，因此基于罗氏法提出了联合频率法：

$$H_{\text{mix}} =$$

$$\sum_{i=1}^{n}\sum_{j=1}^{m}\left[\frac{121}{6}(6-P_{\text{SL}})_j(T-T_{\text{d}})_j + \frac{0.169P_{\text{SL},j}\left(\overline{V(z)}_i+0.257\right)}{12f\ln\left(z/z_0\right)}\right]\times f_{\text{p}}(i,j) \tag{5-8}$$

式中，i、j 分别为风速段和稳定度的分级，相应的 n 和 m 为它们的分级个数；$f_{\text{p}}(i,j)$ 为各风速段不同大气稳定度的频率。

不同区域的大气边界层高度观测结果差异较大。图 5-3 展示了我国部分地区大气边界层高度或日最大高度的年均值变化。由图 5-3 可见，不同地区的大气边界层高度差异明显，部分地区多年连续低于 500 m。以北京地区的长期观测为例，1970~2000 年的边界层高度有缓慢下降的趋势，之后则逐步抬升，尤其是 2010 年后升高显著。

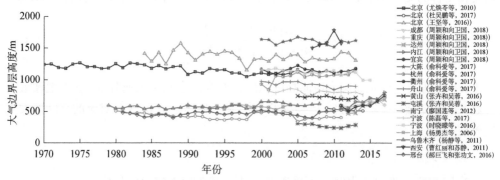

图 5-3   文献中记载的我国部分地区边界层高度多年变化情况

5.1.2　颗粒物垂直分布特征

早期研究给出了一些陆地上空气溶胶浓度垂直分布的典型廓线。粗、细两种尺度的气溶胶浓度随高度呈现类似的指数递减趋势；但在 5 km 以上，小粒径的气溶胶浓度增加，使尺度分布变得平缓。由此，对流层气溶胶浓度可概括成两段模式，即对流层上层的均匀背景气溶胶和从地面向上呈指数递减的对流层低层气溶胶。而在平流层中，因为硫酸滴的增加，粒子数浓度通常在地表上方 20 km 附近出现新的峰值，称为容格（Junge）层。陆地上空的典型气溶胶垂直分布可表达为

$$n_{land}(z) = n_0 e^{-\frac{z}{SH_0}} + n_1 e^{-\frac{z}{SH_1}} \qquad (0 < z < z_T) \qquad (5\text{-}9)$$

式中，n_0 为地面附近气溶胶平均质量浓度；n_1 为背景气溶胶起始质量浓度；SH_0 为陆地边界层气溶胶的标高（指气溶胶浓度减小到起始浓度的 $1/e$ 时的高度增量，e=2.718）；SH_1 为背景气溶胶浓度的标高（通常可取 9.1 km）；z_T 为对流层顶的平均高度，可取为 12 km。

海洋上空的背景气溶胶高度较低，低层为海盐质粒递减层（标高约 0.5 km），因此海洋上空的典型气溶胶垂直分布与陆地上空不同：

$$n_{ocean}(z) = \begin{cases} n_2 + n_1 e^{-\frac{z}{SH_1}} & (0 < z < 0.6\text{km}) \\ n_2 e^{-\frac{z-0.6}{SH_2}} + n_1 e^{-\frac{z-0.6}{SH_1}} & (0.6\text{km} < z < z_T) \end{cases} \qquad (5\text{-}10)$$

式中，n_2 为海洋表面气溶胶的平均质量浓度；SH_2 为海洋边界层气溶胶的标高。

可见，上述早期观测模型讨论大气颗粒物垂直分布时，主要是基于不同情况选取气溶胶标高。然而，大气颗粒物浓度的垂直分布受到很多因素影响，并且随辐射逆温和湍流混合层的变化而变化。许多观测已表明，多数情况下大气颗粒物垂直分布复杂，不能用简单的气溶胶标高模型表征。大气颗粒物主要驻留在大气边界中，几百公里水平尺度的输送过程主要也在混合层内进行，其垂直分布受到大气边界层结构的影响。

5.2　大气颗粒物垂直分布模型

大气颗粒物垂直分布在近地面颗粒物的遥感估计中至关重要。目前，模式模拟获得的颗粒物浓度及消光廓线等与观测相比仍存在一定的差异。图 5-4 显示了 CALIOP 观测与 GEOS-Chem 模式模拟的中国中东部地区不同季节气溶胶消光廓线（Liu et al.，2019），二者的符合度较低。根据观测数据获得近地面颗粒物与大气边

界层之间的相关关系，据此建立大气颗粒物的垂直分布模型，这是一个重要的研究方向。相比于大气颗粒物的垂直分布廓线，这种模型包含的参数（如大气边界层高度等参数）相对容易通过观测获得，应用也更加方便，在近地面大气颗粒物估计中被广泛使用。因此，基于观测建立特征参数驱动的典型区域或类型的大气颗粒物垂直分布模型具有重要的科学意义和应用价值。

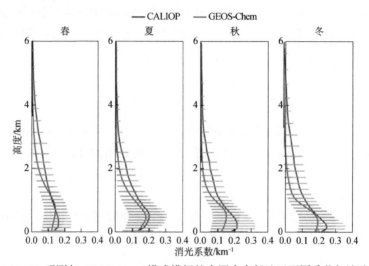

图 5-4　CALIOP 观测与 GEOS-Chem 模式模拟的中国中东部地区不同季节气溶胶消光廓线
（引自 Liu et al.，2019）

5.2.1　单层均匀模型

单层均匀模型是大气颗粒物垂直模型中最简单的一种，它假设大气颗粒物在混合边界层（PBL）内充分混合，且假设边界层以上无明显的颗粒物存在。该模型可代表污染等天气情况下大气颗粒物被压缩到很低的混合边界层内的情况，虽然边界层以上无气溶胶的假设与实际情况有所偏差，但可大幅简化计算，所以其仍在实际应用中被广泛采用。单层均匀模型假设气溶胶粒子数浓度的垂直分布为

$$n_{\text{amb}}(z) = \begin{cases} n_0 & (z \leqslant \text{PBLH}) \\ 0 & (z > \text{PBLH}) \end{cases} \tag{5-11}$$

式中，$n_{\text{amb}}(z)$ 为环境湿度下的气溶胶粒子数浓度；n_0 为近地面大气颗粒物数浓度；PBLH 为混合边界层高度。因此，大气层中颗粒物的总浓度 N_T 可表达为

$$N_T = \int_0^\infty n_{\text{amb}} \cdot \text{d}z = \int_0^{\text{PBLH}} n_0 \cdot \text{d}z = \text{PBLH} \cdot n_0 \tag{5-12}$$

在这种模型下，近地面大气颗粒物浓度与混合边界层的高度成反比，即当排放

和输送一定的情况下，混合边界层的高度降低，则近地面颗粒物浓度增加。这与 Koelemeijer 等（2006）观测的近地面颗粒物与大气边界层高度呈负相关的关系一致。图 5-5 显示了单层均匀模型在大气中的垂直剖面示意图。

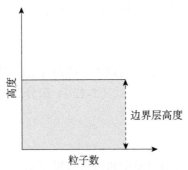

图 5-5　大气颗粒物单层均匀模型垂直剖面示意图

5.2.2　负指数模型

在相对清洁的天气下，大气颗粒物的垂直变化通常呈现负指数分布，当浓度降低到近地面浓度的 $1/e$ 时，该位置可被定义为颗粒物的标高（SH）。图 5-6 显示了大气颗粒物负指数模型垂直剖面图以及标高的位置。负指数模型颗粒物的垂直变化可被写为

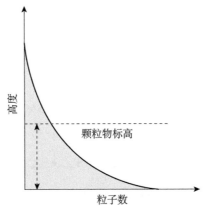

图 5-6　大气颗粒物负指数模型垂直剖面示意图

$$n_{\mathrm{amb}}(z) = n_0 \cdot e^{-\frac{z}{\mathrm{SH}}} \tag{5-13}$$

与垂直模型类似，将式（5-13）积分，可得到整层大气的颗粒物总浓度：

$$N_{\mathrm{T}} = \int_0^\infty n_0 \cdot e^{-\frac{z}{\mathrm{SH}}} \mathrm{d}z = -\mathrm{SH} \cdot n_0 \left(e^{-\infty} - e^0\right) = \mathrm{SH} \cdot n_0 \tag{5-14}$$

大气颗粒物的负指数模型显示，在标高以上仍有部分颗粒物存在，这部分颗粒物可将式（5-13）自标高积分至大气顶获得：

$$N_{\text{up}} = \int_{\text{SH}}^{\infty} n_0 \cdot e^{-\frac{z}{\text{SH}}} dz = -\text{SH} \cdot n_0 \left(e^{-\infty} - e^{-1} \right) = N_{\text{T}} \cdot \frac{1}{e} \approx 0.37 N_{\text{T}} \qquad （5-15）$$

式中，N_{up} 为标高以上的大气颗粒物总和。由式（5-15）可知，在负指数模型情形下，约37%的大气颗粒物分布于标高以上。值得注意的是，大气颗粒物的负指数模型［式（5-14）］与垂直均匀模型［式（5-12）］积分后具有类似的形式。

5.2.3　叠加层模型

Tsai 等（2011）将单层均匀模型和负指数模型结合，形成了更符合雾霾时大气颗粒物垂直分布状态的叠加层模型。叠加层模型由两层组成（图 5-7）：边界层以下是单层均匀模型；边界层以上则是以单层均匀模型的平均颗粒物浓度作为起始值的负指数模型，该负指数模型以霾层高度（HLH）作为约束参数。叠加层模型的整层大气颗粒物积分浓度为

$$N_{\text{T}} = \int_{\text{PBLH}}^{\infty} n_0 \cdot e^{-\frac{z-\text{PBLH}}{\text{HLH}-\text{PBLH}}} dz + \text{PBLH} \cdot n_0 \approx \text{HLH} \cdot n_0 \qquad （5-16）$$

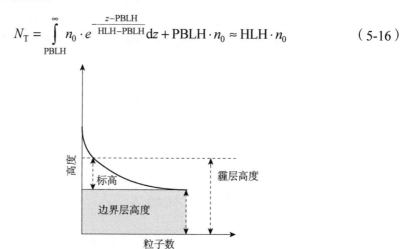

图 5-7　大气颗粒物叠加层模型垂直剖面示意图

与前两种模型类似，整层颗粒物的叠加模型也可简单地使用霾层高度与近地面颗粒物浓度（n_0）的乘积近似表示。虽然混合边界层高度 PBLH 可由激光雷达后向散射信号获得，但霾层高度 HLH 则需要将反演的垂直消光廓线进一步利用叠加层模型拟合后获得。因此，该方法的使用受到了一定限制。

5.2.4　高斯模型

除了上述模型外，大气颗粒物垂直分布通常还可采用一种普适性较强的高斯模

型进行描述（图 5-8）。高斯模型的数学表达为

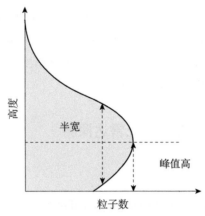

图 5-8　大气颗粒物高斯模型垂直剖面示意图

$$n_{\mathrm{amb}}(z) = N_0 \cdot \exp\left(-\frac{z - z_{\mathrm{h}}^2}{\delta_{\mathrm{h}}^2}\right) \tag{5-17}$$

式中，N_0 为峰值浓度；z_{h} 为峰值高度；δ_{h} 为高斯分布的半宽，也称为标准差。将高斯模型自地表至大气顶积分，即整层大气颗粒物浓度：

$$N_{\mathrm{T}} = \int_0^{\infty} N_0 \cdot \exp\left(-\frac{z - z_{\mathrm{h}}^2}{\delta_{\mathrm{h}}^2}\right) \mathrm{d}z \tag{5-18}$$

为了使高斯模型表征的整层大气颗粒物与上述三种模型具有类似的形式，可引入等效标高（ESH）概念：

$$\mathrm{ESH} = \frac{\int_0^{\infty} N_0 \cdot \exp\left(-\frac{z - z_{\mathrm{h}}^2}{\delta_{\mathrm{h}}^2}\right) \mathrm{d}z}{n_0} \tag{5-19}$$

因此，式（5-18）即可改写为

$$N_{\mathrm{T}} = \mathrm{ESH} \cdot n_0 \tag{5-20}$$

相比于 5.2.1～5.2.3 节介绍的三种模型，高斯模型更加灵活。它可通过调整峰值高度和半宽而逼近以上 3 种模型，尤其是负指数模型。同时，当颗粒物存在高层传输时，近地面颗粒物值较低，高斯模型也可以适用于这种情况。然而，该模型并不像以上三种模型具有简单的形式，而具有较多的未知参数（3 个），这在一定程度上限制了它的应用。在近地面颗粒物浓度 n_0 估算等应用中，可利用激光雷达消光廓线对高斯模型进行拟合，直接获得等效标高，简化计算。

以上介绍的 4 种颗粒物垂直分布模型都可用简单的乘积形式描述整层大气颗粒物总浓度与近地面颗粒物浓度之间的关系：

$$N_{\mathrm{T}} = H \cdot n_0$$ （5-21）

式中，H 为不同的高度参数，包括：混合边界层高度（PBLH）、标高（SH）、霾层高度（HLH）以及等效标高（ESH）。其中，边界层高度的观测技术相对简单，因此得到了广泛应用。然而，目前仍缺乏一种普适易用且精度高的大气颗粒物垂直分布模型，这也是未来研究中仍需努力的方向。

5.3   大气颗粒物垂直分布的激光雷达探测

5.3.1   激光雷达探测原理

激光雷达（Light Detection and Ranging，LIDAR）是探测大气颗粒物垂直分布的主要手段之一。相比于探空和飞行试验，激光雷达具有全天时遥感连续观测的优势。自 20 世纪 60 年代第一台激光器问世以后，科学家便提出了激光雷达大气遥感探测的设想。激光具有的亮度高、方向性强。单色性好、相干性好等特点，使激光大气遥感具有高空间、时间分辨率的优势。而其从地面到高空全高度分层的探测能力使激光雷达技术更受关注。目前，激光雷达已被广泛应用于大气、气象、环境和空间科学等各领域的监测中。

激光雷达系统通常包含发射单元和接收单元，其基本结构如图 5-9 所示。发射单元包括激光器和扩束器，激光器产生特定光谱特性的脉冲光，发射器内部的光束扩束器压缩激光的发散角。在接收单元，望远镜收集从大气返回的后向散射光子，通过光电转换将接收的光学信号转为电子信号。

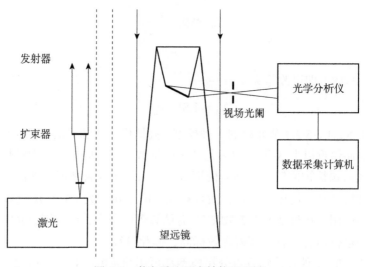

图 5-9   激光雷达基本结构原理图

　　根据应用目的不同，可选择的激光波长从紫外到红外，使激光雷达大气探测技术能够覆盖更多的应用场景。在大气气溶胶探测中，常用的是 Nd:YAG 激光器，它能够产生波长为 1064 nm 的激光，并可经二倍频和三倍频得到 532 nm 和 355 nm 波长的激光。

　　由于发射器和接收器光学元件几何构造的限制，距离激光雷达近处的回波信号不能被探测器接收，使得激光雷达存在探测盲区。接收单元的视场角增加，可有效减小激光雷达的探测盲区，但同时也将接收更多的大气背景噪声。反之，信噪比得到提升，信号探测盲区增加。因此，接收望远镜的口径和视场角需根据测量目的和测程的不同而调整。此外，除盲区外，激光雷达还存在只有部分信号被接收的区域，称为信号接收的部分重叠区。信号在该区域可通过重叠因子校正进行还原。盲区和部分重叠区的大小因系统而异，其受到激光发散角、接收视场角，以及发射光束和接收望远镜光轴之间的距离等影响。激光雷达是通过光电倍增管或光电二极管，将光信号转换为电信号进行检测的。探测时根据光的传输速度及飞行时间确定激光雷达和目标之间的距离。根据激光能量和探测目的的不同，激光雷达通常能够测量几百米甚至十几公里的距离。

　　在忽略准单色光的发散、多次散射和相干性等情况时，激光雷达方程可简单地写为

$$P(z) = (P_0 G_A C)\beta(z)T^2(z)/z^2 \quad\quad (5\text{-}22)$$

式中，$P(z)$ 为距激光雷达距离 z 处的雷达回波功率；P_0 为激光的出射功率；G_A 为放大器增益系数；C 为校准系数；$T^2(z)$ 为激光雷达至距离 z 处的路径上的双向透过率；$\beta(z)$ 为距离 z 处的后向散射系数，包括气溶胶粒子后向散射系数 β_a 和大气分子后向散射系数 β_m 两部分：

$$\beta(z) = \beta_a(z) + \beta_m(z) \quad\quad (5\text{-}23)$$

双向透过率 $T^2(z)$ 可表达为

$$T^2(z) = \exp\left[-2\int_0^z k(z')\mathrm{d}z'\right] \quad\quad (5\text{-}24)$$

式中，$k(z)$ 为距离 z 处的消光系数，包含分子散射消光系数 k_m、气溶胶粒子散射消光系数 k_p：

$$k(z) = k_m(z) + k_p(z) \quad\quad (5\text{-}25)$$

由于臭氧一般较少，通常可忽略。此外，衰减后向散射系数 β' 可记为

$$\beta'(z) = \beta(z)T^2(z) \quad\quad (5\text{-}26)$$

5.3.2   激光雷达探测平台

大气探测激光雷达根据观测平台的不同，主要有地基、机载和星载三种形式。地基激光雷达可以在某一地区进行全天时连续监测，具有高时间和垂直空间分辨率。机载激光雷达通过飞行实验，获得某个区域水平和垂直观测，但是数据反演难度大，并受飞行空域申请、天气状况等影响。星载激光雷达以卫星为平台，运行轨道高，能够在短时间内实现对全球的观测，但是对于单个区域来说，时间分辨率相对较低。每种观测形式都有其不可替代的优势，获取的观测数据又各具特点。它们最基本的区别是，地基激光雷达通常是地对天观测，而机载和星载激光雷达是天对地观测。

1. 地基激光雷达

单站点的激光雷达观测仅能代表一定范围内的大气特征，而由地基激光雷达组成的大气垂直分布观测网，可更好地进行区域性大气气溶胶和云的垂直结构探测，也可进行区域大气污染监测及沙尘、火山灰等污染物的远距离传输追踪等研究。微脉冲激光雷达网（Micro-Pulse LIDAR Network，MPLNET）由微脉冲激光雷达组成，主要用于长期监测云和气溶胶的垂直分布，并为星载激光雷达提供对比验证（Berkoff et al.，2003，2004）。欧洲气溶胶研究雷达观测网（European Aerosol Research Lidar Network，EARLINET）是 2000 年建立的激光雷达观测网，旨在提供定量、综合、具有统计意义的数据库，用于研究大陆尺度气溶胶水平和垂直分布以及时间变化。亚洲沙尘和气溶胶激光雷达观测网（Asian Dust and Aerosol LIDAR Observation Network，AD-Net）于 2001 年创建，旨在对东亚气溶胶进行持续观测。CIS-LiNet 是由白俄罗斯、俄罗斯和吉尔吉斯斯坦的激光雷达团队建立的激光雷达观测网，主要目的是 EARLINET 和 AD-Net 的探测区域，实现从明斯克到符拉迪沃斯托克的激光雷达观测。REALM（Regional East Atmospheric LIDAR Mesonet）依据北美洲东部多个已有的激光雷达设施建立，来自加拿大和美国的多所大学和研究室参与，囊括了拉曼散射、差分吸收以及高光谱分辨率激光雷达等，是一个综合性较强的激光雷达网络（Mallet et al.，2006）。

2. 星载激光雷达

星载激光雷达搭载于卫星平台，探测范围更广，可实现针对全球的快速、连续、实时和长期探测。由于星载激光雷达的这些优势和作用，各空间大国都在积极开展星载激光雷达研究，相继提出并实施了一些空间激光雷达项目。

激光雷达空间技术研究始于 NASA 在 1994 年进行的航天飞机实验 LITE（LIDAR In-Space Technology Experiment）（Mccormick et al.，1993）。该研究获得了为期 11 天的激光雷达观测数据，为星载激光雷达技术发展和算法研究提供了基础。

第一个用于全球观测的星载地球科学激光测高系统（Geoscience Laser Altimeter System，GLAS）（Abshire et al.，2005）于 2003 年搭载于 ICESat 卫星发射升空，旨在研究冰盖变化与极地气候间的响应，评估极地冰雪融化对全球海平面变化的影响。2006 年，双波段偏振激光雷达 CALIOP（Cloud-Aerosol LIDAR with Orthogonal Polarization）（Winker et al.，2007）发射升空，以更深入地研究气溶胶和云在调节地球气候中的作用。2015 年，国际空间站搭载了云-气溶胶传输系统（Cloud-Aerosol Transport System，CATS），CATS 具有成本低、研发快的优势，其高光谱、双视场技术均是首次应用在星载激光雷达系统中。CATS 共在轨运行了 33 个月，为后续的地球科学任务提供了丰富的数据和经验。2018 年，全球首颗测风卫星"风神"（Aeolus）发射升空，其主要载荷是星载多普勒激光雷达（Atmospheric Laser Doppler Instrument，ALADIN），用于探测全球对流层和平流层底大气风场垂直剖面分布，弥补此类数据在海洋和极地等地区的缺乏。ICESat2 卫星于 2018 年成功发射，主要用于继续执行 ICESat 的观测任务，对极地冰盖、海冰高程变化及森林冠层覆盖进行长期科学研究。其上搭载了先进地形激光测高系统（Advanced Topographic Laser Altimeter System，ATLAS），采用光子技术体制，可实现对星下 6 个窄条带的连续探测。2019 年 11 月，高分七号卫星在太原卫星发射中心成功发射，其上搭载了我国第一台双波束对地观测激光载荷激光测高仪，以辅助光学影像实现卫星立体测图。激光测高仪配置有 2 波束的 1064 nm 激光，可对地形条件复杂的地区进行测绘，在缺少地面控制点的情况下，进一步提高卫星的高程定位精度（表 5-1）。

表 5-1　国际上主要的星载激光雷达传感器

项目	LITE	GLAS	CALIOP	CATS	ALADIN	ATLAS	激光测高仪
观测平台	STS-64	ICESAT	CALIPSO	ISS	ADM-AEOLUS	ICESAT2	高分七号
轨道高度/km	260-240	586	705	405	400	454	506
发射年份	1994	2003	2006	2015	2018	2018	2019
波段/nm	355 532 1064	532 1064	532 1064	1064	355	532	1064
偏振测量/nm	无	无	532	532 1064	无	无	无
高光谱/nm	无	无	无	532	无	无	无

5.3.3　大气边界层高度遥感方法

由于大气边界层顶的逆温作用，气溶胶被束缚在边界层内部。通常大气气溶胶在边界层内混合较为均匀，而在接近边界层顶的位置快速减少，因此在大气边界层顶存在一个激光雷达回波信号迅速衰减的区域。一般认为，衰减最快的位置对应气溶胶层的顶部，即激光雷达探测的大气边界层高度。激光雷达探测大气边界层的方法大致包括四种：阈值法、梯度法、小波变换法以及标准偏差法。

1. 阈值法

该方法通过选取特定的衰减后向散射强度值作为阈值，在后向散射强度廓线上自地表向上检测出第一个达到该阈值的位置，即大气边界层高度（Melfi et al., 1985）。从地表向上检测第一个达到阈值的位置，即确定为大气边界层高度。由于阈值法与气溶胶和云的信号强度相关，因此阈值的选取需经过大量的观测或经验判断。阈值法只能比较粗略地判断边界层位置，并不能精确反映复杂场景下的大气边界层高度。

2. 梯度法

激光雷达信号探测大气边界层垂直高度的常用方法是梯度法。激光雷达信号廓线可反映相应高度处气溶胶粒子浓度的大小。由于覆盖逆温的作用，大量气溶胶富集在大气边界层内，而在大气边界层到自由大气之间，气溶胶的浓度发生剧烈变化。因此，对应的衰减后向散射廓线的梯度变化可反映大气气溶胶垂直分布梯度的变化。激光雷达回波信号的一阶导数可表示为

$$DEV(z) = \frac{d\left[P(z)z^2\right]}{dz} \qquad (5-27)$$

式中，DEV 为激光雷达信号对距离的导数，DEV 廓线最小值对应的垂直高度位置就是大气边界层的高度。在此高度处，大气气溶胶粒子浓度的梯度变化最快。

3. 小波变换法

一般认为，大气边界层顶很可能出现在气溶胶层总后向散射梯度值最大的位置。小波变换法在查找廓线最大梯度上具有快速准确的优势。哈尔小波是一种常用的小波波形，它在平滑噪声与确定气溶胶层顶部和云底部方面有一定的优势。小波协方差变换方程 $W_f(a,b)$，即归一化衰减后向散射系数廓线 $\beta'(z)$ 与小波函数 h 的卷积，可用于判断边界层高度：

$$W_f(a,b) = \frac{1}{a}\int_{z_b}^{z_t} \beta'(z)h\left(\frac{z-b}{a}\right)dz \qquad (5-28)$$

式中，z_b 和 z_t 分别为激光雷达后向散射廓线底部和顶部的海拔；$\beta'(z)$ 为激光雷达归一化衰减后向散射系数廓线；a 和 b 为小波基参数，a 称为扩张因子，b 为半宽。

图 5-10（a）显示了激光雷达观测的回波信号廓线和小波波形。哈尔小波法获取大气边界层高度的关键在于确定小波相对于回波信号的相关参数，即式（5-28）中的 a 和 b。当 a 和 b 参数确定后，则小波波形确定。此时，小波以一定的步长移动，对回波信号进行重构。图 5-10（b）是选择不同的扩张因子时对同一组信号重构的结果。选择适当的小波基参数（扩张因子和半宽）是确定边界层高度位置的必要条件。当有气溶胶和云层存在时，该方法的效果较好，而在稳定无云的海洋上空，该方法有

一定的局限性。

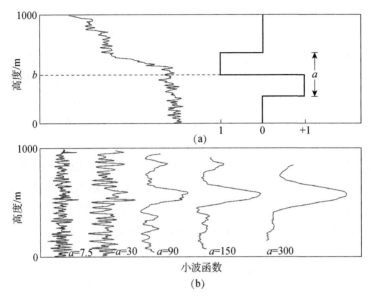

图 5-10　激光雷达后向散射回波信号廓线（左）与小波波形（右）(a)；
选择不同扩张因子时，利用协方差变换作用到廓线的结果（b）(引自 Brooks，2003)

4. 标准偏差法

标准偏差法是利用一定高度范围内衰减后向散射功率 $P(z)z^2$ 的垂直分布离散程度来提取大气边界层高度的方法。标准偏差的公式如下：

$$\text{STD}(z) = \left\{ \frac{1}{N} \sum_{i=1}^{N} \left[P(z)_i z^2 - \overline{P(z)z^2} \right]^2 \right\}^{\frac{1}{2}} \quad (5\text{-}29)$$

式中，N 为参与求取标准偏差的点数。当标准偏差达到最大时，其中心位置（$N/2$）对应的高度即大气边界层高度所在位置。与小波变换法相比，标准偏差法不依赖小波基参数的选取，但该方法的精度受限于激光雷达的垂直分辨率。

5.3.4　消光廓线地基反演方法

1. 信号预处理

激光雷达主要分为光子计数探测方式和模拟转换探测方式。基于光子计数探测方式的激光雷达，接收的信号可能存在计数饱和、背景和观测噪声、残余脉冲以及近场信号丢失等问题，因此，需首先进行相应信号的修正。

（1）激光雷达在近地面和高密度层探测时，由于探测器记录的光子数与实际接收能量之间存在非线性关系，因此探测器会出现饱和现象。延时订正就是订正雪崩光电倍增管在高计数率时的饱和效果，可根据设备制造方提供的查找表订正。

（2）背景噪声主要是由背景光导致的。由于太阳光的影响，通常白天的背景噪声比夜间强。虽然一些激光雷达接收视场比较窄，能够很大程度上减少背景光入射，但是仍不能完全避免背景光。通常，取无气溶胶区域的平均后向散射作为背景噪声。

（3）每条激光脉冲最初的信号称为拖尾效应，是激光雷达的发射和接收光路同轴在探测器上留下的信号。拖尾效应主要对近场信号存在显著影响。在实际应用中，拖尾效应没有一个预定的经验公式计算，只能通过定期测量来从信号中去除。为了保证仪器的稳定，通常每个月进行一次测量。

（4）由于仪器设备的光学结构原因，不论同轴激光雷达还是异轴激光雷达都存在近场信号的部分丢失问题。几何重叠因子作为可表征该特征的参数，以 $O(z)$ 表示，它被定义为实际接收信号与回波信号全部被接收（理想情况）的比值。图 5-11 给出了几何重叠因子的示意图。当观测高度达到一定高度（z_0）时信号全部被接收，则 $O(z>z_0)=1$。

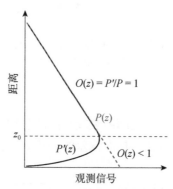

图 5-11　几何重叠因子示意图

黑色实线表示观测信号的实际接收情况，红色虚线表示观测信号全部被接收的理想情况

几何重叠因子可在理想大气条件下利用水平观测的雷达回波求解。假设大气水平均匀，在水平能见度高的天气下，激光雷达水平方向观测的大气消光系数 k 和大气后向散射系数 β 均为常数，即 k 和 β 不随距离 z 变化，因此激光雷达方程可改写为

$$P(z)=\frac{P_0 O(z)\beta}{z^2}\exp(-2kz) \tag{5-30}$$

当高度 $z>z_0$ 时，几何重叠因子 O 为 1，则式（5-30）可变为

$$P(z)z^2=P_0\beta\exp(-2kz) \tag{5-31}$$

对式（5-31）两边取对数，得

$$\ln\left[P(z)z^2\right]=\ln(P_0\beta)-2kz \tag{5-32}$$

假设大气消光系数 k 和大气后向散射系数 β 均为常数，利用不同距离处获得的回波功率对式（5-32）进行最小二乘拟合，即可得到 k 和 β 的值。利用求解后的式（5-32）可计算理想情况下 $z<z_0$ 处的雷达回波功率。几何重叠因子 $O(z)$ 可利用式（5-33）计算：

$$O(z) = \frac{P(z)z^2}{P_0\beta\exp(-2kz)} \tag{5-33}$$

经过上述信号校正，可得到激光雷达观测的实际大气信号。然而，为了提高观测信号的信噪比，仍需要对观测信号进行滤波处理。由于噪声通常为高频信号，因此选用低通滤波滤除观测噪声。

经过以上四步校正及低通滤波，再将观测信号进行距离项校正，便可得到归一化相对后向散射信号，也就是衰减后向散射信号：

$$\frac{P(z)z^2}{P_0 O(z)} = \beta\exp(-2kz) \tag{5-34}$$

图 5-12 给出了浙江省金华市 2013 年 12 月 24 日经过几何因子修正的地基激光雷达衰减后向散射信号结果。基于衰减后向散射信号，可进一步采用大气边界层高度反演算法计算大气边界层高度（图 5-12 中黑色实线所示）。

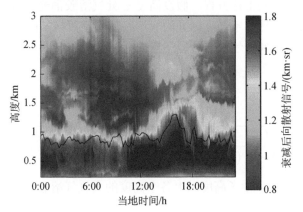

图 5-12　地基激光雷达衰减后向散射信号快视图及大气边界层高度识别（黑色线）示例（2013年 12 月 24 日）（引自 Zhang et al.，2014）

2. 气溶胶消光系数反演

1）消光系数的反演原理

气溶胶消光系数表示单位体积内气溶胶颗粒群的消光截面之和，可用于表征颗粒物浓度。通过激光雷达信号获得气溶胶消光系数，需要利用归一化相对后向散射信号反演。常用的激光雷达消光系数反演方法有斜率法（Collis，1967）、Klett 法

（Klett，1981）、Fernald 法（Fernald，1984）、气溶胶光学厚度法（Welton et al.，2002）等。斜率法主要适用于均匀大气，但是实际上很少有大气符合这一条件，因此常被用于水平测量。Klett 法和 Fernald 法本质上是相似的，都是通过一个参数将消光系数和后向散射系数进行关联，使方程的两个未知数变为一个，从而实现求解。其区别在于 Fernald 法又将大气分子和气溶胶进行了区分。在实际应用中，为减小反演误差，比较常用的为 Fernald 后向积分法。气溶胶光学厚度法则是在已知气溶胶光学厚度的情况下，以气溶胶光学厚度作为约束参量进行迭代反演。

为求解气溶胶消光系数，Fernald 提出将大气分为大气分子和气溶胶两部分，即 $\beta=\beta_m+\beta_a$，$k=k_m+k_a$，大气分子消光系数和后向散射系数可通过标准大气计算得到（同时可计算分子消光后向散射比 $S_m=k_m/\beta_m$），而气溶胶消光系数和后向散射系数之间的联系可通过气溶胶消光后向散射比（$S_a=k_a/\beta_a$，又称雷达比）获得。S_a 与激光发射波长、气溶胶的尺度谱分布和复折射指数有关，一般在 $10\sim100$ 变化。结合式（5-22）和式（5-24），激光雷达方程中只有气溶胶粒子的散射系数 β_a 和消光系数 k_a 未知。

通常可将垂直大气分为不同的层，各个层次均由对应的 S_a 值表示。在某一层中，假定气溶胶的尺度谱和化学组成不随高度变化，即气溶胶消光后向散射比 S_a 为常数，气溶胶消光和散射特性的变化仅由其数密度随高度的改变而决定，即可通过解算伯努利微分方程求解激光雷达方程。假设高度 z_c 处气溶胶消光系数已知，可分别通过前向积分和后向积分计算不同高度处的气溶胶消光系数。高度 z_c 称为参考高度，参考高度以下各个高度的大气气溶胶粒子后向散射系数（后向积分）为

$$\beta_a(z)=-\beta_m(z)$$
$$+\frac{X(z)\exp\left\{2(S_a-S_m)\int_z^{z_c}\beta_m(z)\mathrm{d}z\right\}}{\dfrac{X(z_c)}{\beta_a(z_c)+\beta_m(z_c)}+2S_a\int_z^{z_c}X(z)\exp\left\{2(S_a-S_m)\int_z^{z_c}\beta_m(z')\mathrm{d}z'\right\}\mathrm{d}z}\quad（5-35）$$

式中，$X(z)$ 代表 $P(z)z^2$。参考高度以上各个高度的大气气溶胶粒子后向散射系数（前向积分）为

$$\beta_a(z)=-\beta_m(z)$$
$$+\frac{X(z)\exp\left\{-2(S_a-S_m)\int_{z_c}^z\beta_m(z)\mathrm{d}z\right\}}{\dfrac{X(z_c)}{\beta_a(z_c)+\beta_m(z_c)}-2S_a\int_{z_c}^z X(z)\exp\left\{-2(S_a-S_m)\int_z^{z_c}\beta_m(z')\mathrm{d}z'\right\}\mathrm{d}z}\quad（5-36）$$

如果已知参考高度处气溶胶和大气分子消光系数（标定值），也可以给出参考高度以下各个高度的大气气溶胶消光系数（后向积分）：

$$k_{a}(z) = -\frac{S_{a}}{S_{m}}k_{m}(z)$$

$$+ \frac{X(z)\exp\left[2\left(\dfrac{S_{a}}{S_{m}}-1\right)\displaystyle\int_{z}^{z_{c}}k_{m}(z)\mathrm{d}z\right]}{\dfrac{X(z_{c})}{k_{a}(z_{c})+\dfrac{S_{a}}{S_{m}}k_{m}(z_{c})}+2\displaystyle\int_{z}^{z_{c}}X(z)\exp\left[2\left(\dfrac{S_{a}}{S_{m}}-1\right)\displaystyle\int_{z}^{z_{c}}k_{m}(z')\mathrm{d}z'\right]\mathrm{d}z} \tag{5-37}$$

而参考高度以上各个高度的大气气溶胶消光系数（前向积分）为

$$k_{a}(z) = -\frac{S_{a}}{S_{m}}k_{m}(z)$$

$$+ \frac{X(z)\exp\left[-2\left(\dfrac{S_{a}}{S_{m}}-1\right)\displaystyle\int_{z}^{z_{c}}k_{m}(z)\mathrm{d}z\right]}{\dfrac{X(z_{c})}{k_{a}(z_{c})+\dfrac{S_{a}}{S_{m}}k_{m}(z_{c})}-2\displaystyle\int_{z}^{z_{c}}X(z)\exp\left[-2\left(\dfrac{S_{a}}{S_{m}}-1\right)\displaystyle\int_{z}^{z_{c}}k_{m}(z')\mathrm{d}z'\right]\mathrm{d}z} \tag{5-38}$$

从前向积分和后向积分的解可以看出，前向积分是一个将误差累积的过程，而后向积分则是误差减小的过程，因此在研究中多采用后向积分方法。

2）大气分子廓线的计算

在气溶胶消光系数廓线反演过程中，需首先获得大气分子廓线。而大气分子廓线 $[\beta_{m}(z)]$ 通常较为稳定，可表达为

$$\beta_{m}(z) = k_{m}N_{r}(z)10^{5} \tag{5-39}$$

$$N_{r}(z) = N_{s}\frac{p(z)}{1013.25}\left(\frac{273.15+15}{T(z)}\right) \tag{5-40}$$

$$k_{m} = \frac{24\pi^{3}\left(n_{s}^{2}-1\right)^{2}}{\lambda^{4}n_{s}^{2}\left(n_{s}^{2}+2\right)^{2}}\left(\frac{6+3\delta}{6-6\delta}\right) \tag{5-41}$$

式中，$N_{r}(z)$ 为大气高度 z 处气体分子数密度（cm^{-3}）；k_{m} 为单位数密度的散射截面积（cm^{2}）；N_{s} 为标准大气下的单位体积分子数；$p(z)$ 和 $T(z)$ 分别为高度 z 处的气体压强和温度；δ 为退极化率，用于描述分子各向异性对散射的影响；n 为标准大气下的分子折射系数（Edlén，1966），其计算公式为

$$(n-1)_{s}\times10^{8} = 8342.13+\frac{2406030}{130-\lambda^{-2}}+\frac{15997}{38.9-\lambda^{-2}} \tag{5-42}$$

通过以上公式可计算出不同波段的大气分子瑞利散射廓线。另外，根据式

（5-41）可知，瑞利散射与波长的四次方成反比，这意味着 1064 nm 的瑞利散射信号比 532 nm 低得多。

3）参考高度的选取

在气溶胶消光系数廓线反演时，通常采用后向积分，这就需要选择一个已知气溶胶消光系数的高度。在地基激光雷达反演中，通常会认为在一定高度以上几乎没有气溶胶，而激光雷达在该高度上获得的后向散射信号基本是由大气分子产生的，可将这个高度作为后向积分反演的起点，也就是参考高度。参考高度选择对反演结果有重要影响，是气溶胶消光系数反演的初始高度。参考高度选择得过低，会使信号反演不完整，在利用气溶胶光学厚度约束反演时，会导致雷达比过高。相反，因为噪声随探测距离增加而增大，如果参考高度选择得过高，受到噪声的影响，信噪比降低，反演误差增加。

参考高度的选择有两个条件：①气溶胶消光极小；②激光雷达信号可达到参考高度区。如果激光探测高度到达参考高度区，那么激光廓线信号与大气分子廓线信号形状是类似的，即二者斜率相近。因此，通过计算某一高度区域激光雷达廓线和大气分子廓线的斜率比值，设置比值阈值范围，可判断该处的激光雷达信号是否到达参考高度。若该高度区域有气溶胶或薄云层存在，则将参考高度选取区域下移。随后，对该区域范围内的激光雷达信号进行滑动平均，并与标准大气分子廓线对比，寻找二者差异较小的高度范围。最后，通过对高度范围实际回波信号进行不同窗口的平滑，选择平滑后最小值所在高度作为参考高度，其位置一般在对流层顶高度附近。

4）消光系数廓线和 S_a 的联合反演

气溶胶消光后向散射比 S_a 对消光系数廓线反演十分重要。Welton 等（2002）介绍了利用气溶胶光学厚度约束迭代的反演方法，即假设整层大气气溶胶消光系数廓线的积分理论上等于气溶胶光学厚度。利用独立观测的气溶胶光学厚度（如太阳—天空辐射计观测）作为约束条件，对每次迭代得到的消光系数廓线随高度变化进行积分，并与测量的气溶胶光学厚度进行对比，根据差异动态调整气溶胶消光后向散射比，最终实现气溶胶消光系数廓线和 S_a 的同时反演。

5.3.5　消光廓线星载反演方法

与地基激光雷达相比，由于星载激光雷达的空间覆盖观测方式的特点，其消光廓线反演算法更加复杂。本节以在轨运行的 CALIOP 激光雷达为例，参考 CALIPSO 卫星载荷的 ATBD（Algorithm Theoretical Basis Document）说明文档，对星载激光雷达的消光廓线反演算法进行介绍。CALIPSO 卫星运行在距离地面 705 km 的太阳同步轨道上，轨道倾角为 98.2°，这保证了 CALIPSO 的纬度覆盖范围在 82°N～82°S。CALIOP 是 CALIPSO 卫星上的主要载荷，是第一个主要用于测量大气特性的星载激光雷达，并具有偏振探测功能，可以测量全球大气的偏振激光回波信号（图 5-13）。CALIOP 的发射系统采用了 Nd:YAG 激光器，通过倍频技术输出 532 nm 和 1064 nm 的脉冲激光，单脉冲能量为 110 mJ，脉宽 20 ns，脉冲重复频率为 20.16 Hz，激光的发散角为 0.1 mrad。CALIOP 数据的原始垂直分辨率为垂直 30 m，水平方向上光斑投影足印间距 333 m（刘东等，2017）。

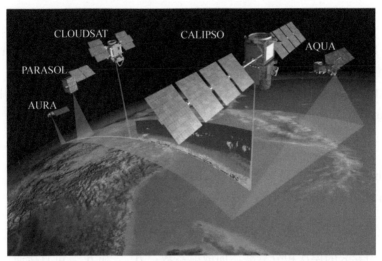

图 5-13　CALIPSO 卫星在 A-Train 卫星系列中进行大气剖面垂直观测的示意图（引自 https://www.nasa.gov/topics/earth/features/calipso-laserswitch.html）

1. 数据校准

CALIOP 数据校准的目的就是求解校准系数 C，将雷达接收的回波信号转化为衰减后向散射系数。由激光雷达方程式可知：

$$C = \frac{P(z)z^2}{P_0 G_A \beta(z) T^2(z)} \qquad (5\text{-}43)$$

具体而言，CALIPSO 设置两个正交（0° 或 90°）的偏振探测通道，按照发射激光的偏振方向，分别记为平行（∥）和垂直（⊥）。对于 532 nm 平行通道，CALIOP 采用高海拔分子散射信号归一化方法进行校准。海拔较高的平流层大气内几乎没有气溶胶粒子，因此 CALIOP 标准算法根据全球建模与同化办公室（Global Modeling and Assimilation Office，GMAO）所提供的大气分子和臭氧数密度等辅助数据，计算出后向散射系数和双向透过率。将测量的 532 nm 平行通道的雷达信号 $P_{532,\parallel}(z)$ 代入式（5-43），即可得到夜间的校准系数 $C_{532,\parallel}$。CALIOP 版本 3 的数据采用海拔 30～34 km 的分子信号校正夜间数据，但为了减轻平流层内火山气溶胶的影响，版本 4 将这一高度提升到了 36～39 km。由于太阳背景辐射的影响，日间数据的信噪比比较低，夜间的校正方法不再适用。CALIOP 对日间数据的校正是通过对比同纬度地区清洁大气消光后向散射比的昼夜差异来实现的。官方算法所选的清洁大气范围在海拔 8~12 km。

对于532 nm垂直通道，由于大气分子的退偏比小于1%，30~40 km的高度区间内垂直通道的信噪比较低，所以不能直接用分子信号校准。对该通道的校准是通过 $C_{532,//}$ 和偏振增益比（PGR）实现的：

$$C_{532,\perp} = C_{532,//} \cdot \text{PGR} \tag{5-44}$$

PGR 的测量方法是在 532 nm 接收光路中加入退偏器，使两通道的光强相等，两通道测量信号的比值即偏振增益比。

对于 1064 nm 垂直通道，海拔 30~40 km 的信号弱，信噪比低，无法用来校准，对该通道的校准是利用卷云信号实现的。定义卷云的后向散射色比 χ_c 为

$$\chi_c = \beta_{1064}(z) / \beta_{532}(z) \tag{5-45}$$

Vaughan 等（2010）证实卷云的色比为 1.01±0.25，CALIOP 通常取 1。1064 nm 和 532 nm 通道的校正系数有以下关系：

$$F = C_{1064} / C_{532} = \chi_c^{-1} \left(\beta'_{i,1064} / \beta'_{i,532} \right) \tag{5-46}$$

式中，β'_i 为卷云的层次积分衰减后向散射系数；$\beta'_{i,1064}$ 和 $\beta'_{i,532}$ 可直接通过两通道的回波信号计算得到。将 C_{532} 代入式（5-46）即可求得 1064 nm 通道的校准系数。为了保证校准的准确性，所使用的卷云数据必须符合校准的标准。CALIOP 官方算法前三个版本都选取海拔在 8.2~17 km、连续 180 m 以上的 532 nm 通道衰减散射比数值超过 50 的强后向散射卷云作为校准数据。另外，CALIOP 前三个版本都假设 C_{1064} 是昼夜连续不变的常数，并采用一个数据块内所有满足校准条件的卷云计算平均校准系数，然后利用该平均校准系数来校准数据块内的所有廓线。但有学者发现，当卫星上雷达所处的环境温度发生改变时，F 会随环境的改变发生变化，这表明 C_{1064} 和 C_{532} 的变化可能并不一致。尽管产生这一现象的原因还没有完全弄清，但通过统计方法发现，F 与季节、数据块的时长和 CALIOP 的运行时间有关，同一数据块内 F 值可能不为常数。因此，在版本 4 的算法中，将 F 改为与时间 t 相关的函数，有

$$C_{1064}(t) = F(t) C_{532}(t) \tag{5-47}$$

同时，采取多个数据块平均的方法增加卷云样本数量。另外，版本 4 中提高了卷云数据的筛选标准，将高度范围调整为与温度廓线、对流层顶高度、层次积分的体退偏比阈值和层次中心高度，以及 532 nm 积分衰减后向散射系数阈值相关的动态分配的高度范围。

2. 特征层识别

云、气溶胶层高度信息是 CALIOP 最基本的数据产品。精确反演云和气溶胶的物理光学特性首先要识别廓线中的云和气溶胶层。选择性迭代边界定位（Selective Iterative Boundary Locator，SIBYL）算法是搜索 CALIOP 观测的垂直廓线中特征层位置的算法，它包括基于衰减散射比的单廓线扫描阈值法和弱特征层查找两部分。由于云和气溶胶粒子的后向散射强于大气分子，廓线中的特征层具有高于分子散射信号的特征。

1）基于衰减散射比的单廓线扫描阈值法

廓线扫描采用基于衰减散射比的阈值法。衰减后向散射比定义为

$$R'(z) = \beta'(z) / \beta'_{air}(z) \tag{5-48}$$

式中，$\beta'_{air}(z)$ 为清洁大气的衰减后向散射系数：

$$\beta'_{air}(z) = \beta_m(z) \cdot T_m^2(z) \cdot T_{O_3}^2(z) \tag{5-49}$$

式中，$T_m(z)$ 和 $T_{O_3}(z)$ 分别为大气分子散射和臭氧的双向透过率。由式（5-23）～式（5-25）可知：

$$\beta'(z) = \left[\beta_a(z) + \beta_m(z)\right] \cdot T_a^2(z) \cdot T_m^2(z) \cdot T_{O_3}^2(z) \tag{5-50}$$

式中，T_a 为气溶胶粒子双向透过率。

结合式（5-48）～式（5-50），衰减后向散射比可表示为

$$R'(z) = \left[1 + \beta_a(z) / \beta_m(z)\right] \cdot T_a^2(z) \tag{5-51}$$

阈值法通过检测衰减后向散射比廓线中是否有连续的信号点大于清洁大气的数值来判断特征层的位置。

由于星载激光雷达的信噪比较低，单一的衰减散射比阈值不能较好地完成 0～30 km 的层次查找。CALIOP 标准算法设置了随高度变化的阈值阵列。星载激光雷达的原始回波信号可分为粒子和分子的后向散射信号、噪声信号两部分。噪声信号包括如探测器噪声和太阳背景噪声等不变噪声、信号量子噪声及热噪声等可变噪声。在设定初始阈值时，需要同时考虑不变噪声和可变噪声的影响。其中，不变噪声不随海拔而变化，可用 30.1～40.0 km 清洁大气区域激光雷达衰减后向散射信号的标准偏差 MBV 来代表：

$$MBV = \sqrt{\sum_{z=30.1}^{z=40.0} \left[\beta'^{(Z)} - \overline{\beta'}\right] / (N-1)} \tag{5-52}$$

式中，N 为该范围内的层数，可变噪声记为 RBV。假设分子后向散射信号服从泊松分布，则信噪比随信号的二分之一次方变化。记 $SNR_{relative}$ 为与最高采样高度 z_{max} 相关的相对信噪比：

$$SNR_{relative} = \sqrt{\beta'_{air}(z)} / \sqrt{\beta'_{air}(z_{max})} \qquad (5-53)$$

则可变噪声可表示为

$$RBV(z) = \frac{\beta'_{air}(z)}{SNR_{relative}(z)} = \sqrt{\beta'_{air}(z) \cdot \beta'_{air}(z_{max})} \qquad (5-54)$$

因此，可得衰减后向散射系数的阈值为

$$\beta'_{threshold}(z) = \beta'_{air}(z) + T_0 \cdot MBV + T_1 \cdot RBV \qquad (5-55)$$

式中，T_0 和 T_1 均为经验值；T_0 的取值与海拔有关，不同海拔范围内 T_0 的取值如表 5-2 所示。一般情况下，T_1 的取值白天为 1.75、夜晚为 2.5。衰减后向散射比的阈值序列为

$$R'_{threshold}(z) = \frac{\beta'_{threshold}(z)}{\beta'_{air}(z)} = 1 + \frac{T_0 \cdot MBV + T_1 \cdot RBV}{\beta'_{air}(z)} \qquad (5-56)$$

表 5-2 不同海拔范围内 T_0 的取值

高度范围/km		T_0
起始高度	结束高度	
−2.0	−0.5	$\sqrt{15}$
−0.5	8.2	$5\sqrt{6}$
8.2	20.2	5
20.2	30.1	$\sqrt{5}$
30.1	40.0	1

上述阈值序列的计算只考虑了臭氧和大气分子的吸收散射作用，但由于高空层次对信号有很大的衰减作用，需要对上述阈值序列进行调整。为了更新阈值序列，需要估算特征层的双向透过率 T_a^2。在清洁大气条件下，假设粒子的双向透过率 $T_a^2=1$；当廓线从上向下扫描到第一个云或气溶胶层次时，T_a^2 小于 1。将已查找层次以下的最小清洁大气距离内回波信号的平均衰减散射比 $\overline{R'(z)}$ 作为层次的双向透过率。在层次下方的"清洁大气"区域内假定 $\overline{R'(z)} \approx T'_{feature}$。当 $\overline{R'(z)} \geq 1$ 或 $\overline{R'(z)} \leq 0$ 时，阈值序列无须改动；当 $0 < \overline{R'(z)} < 1$ 时，将阈值序列乘以 $\overline{R'(z)}$ 进行调整。由于星载激光雷达回波信号中随机噪声的影响很大，为避免对特征层的错误识别，CALIOP 引入了层次积分的衰减后向散射系数 β'：

$$\beta' = \int_{top}^{base} \beta_a(z) \cdot T_a^2(z) dz \qquad (5-57)$$

在进行廓线扫描时，β' 可以通过估算得到，估算方法如下：

$$\mathcal{R}_k = \beta_m(z_k) \cdot R'(z_k) \qquad (5-58)$$

$$\beta'_i = \frac{1}{2} \cdot \sum_{k=\text{top}+1}^{\text{base}} (z_{k-1} - z_k)(\mathcal{R}_{k-1} + \mathcal{R}_k) \tag{5-59}$$

$$\beta' = \beta'_i - \left[\frac{1}{2} \cdot (z_{\text{top}} - z_{\text{base}})\right] \cdot (\mathcal{R}_{\text{top}} + \mathcal{R}_{\text{base}}) \tag{5-60}$$

β' 与层次光学厚度 τ 和雷达比 S_t 的关系如下：

$$\beta' = \frac{1}{2 \cdot S_t} \cdot \left[1 - \exp(2\tau)\right] = \frac{1}{2 \cdot S_t} \cdot \left(1 - T^2\right) \tag{5-61}$$

确定层底位置后，根据特征层的位置选择合适的雷达比 S_t 可得

$$T^2 \approx 1 - 2 \cdot \gamma \cdot S_t \tag{5-62}$$

最后选择 $\overline{R'(z)}$ 和 T^2 中较大的值，与原有的阈值序列相乘，完成对阈值的更新。单廓线层次识别的算法流程如图 5-14 所示。

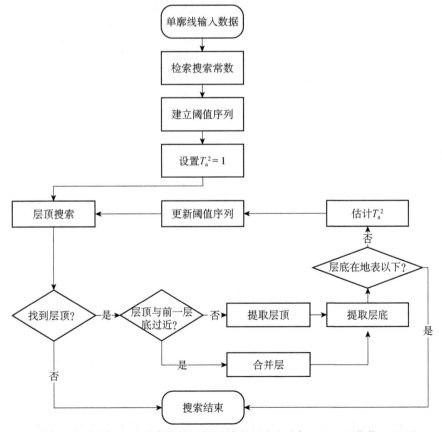

图 5-14　星载激光雷达单廓线特征层识别流程图（引自 CALIOP 载荷 ATBD）

2）弱特征层查找

星载激光雷达的垂直探测距离覆盖了平流层和对流层内几十千米的范围，云和气溶胶的回波信号强度相差几个数量级。通常积云和层云的强回波信号在单廓线内即可识别出来。但对于如卷云和气溶胶等较弱的特征层，需要进行多条廓线平均来提高信噪比，才能查找到特征层的边界。在均匀地区，取平均值可以提高精度，而在非均匀地区，取平均值会忽略特征层内的重要结构变化，并且与云和气溶胶的信号混合，使测量中的信息量减少。为了尽可能多地识别各类特征层，CALIOP 提出了选择性边界定位算法。该算法定义水平 80 km（16 条 5 km 分辨率的廓线）为一个场景，通过多次重复在不同分辨率下扫描同一场景进行特征层识别。

SIBYL 算法的流程如图 5-15 所示，在高分辨率条件下首先查找到强回波信号的云层，然后利用清洁大气代替相应高度上的层次，并对层次下方的回波信号进行衰减校正。继续对廓线进行平均，降低分辨率，再识别弱信号层次。图 5-15 中的单廓线特征层识别方法即图 5-14 所示方法。

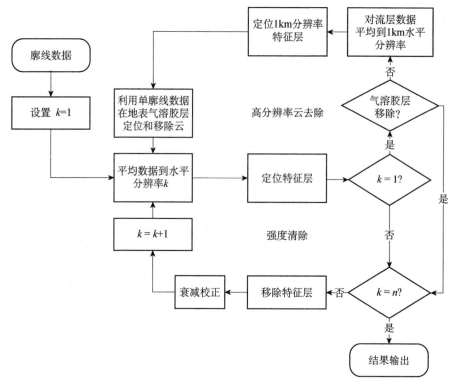

图 5-15　星载激光雷达选择性迭代边界定位（SIBYL）算法流程图（引自 CALIOP 载荷 ATBD）

3. 层次分类

CALIOP 层次分类的一个主要目的是为粒子光学特性反演选择合适的雷达比。层次分类所用的场景分类算法（Scene Classification Algorithms，SCA）是基于气溶胶与云的不同光学和物理特征区分云和气溶胶，并将云分为冰云和水云两类，将气溶胶分为沙尘、生物质燃烧等六类。

1）云和气溶胶的分类

云和气溶胶的分类（Cloud and Aerosol Discrimination，CAD）是场景分类算法的第一步，对后续的分类和反演起着至关重要的作用。由于微小尺寸的云粒子容易混在边界层气溶胶内，为了避免气溶胶特性反演时受到云层的干扰，采用 SIBYL 算法识别低层大气的特征层时需要先将云层去除。边界层内云的后向散射要明显高于其周围的气溶胶，为了增强两者之间的对比，利用 1064 nm 的后向散射系数识别边界层云。除此之外，其他层次的分类都由场景分类算法完成。

云和气溶胶的分类基于两者在光学特性和空间分布的统计差异，利用多维概率密度分布函数进行分类。根据前期的观测样本模拟气溶胶和云不同特征属性的概率密度函数（PDF），将层次的各属性值代入对应的概率密度分布函数中计算概率，并代入如式（5-63）所示的置信函数 f。当 f 大于 0 时，分类结果为气溶胶，反之则为云。

$$f = \left(P_{\text{aerosol}} - P_{\text{cloud}}\right) / \left(P_{\text{aerosol}} + P_{\text{cloud}}\right) \tag{5-63}$$

置信函数 f 是取值在 $-1.0\sim1.0$ 的归一化差分概率，它的绝对值代表分类的可信度。NASA 根据云和气溶胶光学特性软件 OPAC 的气溶胶特性模拟结果和 LITE 激光雷达的观测数据发现，云的后向散射系数和色比都高于气溶胶，且容易与边界层气溶胶混合的云大多分布在气溶胶的上方。因此，CALIOP 算法利用 532 nm 后向衰减散射系数 β'_{532}、积分衰减色比 χ'_{feature} 和层次中心高度等特征参数构成的三维概率密度函数区分云和气溶胶。其中，积分衰减色比可由式（5-64）计算：

$$\chi'_{\text{feature}} = \beta'_{1064} / \beta'_{532} \tag{5-64}$$

但由于在三维概率密度函数中，浓厚的沙尘和生物质燃烧气溶胶容易与稀薄的云层混淆，单独用三维的 PDF 易造成误判。CALIOP 版本 3 算法中，加入了层次的体退偏比 δ' 和纬度信息构成五维概率密度函数，可有效的区分低纬度较浓厚的沙尘气溶胶和卷云，减少水平取向冰云和其他类型云的混合误判。

2）气溶胶分类和雷达比

大气中的气溶胶层是多种粒子的混合物，其粒子成分复杂、来源不一。因此，定义一个层次内占优势的气溶胶粒子为该层次的类型。气溶胶雷达比 S_a 是气溶胶的固有特性，与气溶胶的类型密切相关，也是消光系数反演的重要参数。气溶胶的类型取决于粒子的形态、尺寸、折射率和粒径分布等，这些特性体现在激光雷达信号中的后向散射系数和退偏比中。CALIOP 利用层次积分后向散射系数 γ'、体退偏比 δ 和下垫面类型这三个特征属性，将气溶胶分为沙尘气溶胶、生物质燃烧气溶胶、污染的沙尘气溶胶、海洋气溶胶、大陆气溶胶和污染的大陆气溶胶六类。

在这六类气溶胶模型中,生物质燃烧、污染大陆和污染沙尘这三类气溶胶模型来自于气溶胶自动观测网(AERONET)的聚类分析;海洋气溶胶模型来自于海岸线周边气溶胶研究(Shoreline Environmental Aerosol Study,SEAS)的实验结果;沙尘气溶胶模型来自于理论计算;大陆气溶胶也称为背景气溶胶,CALIOP 根据长距离传输测量结果来拟合尺度分布和折射率指数而获得了该气溶胶模型。分类流程如图 5-16 所示。

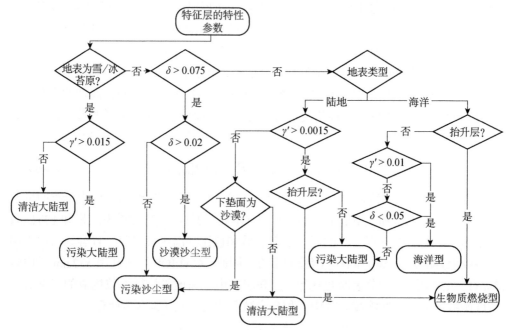

图 5-16　星载激光雷达气溶胶分类算法流程图(引自 CALIOP 载荷 ATBD)

下垫面类型来自国际地圈生物圈计划(International Geosphere-Biosphere Programme,IGBP)。γ' 和 δ 的分类阈值来自于 LITE 的观测结果;在考虑偏振的情况下,分类阈值来源于早期的观测结果和理论模型。如果一个气溶胶层的上下都是清洁大气,则认为其为被抬高的层次,这种层次的双向透过率 T^2 可以通过清洁大气获得,雷达比可根据式(5-62)和式(5-63)得到。其他层次的雷达比则由分类结果所对应的气溶胶类型决定。根据 AERONET 的气溶胶模型,不同类型气溶胶的雷达比有明显的差别。表 5-3 为六种气溶胶 532 nm 和 1064 nm 波长的雷达比。

表 5-3　星载激光雷达 CALIOP 算法中使用的气溶胶类型和雷达比

雷达比	气溶胶类型					
	沙漠沙尘型	污染沙尘型	生物质燃烧型	清洁大陆型	污染大陆型	海洋气溶胶型
532 nm	40	65	70	35	70	20
1064 nm	30	30	40	30	30	45

3）云相态分类

根据所含水分的结晶情况，大气中的云可分为冰云、水云和混合相态云三种，其中水平取向的冰云因其独特的性质也能够与随机取向的冰云区分开。通过蒙特卡洛理论仿真和实际观测结果统计，利用层次积分衰减后向散射系数 β'_i 和退偏比 δ 之间的关系来区分冰云和水云。

水云粒子的单次散射不会改变入射光的偏振度，但是水云内部发生的多次散射会改变后向散射光的偏振度，所以水云的退偏比会随着探测深度和后向散射的增加而变大。利用多次散射的蒙特卡洛模型模拟水云的退偏比，得到层次积分后向散射系数和退偏比之间有以下简单关系：

$$\beta'_i \approx 0.0265\left(\frac{1+\delta}{1-\delta}\right)^2 \tag{5-65}$$

水平取向的冰云由于其片状晶体的镜面反射不会改变入射光的偏振性质，因此退偏比较小，但后向散射很强。而随机取向的冰云前向散射强，后向散射弱，由前向多次散射造成的退偏严重，通常在 0.3～0.5。因此，这三种相态的云，在 β'_i-δ 关系上具有不同的分布规律。研究人员根据以上规律总结出了区分三者的阈值，利用该阈值可对云相态进行初步分类。

在实际情况下，随机取向的冰云往往和水平取向的冰云混合在一起，造成退偏比不能完全分离，此时单一的 β'_i-δ 关系则不足以作为分类的依据。另外，对层顶温度的统计表明，少数层顶温度低于-40℃的冰云，在单一 β'_i-δ 关系中会被当作水云。因此，CALIOP 在云相态分类时，把层顶温度也作为一个重要的分类依据。根据前人的观测结果可知，水云的层顶温度大多分布在-25～0℃；水平取向的冰云在层顶温度-20～0℃分布最密集，0℃以上几乎不存在；层顶温度低于-25℃时，绝大部分为随机取向的冰云，只有少量为片状的水平取向冰云；当温度低于-45℃时，大气中的云全部为随机取向的冰云。

4. 消光反演

混合消光反演算法是一种灵活稳定的迭代反演方法，它利用 SIBYL 的层次位置信息和 SCA 的层次分类结果反演粒子后向散射系数和消光系数。因为星载激光雷达和地基激光雷达探测方向不同，参考高度与反演高度的相对方向也不同，地基激光雷达近地面消光系数反演基于 Fernald 后向积分法，而 CALIOP 的近地面消光系数反演采用 Fernald 前向积分法。Fernald 前向积分法基本原理与 5.3.4 节中地基激光雷达消光反演算法相似，但计算时积分方向相反。

第6章　大气颗粒物有效密度

大气颗粒物有效密度的测量通常较为困难，仅有少量实验室方法可进行直接测量，更多的是通过间接手段获取。本章主要介绍大气颗粒物有效密度卫星遥感方法，在卫星尺度下实现对大气颗粒物有效密度的遥感估算。为实现大气颗粒物有效密度遥感，本章从基本概念开始，依次介绍有效密度相关参量的定义、测量和计算方法、卫星遥感模型，以及地面验证方案，并对卫星遥感探测大气颗粒物有效密度的不确定性进行讨论。

6.1　颗粒物密度定义

6.1.1　等效粒径

真实大气中的颗粒物往往形状不规则，并且可能存在孔隙空间。在科学研究中需要对颗粒物的形状和结构进行假设，并由此产生了几类不同的等效粒径概念，根据物理定义可以得到不同等效粒径之间的转换关系。在计算中，通常将大气视为流体，将气溶胶粒子作为流体中的质粒。假设流体介质是无限的，流体中的质粒为刚性球体，在质粒表面流体无滑动。满足上述假设的刚性球体质粒在流体中缓慢运动时受到的阻力为

$$F_{\text{drag}} = 3\pi\eta v D \tag{6-1}$$

式中，η 为气体动力学黏度；v 为粒子相对于流体的速度；D 表示球形粒子的直径。

刚性球体受到的阻力也称为黏滞阻力或者拖曳力，其与刚性球体的速度和直径成正比。通常，将符合式（6-1）的流体与阻力分别称为 Stokes 流与 Stokes 阻力。不同的测量仪器往往依据不同的测量原理，通过平衡黏滞阻力实现对等效粒径的测量。形状不规则的粒子比其体积或质量等效的球体受到更大的阻力，因为它们与流体分子的相互作用表面更大。当测量的粒子形状不规则且流体在粒子表面的相对速度非零时，必须对式（6-1）的阻力方程进行修正（Hinds，1999）。修正需要考虑的订正因子包括：动力学形状因子、滑动订正因子以及物质密度。本节以仪器实际测量颗粒物为例，介绍常见的几种等效粒径。

1. 几何等效粒径 D_{p}

几何等效粒径也称为物理等效直径，定义为与待测粒子具有相同直径的球形粒子的粒径。

2. 体积等效粒径 D_{ve}

体积等效粒径是指与待测粒子具有相同体积的球形粒子的直径。通常，体积等效粒径能够通过拖曳力与其他等效粒径建立关联：

$$F_{drag} = \frac{3\pi\eta v_{TS}D_{ve}\chi}{C_c(D_{ve})} \qquad (6\text{-}2)$$

式中，v_{TS} 为终端沉降速度（Terminal Settling Velocity），是粒子的空气动力学特性；χ 为动力学形状因子；C_c 为滑动订正因子（Slip Correction Factor）。

3. 质量等效粒径 D_{me}

质量等效粒径是指与待测粒子具有相同质量的球形粒子的直径，其和拖曳力存在如下关系：

$$F_{drag} = \frac{3\pi\eta\chi D_{me}}{C_c(D_{me})} \qquad (6\text{-}3)$$

当待测粒子无内部孔隙时，质量等效粒径与体积等效粒径相等。当待测粒子存在内部孔隙时，质量等效粒径小于体积等效粒径，此时，由质量等效粒径计算的有效体积、有效密度，以及有效形状因子与无孔隙情况存在一定的差异。

4. 电迁移等效粒径 D_{be}

电迁移等效粒径是指在恒定电场强度下与待测粒子具有相同迁移速度的球形粒子的直径（Flagan，2001），通过恒定电场对微粒净电荷的电磁力与微粒所受的阻力之间的力平衡来实现测量。当粒子达到迁移速度时，电磁力和阻力相等且方向相反，作用在粒子上的电磁力可表示为

$$F_{elec} = neE \qquad (6\text{-}4)$$

式中，n 为粒子上的电荷数；e 为电荷基本单位；E 为电场强度。通过电子迁移率 Z_p 可得到体积等效粒径与电迁移等效粒径之间的转换关系：

$$Z_p = \frac{neC_c(D_{be})}{3\pi\eta D_{be}} = \frac{neC_c(D_{ve})}{3\pi\eta\chi_t D_{ve}} \qquad (6\text{-}5)$$

式中，电子迁移率 Z_p 表示粒子在单位电场强度下的稳态迁移速度；χ_t 为过渡体系的动力学形状因子。对于球形粒子，电迁移等效粒径等于体积等效粒径，与粒子密度无关。而非球形粒子的电迁移等效粒径还取决于其动态形状因子。

5. 空气动力学等效粒径 D_a

空气动力学等效粒径是指与待测粒子具有相同沉降速度的标准密度（1 g/cm³）的球形粒子的直径。空气动力学等效粒径的测量依赖于粒子所受到的重力和拖曳力之间

的平衡：

$$F_{\mathrm{G}} = m_{\mathrm{p}}g = \rho_0 \frac{\pi}{6} D_{\mathrm{a}}^3 g = \frac{3\pi\eta v_{\mathrm{TS}} D_{\mathrm{a}}}{C_{\mathrm{c}}(D_{\mathrm{a}})} \tag{6-6}$$

式中，g 表示重力加速度，可采用 9.8 m/s^2；m_{p} 为粒子质量；ρ_0 为标准密度。

　　上面介绍的 5 种气溶胶粒子的等效粒径，其中几何、体积和质量等效粒径未考虑粒子外部形状及内部孔隙对拖曳力的影响，因此在计算拖曳力时需额外考虑动力学形状因子的影响。而电迁移和空气动力学等效粒径由粒子受到的电场力和重力来衡量，它们由实际测量出发，考虑了粒子的形状因子的影响。因此，气溶胶粒子的动力学形状因子是连接等效粒径宏观测量与其粒子微观特性的关键环节。

6.1.2　形状因子

　　粒子的形状因子 χ 的含义可从两个层面理解：一层是关于粒子的外部形状，另一层是关于粒子的内部孔隙空间（Baron and Willeke，2001），即以下两式：

$$\chi = \chi' \frac{D_{\mathrm{ve}}}{D_{\mathrm{me}}} \frac{C_{\mathrm{c}}(D_{\mathrm{me}})}{C_{\mathrm{c}}(D_{\mathrm{ve}})} = \chi'\delta \frac{C_{\mathrm{c}}(D_{\mathrm{me}})}{C_{\mathrm{c}}(\delta D_{\mathrm{me}})} \tag{6-7}$$

$$\chi' = \frac{F_{\mathrm{drag}}^{\mathrm{p}}}{F_{\mathrm{drag}}^{\mathrm{ve}}} \tag{6-8}$$

式中，χ' 为形状因子的外部形状分量，其定义是非球形粒子和与其体积等效的球形粒子以相同的相对速度移动时，所受阻力 $F_{\mathrm{drag}}^{\mathrm{p}}$ 与其等效体积球上的阻力 $F_{\mathrm{drag}}^{\mathrm{ve}}$ 之比（Hinds，1999）。非球形会造成粒子受到的黏滞阻力增大，因此不规则粒子的动力学形状因子几乎总是大于 1（球体为 1）。δ 表示体积等效粒径与质量等效粒径的比值，是动力学形状因子的内部孔隙分量，具有内部孔隙的粒子 δ 大于 1。表 6-1 列出了常见大气颗粒物及其形状因子。

表 6-1　常见大气颗粒物及其形状因子（引自 Kaaden et al.，2009；Hinds，1999；Peng et al.，2016；Hu et al.，2012）

颗粒物	类型	形状因子
立方体	—	1.08
柱体	水平轴	1.32
	垂直轴	1.07
球状聚合体	2 球链	1.12
	3 球链	1.27
	4 球链	1.32
	4 球密合	1.17
烟煤	—	1.05～1.11

续表

颗粒物	类型	形状因子
石英	—	1.36
沙	—	1.57
	—	1.11
云母	—	2.04
硫酸盐	—	1.03~1.07
密集积聚海盐	—	1.3~1.4
立方体海盐	—	1.06~1.17
新鲜元素碳	—	2.6
老化元素碳	—	1.0

当气体和粒子运动相对静止的假设不成立，即在粒子表面的气体产生相对运动（滑动）时，计算粒子等效粒径和等效密度需要考虑滑动订正因子。滑动订正因子的参数化表达式是在球形粒子假设下提出的，随粒径大小发生变化，且与仪器腔体中的流体流动状态有关（DeCarlo et al.，2004）。滑动订正因子可采用如式（6-9）的参数化形式计算（Baron and Willeke，2011）：

$$C_c = 1 + \frac{2\lambda}{D_p}\left[1.257 + 0.4\exp\left(-\frac{1.1D_p}{2\lambda}\right)\right] \qquad (6\text{-}9)$$

在标准压强 1013 hPa 和温度 293 K 下，分子自由程 λ 可以取 65 nm。

表 6-2 列出了式（6-9）计算的不同粒径球形粒子的滑动订正因子，以及 Baron 和 Willeke（2001）给出的参考值。需要指出，滑动订正因子与等效粒径是耦合的，形状因子也是滑动订正因子的影响因素。

表 6-2　通过式（6-9）计算的滑动订正因子、参考值及偏差

粒径	滑动订正因子	滑动订正因子参考值	相对误差/%
0.001 μm	216.41	216	0.19
0.002 μm	108.705	108	0.65
0.005 μm	44.082	43.6	1.11
0.01 μm	22.541	22.2	1.54
0.02 μm	11.7705	11.4	3.25
0.05 μm	5.3082	4.95	7.24
0.1 μm	3.1541	2.85	10.7
0.2 μm	2.07705	1.865	11.4
0.5 μm	1.43082	1.326	7.9
1 μm	1.21541	1.164	4.42
2 μm	1.107705	1.082	2.38
5 μm	1.043082	1.032	1.07

粒径	滑动订正因子	滑动订正因子参考值	相对误差/%
10 μm	1.021541	1.016	0.55
20 μm	1.01077	1.008	0.27
50 μm	1.004308	1.003	0.13
100 μm	1.002154	1.0016	0.06

6.1.3　物质密度

密度是单位体积内质量的度量,其单位通常为千克每立方米(kg/m^3),或克每立方厘米(g/cm^3)。当物体内部无孔隙时,其物质密度的值与粒子的质量有效密度相当。物质密度还会随环境温度和压力产生变化,表6-3介绍了实验室测量的大气颗粒物中常见化学成分的物质密度。其中,金属化合物一般具有较大的物质密度,有机物的物质密度往往较小。

表 6-3　实验室测量的大气颗粒物中常见化学成分的物质密度

化学组分	物质密度/(g/cm^3)
氯化钾	1.99
硫酸钾	2.66
硝酸钾	2.11
氯化铵	1.53
硫酸铵	1.77
硝酸铵	1.72
氯化钠	2.17
硫酸钠	2.68
硝酸钠	2.26
氯化钙	2.15
氯化镁	2.36
草酸	1.63
醋酸	1.05

资料来源:http://www.chemicalbook.com。

6.1.4　有效密度

有效密度通常是气溶胶粒子的可测量密度,指与待测粒子具有相同的可测量体积和质量的球体的密度,该体积包含粒子内部的孔隙体积。因此,对于外部形状不规则或内部具有孔隙结构的粒子而言,有效密度一般小于物质密度。相应地,体积等效粒径通常大于质量等效粒径。以生物质燃烧和城市型气溶胶为代表,下面给出典型有效密度数值。

1. 生物质燃烧颗粒物有效密度

表 6-4 列出了常见生物质燃烧（农林作物残余）排放的烟尘颗粒物的总体平均有效密度（Li C L et al.，2016）。生物质燃烧气溶胶的平均有效密度约 1.29 g/cm³，与烟尘中的黑碳和有机物等主要组分有关。黑碳虽然物质密度较大（2.0 g/cm³），但其相对含量较低，且聚链式结构导致整体有效密度较小。由于新鲜黑碳在大气环境中可迅速老化，链式断裂形成接近球形的颗粒，接近燃烧源排放的新鲜烟尘与经过大气输送和化学反应作用的老化烟尘的有效密度可能存在一定差异。

表 6-4　多种类型生物质燃烧烟尘的有效密度（引自 Li C L et al.，2016）

作物类型	残渣燃烧烟尘的有效密度/（g/cm³）
棉花	1.317 ± 0.013
大豆	1.194 ± 0.016
玉米	1.346 ± 0.015
大米	1.301 ± 0.035
小麦	1.286 ± 0.033

图 6-1 中展示了上述作物燃烧排放烟尘颗粒物的有效密度随粒径的变化情况，粒径为 100～400 nm 的颗粒物的有效密度变化范围为 1.1～1.4 g/cm³。其中，除玉米秸秆和大豆残渣外，其他生物质燃烧烟尘的有效密度随粒径增大而增大。

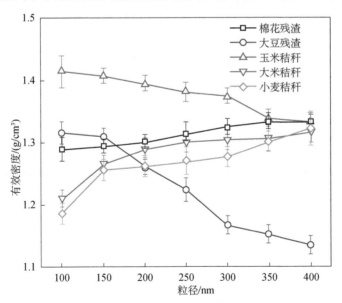

图 6-1　不同生物质燃烧烟尘气溶胶有效密度随粒径的变化

2. 城市型大气颗粒物有效密度

相比于生物质燃烧颗粒物，城市型大气颗粒物往往具有更大的有效密度值和变化范围。表 6-5 列举了国内外城市站点的大气颗粒物有效密度数值，统计显示，城市型大气颗粒物平均有效密度约 1.56±0.12 g/cm³。有效密度数值波动范围与测量站点周边的排放源、气象条件和测量系统等因素有关（Hand and Kreidenweis，2002）。城市型颗粒物较大的有效密度变化范围是城市地区大气颗粒物复杂的来源所致，包括交通运输、工厂排放、冬季燃煤、生活排放等。

表 6-5　文献中城市型颗粒物有效密度的典型值

有效密度	城市站点	参考文献
1.56±0.12 g/cm³	Texas，U.S.	Hand and Kreidenweis，2002
1.52±0.26 g/cm³	Pittsburgh，U.S.	Khlystov et al.，2004
1.64±0.51 g/cm³	Augsburg，Germany	Pitz et al.，2008
1.62±0.38 g/cm³	北京	Hu et al.，2012
1.43~1.68 g/cm³	北京	Yue et al.，2009
1.50 g/cm³	北京	Guo et al.，2017
1.70 g/cm³	上海	Guo et al.，2017
1.36~1.55 g/cm³	上海	Yin et al.，2015
1.36~1.59 g/cm³	兰州	Zhao et al.，2017
1.66±0.15 g/cm³	合肥	Li et al.，2018
1.68±0.21 g/cm³	Massachusetts，U.S.	Kassianov et al.，2014

大气颗粒物中不同化学组分也会影响其有效密度随尺度变化的特征。表 6-6 显示了不同污染状况下大气颗粒物的有效密度（Hu et al.，2012）。该研究以 PM_{10} 代表总体颗粒物，并以空气动力学粒径 1.8 μm 作为粗、细粒子的尺度分界。研究指出，在污染和清洁天气条件下，均是粗颗粒物的有效密度更大，这与粗粒子中包含地壳元素（硅、铝等）较多有关。在清洁天气条件下，大气中与人为活动密切相关的细颗粒物比例（有效密度低）相对较低，因此清洁天气下有效密度显著高于污染天气。

表 6-6　北京地区污染和清洁天气下不同尺度颗粒物的有效密度（引自 Hu et al.，2012）

	粒径尺度范围	有效密度/（g/cm³）
污染天气	细	1.42±0.16
	粗	1.80±0.40
	总	1.48±0.15
清洁天气	细	1.96±0.42
	粗	2.15±0.80
	总	2.01±0.41
平均	细	1.62±0.38
	粗	1.93±0.56
	总	1.67±0.37

6.2　颗粒物有效密度地基测量

目前，基于卫星观测估算大气颗粒物有效密度的方法十分有限，大多数研究工作基于地面观测。根据测量仪器和估算原理的不同，其大致可分为三大类（表6-7），分别是基于气溶胶化学组分质量比的估算方法（Component Mass Fraction Estimation，CMFE）、基于质量–体积比值关系的估算方法（Mass Volume Ratio Relationship Estimation，MVRE）和基于粒径谱融合的估计方法（Merging of Size Distribution Estimation，MSDE）。本节将分别对这三种方法进行简要介绍。

表 6-7　大气颗粒物有效密度（ ρ_e ）主要测量方法

方法	仪器		原理/公式	参考文献
化学组分质量比的方法（CMFE）	PILS		$\rho_e = \left(\sum_x \dfrac{\text{组分}x\text{的质量比例}}{\text{组分}x\text{的密度}} \right)^{-1}$	Kostenidou et al.，2007
	质量	体积		
质量–体积比的方法（MVRE）	APM	DMA	$\rho_e = \dfrac{\text{颗粒物质量}}{\text{颗粒物体积}}$	McMurry et al.，2002
	AMS			Dinar et al.，2006
	APM	SMPS		Malloy et al.，2009
	AMS			Kostenidou et al.，2007
	D_p	D_a		
粒径谱融合的方法（MSDE）			$D_p = \dfrac{D_a}{\sqrt{\rho_e}}\sqrt{\chi}$	DeCarlo et al.，2004
				Khlystov et al.，2004
				Kassianov et al.，2014

注：表中各项缩写见附表 A.1。

6.2.1　化学组分质量比方法

化学组分质量比方法主要通过颗粒物采样器（包括自动换膜采样器、大流量采样器、中流量采样器、粒度分布采样器以及单孔分级式撞击采样仪等），结合离子色谱仪和离子质谱仪抽取大气颗粒物进行测量。化学成分采样通常为离线测量，基本测量流程如图 6-2 所示。除了色谱分析之外，质子激发 X 荧光分析也是常见的元素浓度分析技术。

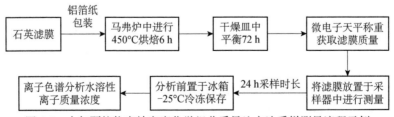

图 6-2　大气颗粒物有效密度化学组分质量比方法采样测量流程示例

化学组分质量比方法基于大气颗粒物外部混合的假设，采用粒子采样器测量颗粒物中离子组分的质量浓度，结合实验室测定的各组分密度值，利用式（6-10）估算大气颗粒物的有效密度：

$$\frac{1}{\rho_e} = \frac{f_{inorg}}{\rho_{inorg}} + \frac{f_{org}}{\rho_{org}}$$
（6-10）

式中，ρ_e 和 f 分别为物质有效密度和体积比例，下标 org 和 inorg 分别表示有机成分和无机成分。该方法通常也用于验证其他的有效密度估计方法（Khlystov et al., 2014; Kostenidou et al., 2007; Kassianov et al., 2014; Cross et al., 2007）。然而，化学采样方法对不可溶成分信息的提取能力有限，同时离线观测方式也可能无法满足特定研究的需求。

6.2.2　质量-体积比方法

质量-体积比方法主要通过两种仪器联合测量大气颗粒物的有效密度。一种是测量气溶胶粒子尺度的仪器，包括差分电迁移率分析仪（Differential Mobility Analyzer，DMA）和扫描电迁移率颗粒物粒径谱仪（Scanning Mobility Particle Spectrometer，SMPS）等，用来测量大气颗粒物体积浓度。另一种是测量气溶胶粒子质量的仪器，包括气溶胶颗粒物质量分析仪（Aerosol Particle Mass Analyzer，APM）和气溶胶质谱仪（Aerosol Mass Spectrometer，AMS）等。在此基础上，根据质量与体积比值计算大气颗粒物的有效密度。

质量-体积比方法的基本测量流程（McMurry et al., 2002）如图 6-3 所示。其中，

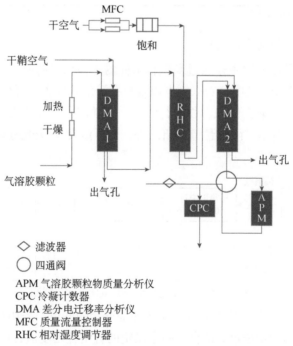

图 6-3　质量-体积比方法的基本测量流程（引自 McMurry et al., 2002）

颗粒物质量分析仪 APM 基于离心力和静电力平衡原理，利用质量进行颗粒物分类，测量范围是 0.001～1000 μg/m³，但其可分析的动力学等效粒径范围较小（14 nm～1.3 μm），在一定程度上限制了质量-体积比方法可测量的颗粒物范围。

6.2.3　粒径谱融合方法

粒径谱融合方法通常采用两台测量原理不同的粒子数浓度粒径谱仪进行同步粒子谱分布曲线测量，分别是扫描电迁移率颗粒物粒径谱仪（SMPS）和空气动力学粒径谱仪（APS）。SMPS 测量的电迁移粒径 D_m 的范围为 0.014～0.661 μm，与颗粒物的形状有关。APS 测量的空气动力学粒径 D_a 的范围为 0.542～19.8 μm，与颗粒物的形状及物质密度有关。由于这些参数被同步测量，D_m、D_a 与几何等效粒径 D_p 的转换关系可以用式（6-11）和式（6-12）表示：

$$\frac{D_m}{C_c(D_m)} = \frac{D_p}{C_c(D_p)}\chi \tag{6-11}$$

$$D_p = D_a\sqrt{\chi\frac{\rho_0 C_c(D_a)}{\rho_p C_c(D_p)}} \tag{6-12}$$

式中，χ 为形状因子，一般球形粒子的形状因子等于 1.0（无量纲），此时颗粒物的物质密度 ρ_p 只与粒子组分有关（单位：g/cm³）；ρ_0 为单位密度（1.0 g/cm³）；C_c 为滑动订正因子，注意其与等效粒径是耦合的。

在这两种仪器测量粒径的重叠区域，强制将 APS 测量的空气动力学粒径转换为对应 SMPS 测量的电迁移粒径，通过其中的相关关系即可估计气溶胶粒子的物质密度和形状因子。然而，通常形状因子很难单独获取，因此通常使用有效密度来度量粒子单位体积内的质量。假设 SMPS 和 APS 测量粒径重叠范围内的大气颗粒物具有相同的化学成分和形状，颗粒物的有效密度 ρ_e 可由 SMPS 和 APS 的测量粒径计算获得：

$$\rho_e = \left(\frac{D_a}{D_m}\right)^2 \rho_0 = \frac{\rho_p}{\chi^3}\frac{\left[C_c(D_p)\right]^3}{\left[C_c(D_m)\right]^2 C_c(D_a)} \tag{6-13}$$

需要注意，由于 SMPS 测量范围的限制，该方法对应的仅是细颗粒物的有效密度。图 6-4 表示当假设细颗粒物的形状因子为 1 时，SMPS 和 APS 仪器观测的重叠区域。其中，虚线区域分别对应 SMPS 粒径范围 0.594～0.661 μm 和 APS 粒径范围 D_1～D_2（大小与密度相关，0.4～0.45 μm）。需要说明，由于 D_1～D_2 的 APS 测量结果和 0.594～0.661 μm 的 SMPS 测量结果有较大不确定性，一般不用于有效密度估算。MSDE 方法采用两仪器的重叠区域等效粒径范围 $D_2 \sim 0.594\,\mu m$（图 6-4 中阴影区）进行粒子数浓度分布融合，该范围内 SMPS 测量包括 12 个档位，APS 测量包括 6 个档位。

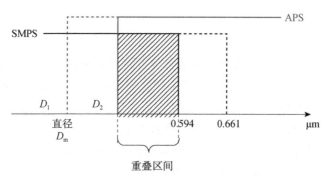

图 6-4　用于估算有效密度的 SMPS 和 APS 粒径重叠区域（以直径 D_m 为标准）

虚线区域的不确定性较大，不用于密度估算。MSDE 方法使用的是 $D_2 \sim 0.594\,\mu m$

确定用于有效密度估算的 SMPS 和 APS 测量重叠粒径范围后，进行粒子数浓度谱分布融合处理，如图 6-5（a）所示。基本过程如下：以 SMPS 测量的数浓度分布为参考，根据式（6-13），通过逐步调整有效密度 ρ_e（对应图中的案例 ρ_1、ρ_2、ρ_3），使得 D_a 和 D_m 一致，此时 APS 测量曲线与 SMPS 参考曲线存在交点，并记录其对应的粒径（D_c）。将 D_c 左侧的 SMPS 数据和 D_c 右侧的 APS 数据组成一条完整的数浓度谱线：

$$N\left(D_m\right)=\begin{cases} N_S\left(D_m\right) & D_m < D_c \\ N_A\left(D_m,\rho_e\right) & D_m \geqslant D_c \end{cases} \tag{6-14}$$

式中，$N_A(D_m,\rho_e)$ 为与最佳有效密度值 ρ_e 对应的且已经转换成电迁移粒径 D_m 后的 APS 测量数浓度谱；$N_S(D_m)$ 为 SMPS 测量数浓度谱；$N(D_m)$ 为融合后的粒子数浓度谱分布。

理论上，当粒径重叠区域的 SMPS 和 APS 粒子数浓度谱完全重合时对应最佳的有效密度。然而，粒子谱仪器本身存在观测误差，以及档位间隔不一致引起的谱线形状差异等，都会导致两条谱线的重叠存在残差 δ_c：

$$\delta_c=\frac{1}{n}\sum_{D_m}^{D}\frac{\left|\ln\left[N_S\left(D_m\right)\right]-\ln\left[N_A\left(D_m,\rho_e\right)\right]\right|}{\ln\left[N_S\left(D_m\right)\right]}-1 \tag{6-15}$$

式中，n 为 $N_S(D_m)$ 与 $N_A(D_m,\rho_e)$ 的重叠粒径个数，一般参考 SMPS 仪器的档位对 APS 进行插值。式（6-15）采用对数运算形式，可消除不同粒径档位的观测值的量级差异，使不同粒径档位具有相同的权重（Hand and Kreidenweis，2002）。

图 6-5（a）显示了粒子数浓度谱线融合的过程，通过假定密度取值范围是 1.0～3.0 g/cm³，随着密度逐渐增大（$\rho_1 \sim \rho_3$），SMPS 测量的 $N_S(D_m)$ 的位置和形状不变（即与密度无关），而 APS 测量的 $N_A(D_m, \rho_e)$ 按箭头指向沿粒径轴向低值平移。图 6-5（a）中三个示例 $N_A(D_m, \rho_1)$、$N_A(D_m, \rho_2)$ 和 $N_A(D_m, \rho_3)$ 分别代表 APS 和 SMPS 重合前、重合时和重合后三种情况。图 6-5（b）显示了残差 δ_c 随有效密度增大的变化，当 δ_c 达到最小值时对应最佳有效密度值。

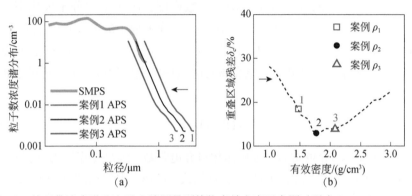

图 6-5　粒子数浓度谱分布融合法测量颗粒物有效密度示意图（引自 Li et al.，2019）

上述大气颗粒物有效密度估计方法的误差主要来源于以下几个方面。第一，粒子谱分布仪器的测量误差；第二，APS 和 SMPS 粒子谱分布本身的测量机制差异，包括档位间隔不一致等造成的误差，该误差可由两种粒子数浓度谱分布在粒径重叠区域的拟合残差进行估算；第三，滑动订正因子引入的误差，即假设有效密度与滑动订正因子无关引起的密度估算偏差。可见，该方法仍存在较多的不确定性环节，因此在实践中有必要通过光学闭合方法进一步约束迭代估算结果（Li et al.，2019），这里不再赘述。

6.3　颗粒物有效密度卫星遥感

6.3.1　球形粒子极化理论

本节介绍基于极化理论的大气颗粒物有效密度卫星遥感估算方法。颗粒物的密度与化学组分密切相关，同时也决定了一定体积物质中的偶极子的数量（Lagendijk et al.，1997）。复折射指数描述大气颗粒物散射和吸收太阳辐射的能力，也依赖于化学组分，并且与其分子极化特性和数量有关（Aspnes，1982），也称为光学密度。目前，已有部分卫星算法可提供气溶胶复折射指数产品，使用卫星遥感估算大气颗粒物质量密度成为可能。下面介绍通过复折射指数来估算有效密度的理论基础。

微观上，复折射指数表示由外部施加电场激发的电偶极子的集体响应，与分子的极化特性有关。极化状态方程描述了分子在电场力的作用下改变其电子云分布，从而产生电偶极矩的过程，衡量这种改变的物理量即极化性。施加电场 E 中的电介质会产生电偶极矩，极化性 P 用来描述单位体积内电介质的平均电偶极矩：

$$P = \rho \alpha \varepsilon_0 E_{loc} \qquad (6\text{-}16)$$

式中，ρ 为单位体积的分子数量，即分子数密度；α 为平均分子极化率（单位：$F \cdot m^2$），决定分子内和分子间的相互作用，在确定分子的光谱特征上有重要影响；ε_0 为真空介电常数，数值为 8.854×10^{-12} F/m；E_{loc} 为施加在单个分子上的局部电场。

宏观上，复折射指数描述了电介质对电磁场的响应程度，电介质的电极化与施加电场 E 之间的关系如下：

$$P = (\varepsilon - 1) \varepsilon_0 E \qquad (6\text{-}17)$$

式中，ε 为电介质的介电常数，也称作相对介电常数；满足麦克斯韦方程 $\varepsilon = n^2$，其中 n 是电介质的复折射指数。同时，注意到式（6-16）中的局部电场 E_{loc}，是由施加电场激发的，写作 $E \sim (E_{loc} + E_1 + E_2)$。这里为简化，假设颗粒物是均匀电介质球形粒子，则其局部电场可以表示为

$$E_1 = \frac{P}{3\varepsilon_0} \qquad (6\text{-}18)$$

式中，1/3 表示球体的去极化因子。除目标粒子外，其他粒子在目标粒子球心产生的极化电场的叠加记为 E_2：

$$E_2 = \sum_i E_{z_i} = \sum_i \frac{3\mu_i z_i^2 - \mu_i d_i^2}{4\pi\varepsilon_0 r_i^5} \qquad (6\text{-}19)$$

式中，以目标粒子球心为坐标原点，z_i 为第 i 个粒子的空间坐标，E_{z_i} 为 z_i 坐标的粒子在目标粒子中心产生的极化电场，d_i 为该粒子与目标粒子的空间距离；μ_i 为在施加电场 E 中该粒子产生的电偶极矩。研究表明，对于气体、稀释溶液和相同原子组成的简立方晶体而言，E_2 等于 0。而大气颗粒物是多种分子组成的固体和液体的混合物，E_2 通常不等于 0。

6.3.2 半经验遥感模型

基于麦克斯韦方程描述的电介质介电常数与复折射指数的关系，结合式（6-16）～式（6-19），以及式（6-20）中质量密度 ρ_m 与分子数密度 ρ 的转换关系，可以得到式（6-21）所示的电介质复折射指数实部 n 与质量密度 ρ_m 的理论表达式：

$$\rho_{\mathrm{m}} = \frac{M}{N_{\mathrm{A}}}\rho \tag{6-20}$$

$$\frac{1}{\rho_{\mathrm{m}}} = \frac{\alpha N_{\mathrm{A}}}{3M}\left(\frac{n^2+2}{n^2-1} + \frac{3\pi}{4}\frac{\sum_i \dfrac{3z_i^2 - r_i^2}{r_i^5}\mu_i}{\sum_i \mu_i}\right) \tag{6-21}$$

式中，N_{A} 为阿伏伽德罗常数；M 为平均分子摩尔质量；α 为平均分子极化率。

随着单位体积内的极化粒子数量增多，颗粒物复折射指数和质量密度都会增大。质量密度和复折射指数实部之间存在显著的正相关，质量密度对复折射指数实部的影响占据主导地位（Jerman et al.，2005；Liu and Daum，2008）。粒子微观物理参数平均分子质量 M 和平均分子极化率 α，在自然大气条件下极难获取，一般可采用式（6-22）所示的统计模型（Liu and Daum，2008）来量化质量密度和复折射指数实部之间的关系：

$$\frac{n^2-1}{n^2+2} = a \cdot \rho_{\mathrm{m}}^b \tag{6-22}$$

式中，拟合参数 a 和 b 可通过对包含有机物、无机物和矿物等多种物质的综合数据集进行统计获得。

基于上述电磁极化理论推导的复折射指数-密度半经验公式（6-22），利用 PARASOL 卫星 POLDER 数据，对 2013 年 1~10 月中国地区的大气颗粒物有效密度进行了遥感估算（魏瑗瑗，2020）。如图 6-6 所示，秋季和冬季中国南部地区的大气颗粒物有效密度普遍较小，在华中、华南，以及重庆和四川东部地区的有效密度约为 1.55 g/cm³。与此对应，华北、东北以及东南沿海地区颗粒物有效密度较高，均值达到 2.09 g/cm³。3 月华北和新疆地区的颗粒物有效密度均值约为 1.91 g/cm³，而南部地区有效密度略低，约为 1.61 g/cm³。相比之下，在 4~6 月，全国大气颗粒物有效密度的月均值并未显示出显著的空间差异分布，其中 4 月颗粒物有效密度普遍较小，均值仅约 1.60 g/cm³。

卫星遥感估算颗粒物有效密度的精度主要受到两方面因素的影响，一是半经验遥感模型的理论误差，二是模型输入数据的误差。表 6-8 给出大气颗粒物主要组分密度的实验室测量值，以及与模型计算值之间的偏差（魏瑗瑗，2020）。

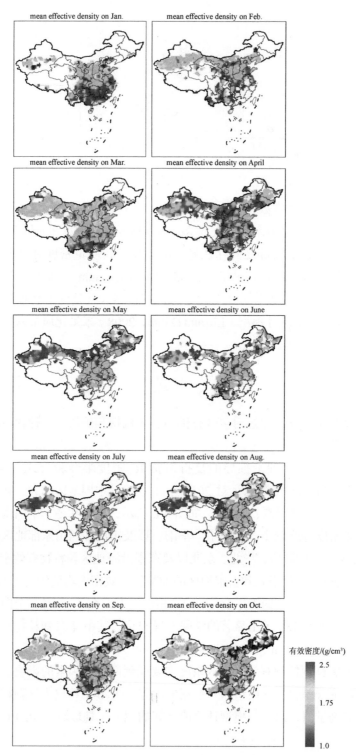

图 6-6　中国地区 2013 年 1～10 月大气颗粒物有效密度月均值空间分布（引自 Wei et al.，2021）

表 6-8　复折射指数−密度关系估算的不同颗粒物成分有效密度与其物质密度理论偏差
（引自魏瑷瑷，2020）

序号	物质	复折射指数实部	物质密度/（g/cm³）	估算有效密度/（g/cm³）	相对偏差/%
1	NH_4HSO_4	1.476	1.78	1.45	18.58
2	$(NH_4)_3H(SO_4)_2$	1.527	1.83	1.69	7.38
3	$(NH_4)_2SO_4$	1.531	1.77	1.71	3.14
4	NH_4NO_3	1.554	1.73	1.83	5.66
5	$CaSO_4$	1.53	2.30	1.71	25.67
6	$NaNO_3$	1.587	2.26	1.99	11.82
7	$NaCl$	1.544	2.17	1.78	18.04
8	Al_2O_3	1.765	3.97	2.91	28.81
9	MgO	1.735	2.58	2.75	6.60
均值	—	—	—	—	13.97

第 7 章　大气颗粒物体积-消光比

本章主要介绍大气颗粒物体积的遥感问题。大气颗粒物的卫星遥感源于对气溶胶光学参数的遥感反演，包括气溶胶光学厚度、细粒子比等参数，分别体现了整层大气气溶胶的总光学消光能力和细模态气溶胶粒子占总气溶胶消光的比例，距离获得颗粒物体积参数仍存在不小的差距。如何建立大气颗粒物光学参数与体积之间的联系，是解决颗粒物质量浓度遥感估算的关键。本章从大气颗粒物体积的概念出发，介绍大气颗粒物体积的光学归一化表达，进而建立基于观测统计的光学-体积转化模型，并将其应用于大气颗粒物质量浓度卫星遥感。

7.1　体积-消光比定义

7.1.1　体积浓度

大气颗粒物的体积浓度是指单位体积内或单位面积上大气柱内颗粒物体积的总和。通常所关注的体积参数包括近地面大气颗粒物体积浓度和整层大气颗粒物体积浓度。近地面大气颗粒物体积浓度的定义为近地面单位体积大气内颗粒物体积的总和。假设气溶胶粒子形状均为球形，则颗粒物体积浓度可表达为

$$V_x = \frac{1}{6} \int_0^{D_{p,c}} \pi D_p{}^3 N\left(D_p\right) \mathrm{d}D_p \tag{7-1}$$

式中，V_x 表示粒径小于特定截断半径 $D_{p,c}$ 的粒子的体积浓度；$N(D_p)$ 为近地面粒子数浓度谱分布，即颗粒物的数浓度随粒子尺度变化的函数，$N(D_p)$ 可采用多台粒子数浓度谱分布仪器联测，从而获得尺度较完整的粒子数浓度谱分布。

整层大气柱颗粒物体积浓度为大气颗粒物体积浓度在垂直高度上的积分，其不仅要考虑特定的尺度截断，还要考虑颗粒物体积浓度或者颗粒物数浓度谱分布随高度的变化。整层大气中粒径小于特定尺度的大气颗粒物的体积浓度可由式（7-2）表示：

$$V_{x,\mathrm{col}} = \int_{z_0}^{z_{\mathrm{TOA}}} \int_0^{D_{p,c}} \frac{1}{6} \pi D_p{}^3 N\left(D_p, z\right) \mathrm{d}D_p \mathrm{d}z \tag{7-2}$$

式中，$V_{x,\mathrm{col}}$ 为整层大气柱中粒径小于特定尺度 x 的粒子的体积浓度；$N(D_p, z)$ 表示高度 z 处的气溶胶粒子数浓度谱分布；z_0 和 z_{TOA} 分别为地面高度和大气顶高度。

7.1.2　体积−消光比

气溶胶颗粒物的浓度与消光之间具有明显的非线性关系。已有研究表明，大气气溶胶的质量消光效率和有效半径是表征消光与质量浓度之间非线性关系的两个重要因子（Koelemeijer et al.，2006；Wang et al.，2010；van Donkelaar et al.，2006）。然而，遥感获取这两个气溶胶参数十分困难。为替代这两个参数，可定义体积−消光比参数来表征颗粒物体积与消光之间的非线性关系，其可作为颗粒物遥感中光学−体积转换的关键因子。

体积−消光比（Volume-to-Extinction Ratio，VE）的定义为气溶胶颗粒物的体积浓度与消光系数的比值。对于整层大气柱中的气溶胶颗粒物而言，体积−消光比是颗粒物的柱体积浓度和光学厚度的比值。对于近地面颗粒物而言，体积−消光比为近地面颗粒物体积浓度与近地面消光系数的比值。在卫星遥感近地面颗粒物方法中，整层大气柱中的颗粒物体积−消光比被广泛应用。相比于实际大气测量中较难获取的质量消光效率，体积−消光比参数可基于地面仪器在线测量粒子消光系数、尺度谱分布或地基和卫星遥感反演数据建模获取。因此，体积−消光比可替代大气颗粒物质量消光效率和有效半径作为估计颗粒物质量浓度的关键参数。

体积−消光比的数学表达式为

$$VE = \frac{V_{col}}{\sigma} = \frac{2}{3} \frac{\int_0^{D_{p,c}} D_p^3 \cdot N\left(D_p\right) dD_p}{\int_0^{D_{p,c}} D_p^2 \cdot Q_{ext}\left(D_p\right) N\left(D_p\right) dD_p} \tag{7-3}$$

式中，VE 为粒径小于特定截断直径 $D_{p,c}$ 的颗粒物的体积−消光比（单位：$\mu m^3/\mu m^2$）；V_{col} 和 σ 分别为这部分颗粒物的体积浓度（单位：$\mu m^3/\mu m^2$）和消光系数；Q_{ext} 为消光效率。

1. 细颗粒物体积−消光比

大气环境监测中的细颗粒物往往指 $PM_{2.5}$，即空气动力学直径小于 2.5 μm 的细粒子。大气细颗粒物的体积−消光比（VE_f），表示大气细颗粒物的柱体积浓度与细颗粒物光学厚度的比值：

$$VE_f = \frac{V_{f,col}}{AOD_f} \tag{7-4}$$

式中，$V_{f,col}$ 为大气细颗粒物柱体积浓度；AOD_f 为细模态气溶胶光学厚度。如第 3 章所述，目前地基和卫星遥感反演产品能够直接或间接提供具有较高精度的细粒子光学厚度参数，可用于从总光学厚度中分离出细粒子的光学贡献。细粒子体积浓度可通过对大气柱中的细粒子进行体积尺度谱分布积分得到。

2. 粗颗粒物体积-消光比

类似地，粗颗粒物的体积-消光比 VE_c（单位：$\mu m^3/\mu m^2$）定义为

$$VE_c = \frac{V_{c,col}}{AOD_c} \tag{7-5}$$

式中，$V_{c,col}$ 为大气粗颗粒物的柱体积浓度；AOD_c 为粗模态气溶胶光学厚度。

3. PM₁₀ 体积-消光比

PM₁₀ 的体积-消光比 VE_{10} 是指空气动力学粒径小于 10 μm 的颗粒物的柱体积浓度和光学厚度的比值：

$$VE_{10} = \frac{V_{10,col}}{AOD_{10}} \approx \frac{V_{10,col}}{AOD} \tag{7-6}$$

式中，$V_{10,col}$ 为空气动力学粒径小于 10 μm 的粒子柱体积浓度。因为粒径大于 10 μm 的颗粒物对 AOD 的贡献较小，在实际大气光学遥感中，除了沙尘类型气溶胶主导的情况外，通常可用 AOD 代替 AOD_{10}。计算 PM₁₀ 体积-消光比的重要基础是明确 PM₁₀ 的几何截断粒径，即与空气动力学粒径 10 μm 相当的几何等效粒径，该几何截断粒径依赖于颗粒物的化学成分和形状等微观特性。

4. 总悬浮颗粒物（TSP）体积-消光比

根据体积-消光比的定义，总悬浮颗粒物（Total Suspended Particles，TSP）的体积-消光比表示整层大气柱中总悬浮颗粒物的柱体积浓度与总光学厚度的比值，定义如下：

$$VE_t = \frac{V_{col}}{AOD} = \frac{2}{3} \frac{\int D_p^3 \cdot N(D_p) dD_p}{\int D_p^2 \cdot Q_{ext}(D_p) \cdot N(D_p) dD_p} \tag{7-7}$$

式中，V_{col} 为大气颗粒物的柱体积浓度；AOD 为颗粒物的总光学厚度。

同时，总悬浮颗粒物的体积-消光比可由 VE_f、VE_c 及细粒子比 FMF 推导获得，其表达式为

$$VE_t = \frac{V_{col}}{AOD} = \frac{V_{f,col}}{AOD} + \frac{V_{c,col}}{AOD} = FMF \cdot VE_f + (1 - FMF) \cdot VE_c \tag{7-8}$$

7.2 体积-消光比遥感方法

依据以上定义，仍无法计算大气颗粒物的体积-消光比，需进一步探索其估算方法。Zhang 和 Li（2015）依据典型气溶胶模型，模拟了体积-消光比与气溶胶光学厚度、体积及细粒子比三个参数的相关关系，他们发现，体积-消光比与细粒子比之间存在良好的相关性，可以拟合为具有单调性的 FMF-VE 函数关系。

7.2.1　PM$_{2.5}$体积-消光比模型

　　选择 AERONET 的 8 个长期典型气溶胶观测站点，包括城市/工业型、生物质燃烧型、沙尘型，以及海洋型的地基遥感观测数据估算 FMF，对 VE$_f$ 进行统计建模。表 7-1 列出了不同气溶胶类型、不同站点的 VE$_f$ 与 FMF 的均值和极值。城市/工业型和生物质燃烧型的 VE$_f$ 值比较接近，而沙尘型气溶胶的 VE$_f$ 值明显较大，海洋型气溶胶的 VE$_f$ 值居于中间，但其变化幅度最小。利用这些观测数据（图 7-1）拟合一个以细粒子比 FMF 为自变量的二次多项式用于表征 VE$_f$：

$$VE_f = 0.2887FMF^2 - 0.4663FMF + 0.356(0.1 \leqslant FMF \leqslant 1.0) \tag{7-9}$$

式中，FMF 的有效范围是 0.1~1。由于观测数据在 FMF 小于 0.1 时十分稀少，且离散程度增加，因此未纳入拟合区间。针对 FMF 有效范围的两个端点，当 FMF=0.1 时，VE$_f$ 为 0.312，这个值接近于海洋型气溶胶的最大值；当 FMF=1.0 时，VE$_f$ 为 0.178，此时代表城市/工业型或生物质燃烧型气溶胶。这从另一个侧面说明，拟合的 VE$_f$ 在不同气溶胶类型情景下具有合理性。

表 7-1　AERONET 的典型站点的 PM$_{2.5}$体积-消光比（VE$_f$）与细粒子比（FMF）
统计数据（引自 Zhang and Li，2015）

站点	城市/工业型			生物质燃烧型		沙尘型		海洋型
	北京	GSFC	墨西哥城	库亚巴	芒古	太阳村	佛得角	阿森松岛
样本数	3066	914	229	961	25	1873	430	316
年份	2001~2013	2011	2010	2011	2010	2011	2011	2011
纬度(°)	39.98	38.99	19.33	−15.73	−15.22	24.91	16.73	−7.00
经度(°)	116.38	−79.84	−99.18	−56.02	23.15	46.40	22.94	−14.00
VE$_f$								
平均值	0.169	0.183	0.176	0.189	0.169	0.239	0.261	0.193
最大值	0.359	0.355	0.321	0.440	0.236	0.421	0.355	0.281
最小值	0.111	0.116	0.113	0.120	0.121	0.143	0.147	0.102
FMF								
平均值	0.654	0.797	0.856	0.654	0.516	0.364	0.399	0.550
最大值	0.986	0.995	1.000	0.959	0.872	0.908	0.962	0.950
最小值	0.093	0.343	0.520	0.057	0.217	0.045	0.121	0.051

注：表中纬度为正值表示北纬（N）、负值表示南纬（S）；经度为正值表示东经（E）、负值表示西经（W）。

此外，图 7-1 显示不同气溶胶类型的 FMF 值具有显著的分段分布特征，沙尘型（绿色）和海洋型（蓝色）气溶胶 FMF 较低，生物质燃烧型（红色）和城市/工业型（黑色）气溶胶 FMF 值较高。式（7-9）的拟合曲线对 VE_f 的均值具有良好的代表性，平均绝对误差仅为 0.027，相应的相对误差为 14%，有 89%的样本绝对误差在 0.05 以下。

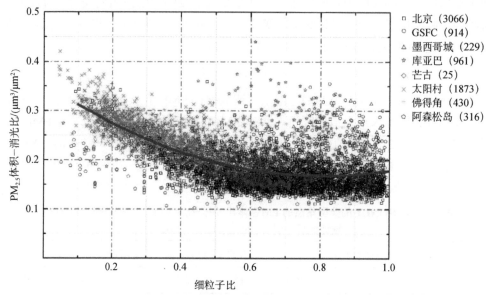

图 7-1   AERONET 典型站点的 $PM_{2.5}$ 体积-消光比与细粒子比散点图
（引自 Zhang and Li，2015）
蓝色实线表示拟合曲线

7.2.2 PM_{10} 体积-消光比模型

类似于 7.2.1 节的 $PM_{2.5}$ 体积-消光比模型，本节建立的 FMF-VE_{10} 统计关系及半经验模型如图 7-2 所示。选择的 7 个长期站点包括城市/工业型的北京和 GSFC 站点，生物质燃烧型的库亚巴和芒古站点，沙尘型的太阳村站点，以及海洋型的阿森松岛和拉奈站点，统计数值见表 7-2。同样采用 FMF 的二次多项式形式进行拟合（Wei et al.，2021）：

$$VE_{10} = 0.3178FMF^2 - 0.8199FMF + 0.69194 \qquad (7-10)$$

该拟合关系的相关系数达到 0.84。可以发现，不同气溶胶类型的平均值都非常接近拟合曲线，并且各区间出现频率较大的样本都分布在拟合曲线附近，说明式（7-10）建立的 VE_{10} 模型可以较好地代表大多数样本，并且适用于不同的气溶胶类型。

表 7-2　AERONET 典型站点的 PM$_{10}$ 体积–消光比（VE$_{10}$）与细粒子比（FMF）统计数据
（引自 Wei et al.，2021）

站点	矿物沙尘型	海洋型		城市/工业型		生物质燃烧型	
	太阳村	阿森松岛	拉奈	北京	GSFC	库亚巴	芒古
VE$_{10}$							
平均值	0.452	0.383	0.457	0.282	0.247	0.298	0.198
最大值	0.921	1.37	1.111	0.736	0.595	0.967	0.542
最小值	0.150	0.135	0.168	0.139	0.110	0.134	0.115
FMF							
平均值	0.423	0.476	0.358	0.670	0.779	0.669	0.847
最大值	0.995	0.978	0.981	0.994	0.995	0.998	0.999
最小值	0.045	0.062	0.035	0.089	0.062	0.041	0.215

由模型［式（7-10）］计算的体积–消光比 VE$_{10}$ 的变化范围是 0.19~0.69，与实际观测到的体积–消光比动态变化范围（0.20~0.78）相近。当 FMF=1.0 时，VE$_{10}$ 计算值等于 0.19，与 Zhang 和 Li（2015）报道的细粒子体积–消光比数值 0.18 十分接近，即模型结果与理论推导一致。当 FMF 等于 0.1 时，模型［式（7-10）］计算的 VE$_{10}$ 为 0.61，与基于 AERONET 观测计算的沙尘型气溶胶 VE$_{10}$（0.63）和海洋型气溶胶 VE$_{10}$（0.58）非常接近。可见，VE$_{10}$ 模型对细模态和粗模态气溶胶都表现出良好的适用性。

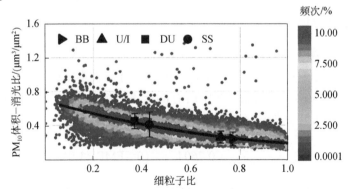

图 7-2　AERONET 的典型站点的 PM$_{10}$ 体积–消光比 VE$_{10}$ 与细粒子比 FMF 散点图
（引自 Wei et al.，2021）
色标表示样本在每个统计区间（FMF 间隔 0.02，VE$_{10}$ 间隔 0.02）的频次。
黑色点和误差棒分别表示 4 种气溶胶类型的均值和标准差，黑色实线为拟合曲线

将 PM$_{10}$ 体积–消光比模型应用于全球其他站点可测试 PM$_{10}$ 体积–消光比模型的适用性。选择 5 个没有用在建模中的代表性 AERONET 站点，分别是 Kanpur、Skukuza、Mauna Loa、An Myon 和 Tahiti 站点，利用长期观测数据和反演产品（约

10 年）进行 PM_{10} 体积-消光比模型测试。以气溶胶体积尺度谱分布和光学厚度参数计算的体积-消光比 VE_{10} 作为参考值，其与 VE_{10} 模型估算值对比的散点分布如图 7-3 所示。结果显示，所有样本的平均偏差为 15.6%，各区间的统计值接近 $1 : 1$ 线，表明 PM_{10} 体积-消光比模型对各种气溶胶类型均有良好的适用性。

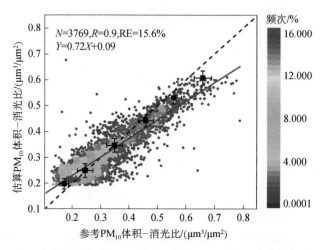

图 7-3　AERONET 的 5 个典型站点的 PM_{10} 体积-消光比 VE_{10} 模型计算值与实测值的散点图（引自 Wei et al.，2021）

颜色表示每个档位（间隔 0.025）中样本出现的概率；黑色虚线为 1：1 线；红色实线表示拟合直线；黑色实心方块和误差棒表示各区间（间隔 0.1）的统计均值和标准差

7.2.3　总颗粒物体积-消光比模型

总悬浮颗粒物（TSP）的体积-消光比可由细颗粒物体积-消光比（VE_f）、粗颗粒物体积-消光比（VE_c）和细粒子比（FMF）计算。本章已经介绍了 VE_f 模型，本节将详细介绍 VE_c。采用表 7-2 中所有的样本，统计 VE_c 与 FMF 的函数关系，如图 7-4 所示，可建立如式（7-11）的 VE_c-FMF 拟合式：

$$VE_c = \frac{0.051}{1-FMF} + 0.7604 \qquad (0 \leqslant FMF < 1.0) \qquad (7\text{-}11)$$

当 FMF 等于 1.0 时，大气颗粒物只由细粒子组成，VE_c 无实际意义。当 FMF 等于 0 时，大气颗粒物中不存在细粒子，此时 VE_c 等于 0.811，与沙尘型气溶胶的 VE_c（0.888）接近。最终，根据式（7-8）、式（7-9）和式（7-11）计算可得到 TSP 的体积-消光比（VE_t）。根据 FMF 取值范围（0.1~1.0），VE_t 的取值范围是 0.2~0.8。AERONET 站点获得的 TSP 体积-消光比数值在该取值范围内的样本比例约占 91%。

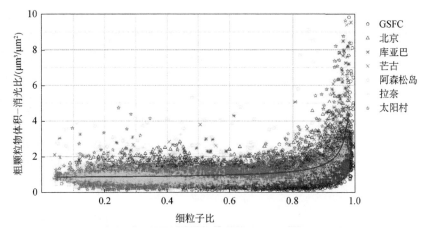

图 7-4　AERONET 典型站点的气溶胶粗颗粒物体积-消光比 VE_c 和细粒子比 FMF 的
散点图（引自 Wei et al.，2019）

蓝色实线为拟合曲线

总悬浮颗粒物的体积-消光比可以采用式（7-12）表示：

$$VE_t = 0.2887\,FMF^3 - 0.4663\,FMF^2 - 0.3954\,FMF + 0.8117\,(0.1 \leqslant FMF < 1.0)\quad (7\text{-}12)$$

7.2.4　典型气溶胶类型的体积-消光比

Zhang 和 Li（2015）基于 AERONET 的沙尘型、海洋型、城市/工业型和生物质燃烧型气溶胶数据计算了 $VE_{2.5}$ 数值（表 7-3）。Mamali 等（2018）计算了欧洲东南部塞浦路斯地区在中、低强度沙尘天气下，非沙尘颗粒的细粒子体积-消光比和沙尘颗粒的体积-消光比。Ansmann 等（2011）及 Mamali 和 Ansmann（2014）的研究模拟了塞浦路斯地区细模态和粗模态颗粒物的体积-消光比。结果显示，尽管 PM$_{2.5}$ 与细模态颗粒物不完全对等，但 VE_f 通常具有较小的变化范围，为 0.16~0.19 μm³/μm²。类似地，Barnaba 和 Gobbi（2004）证明了细粒子主导气溶胶的总悬浮颗粒物体积消光比也在该范围内变化，这主要是由于粗颗粒物的影响较弱。粗颗粒物主导的气溶胶中，总悬浮颗粒物体积-消光比 VE_t 和 VE_{10} 的数值相对较大，且变化范围大。

表 7-3　已有研究中整层大气颗粒物体积-消光比比较

类型/模型		VE_t	VE_f	VE_c	VE_{10}	参考文献
	大陆型（细）	0.18	—	—	—	Barnaba and Gobbi，2004
细模态或细模态主导	细模态	—	0.16	—	—	Ansmann et al.，2011
		—	0.19	—	—	Ansmann et al.，2011
	城市/工业型	—	0.18	—	—	Zhang and Li，2015
		—	—	—	0.26	Wei et al.，2021
	生物质燃烧型	—	0.18	—	—	Zhang and Li，2015
		—	—	—	0.25	Wei et al.，2021
	非沙尘型	—	0.19	—	—	Mamali et al.，2018

续表

类型/模型		VE_t	VE_f	VE_c	VE_{10}	参考文献
粗模态或粗模态主导	沙尘型	—	0.25	—	—	Zhang and Li，2015
		0.29	—	—	—	Barnaba and Gobbi，2004
		—	—	0.74	—	Mamali et al.，2018
		—	0.33	0.75	—	Mamouri and Ansmann，2014
		—	—	—	0.45	Wei et al.，2021
	海洋型	0.27	—	—	—	Barnaba and Gobbi，2004
		—	0.19	—	—	Zhang and Li，2015
		0.20	—	—	—	Penner et al.，2001
		—	—	—	0.42	Wei et al.，2021
	大陆型（粗）	0.32	—	—	—	Penner et al.，2001
	粗模态	—	—	0.71	—	Ansmann et al.，2011
		—	—	0.50	—	Ansmann et al.，2011

除 Zhang 和 Li（2015）所用方法外，其他均为间接计算体积-消光比的方法（Penner et al.，2001；Barnaba and Gobbi，2004；Ansmann et al.，2011；Mamouri and Ansmann，2014；Mamali et al.，2018），包括：①基于空气动力学直径与几何等效直径的转换关系实现体积-消光比的计算（第 6 章中有详细介绍）；②通过识别双对数正态粒子谱分布谷值来计算细模态颗粒和粗模态颗粒的贡献（Dubovik et al.，2002）；③基于光谱退卷积算法（第 3 章中有详细介绍）估算的 FMF 实现粗细粒子的光学贡献计算。这些不同的方法计算的颗粒物体积-消光比存在一定的差异。例如，Ansmann 等（2011）利用不同方法获得的 VE_f 相差 0.03，而 VE_c 相差 0.21。

第二篇

大气颗粒物质量浓度卫星遥感方法

大气颗粒物质量浓度是表征空气污染程度的重要参数。从卫星传感器观测的整层大气柱气溶胶光学参数，推算出近地面大气颗粒物的质量浓度，这与电磁学、大气物理学、大气动力学等基础物理理论密切相关。经过近20年的发展，从简单的一元回归到机器学习算法，大气颗粒物质量浓度卫星遥感的应用范畴获得了飞跃发展；从化学传输模式法到物理机理方法，大气颗粒物质量浓度卫星遥感的性能得到了大幅提升。本篇对这些方法分类并进行详细阐述。

第二篇内容主要介绍目前主流的三类大气颗粒物质量浓度卫星遥感方法，包括遥感物理方法、化学传输模式方法、机器学习方法。对于环境领域相关学科专业的研究人员，遥感物理方法具有快速和友好的特点，但对模型输入数据要求较高。在具有较好地面颗粒物监测站点分布的区域，机器学习方法是一个不错的选择。化学传输模式方法不仅具有监测能力，而且也能够开展预测预报，但其对大气化学传输模式等专业性要求较高。本篇介绍各种方法的基本原理和模型，并结合观测数据分析应用实例，加深读者对每种方法的了解，便于读者根据具体场景选择适用方法。

第 8 章　大气颗粒物质量浓度遥感物理方法

第 2～第 7 章介绍了大气颗粒物卫星遥感过程中的关键参数及模型，本章主要介绍大气颗粒物质量浓度遥感物理方法。本章从颗粒物遥感原理出发，介绍该物理方法的相关方程，并结合应用场景，分别给出 PM$_{2.5}$ 和 PM$_{10}$ 的卫星遥感方案，最后对大气颗粒物质量浓度遥感物理方法的误差进行分析。本章可以帮助读者了解基于卫星遥感估算大气颗粒物质量浓度的物理机制及流程，并介绍其应用效果的评价方法。

8.1　颗粒物遥感物理机理

Koelemeijer 等（2006）对大气颗粒物质量浓度与气溶胶光学厚度的物理定义进行了理论研究。假设大气颗粒物为球形，其质量可表达为

$$PM = \frac{4}{3} \pi \rho \int r^3 n(r) \, dr \qquad （8-1）$$

式中，ρ 为颗粒物有效密度；r 为颗粒物半径；$n(r)$ 为半径为 r 的颗粒物数浓度。与此对应，遥感获得的气溶胶光学厚度可表达为

$$\tau = \pi \int_0^H \int_0^\infty Q_{ext,amb}(r) n_{amb}(r) r^2 \, dr \, dz \qquad （8-2）$$

式中，$Q_{ext,amb}(r)$ 为气溶胶在环境湿度下的消光效率；H 为整层大气高度；$n_{amb}(r)$ 为环境湿度下半径为 r 的颗粒物的数浓度；z 为颗粒物所处的垂直高度。由颗粒物质量浓度与光学厚度的定义可知，颗粒物的光学厚度到质量浓度之间存在较大的差异，为建立二者之间的联系，需进行一系列的物理订正和转换。

1. 尺寸截断订正

气溶胶光学厚度代表了整层大气粗模态和细模态颗粒物的消光之和。为了获取近地面空气动力学粒径小于 2.5 μm 的粒子的质量浓度，可以利用表征气溶胶光学尺寸的参数——细粒子比（FMF）来分别提取细模态和粗模态颗粒物对光学厚度的贡献。通常采用细粒子气溶胶光学厚度（AOD$_f$）来逼近 PM$_{2.5}$ 对消光的贡献，其形式上可写作：

$$AOD_f = AOD \cdot s(FMF) \qquad （8-3）$$

式中，$s(FMF)$ 为尺寸截断因子。通常情况下，当估算 PM$_{2.5}$ 质量浓度时，该因子为 FMF；当估计总悬浮颗粒物时，该因子为 1.0。

2. 光学-体积转换

在卫星遥感近地面颗粒物的过程中,从消光量到体积浓度的转换是重要的一环,也是光学遥感参数向质量浓度转化的关键步骤。第 7 章中详细描述了 VE_f、VE_c、VE_{10} 以及 VE_t 四种体积-消光比的估算公式,它们都可归结为二次多项式形式:

$$VE_x = a_x \cdot FMF^2 + b_x \cdot FMF + c_x \tag{8-4}$$

式中,下标 x 为空气动力学截断粒径; a、b、c 分别为不同截断粒径下的拟合参数。对于 VE_f 来说, a、b、c 可分别设置为 0.2887、−0.4663 和 0.356;对于 VE_{10} 来说, a、b、c 可分别设置为 0.3178、−0.8199 和 0.6919。

3. 垂直订正

垂直订正的目的是由整层气溶胶体积获得近地面颗粒物体积。气溶胶在大气中的垂直变化与大气动力学和气溶胶来源等因素密切相关,为了简化,通常采用垂直分布模型来逼近气溶胶体积垂直分布的关键特征。第 5 章介绍的多种大气颗粒物的垂直分布模型,可用于垂直订正,进而获得近地面颗粒物的体积。大气柱中 PM_x 的体积浓度 $V_{x,\mathrm{col}}$ 可表示为

$$V_{x,\mathrm{col}} = \int_{z_0}^{H+z_0} \int_0^{D_{\mathrm{p,c}}} \frac{1}{6} \pi D_{\mathrm{p}}{}^3 N(D_{\mathrm{p}}) \mathrm{d}D_{\mathrm{p}} \mathrm{d}z = V_{x,z_0} \cdot g(H) \tag{8-5}$$

式中, z 为垂直方向距离地面的高度; z_0 为地面高度; H 为气溶胶层的高度; D_{p} 为几何等效粒径; $D_{\mathrm{p,c}}$ 为 PM_x 的几何截断粒径; $N(D_{\mathrm{p}})$ 为在边界层中不随高度变化的粒子数浓度尺度谱分布; V_{x,z_0} 为近地面 PM_x 体积浓度。整层大气颗粒物体积还可由式(8-5)右侧的形式表达,其中 $g(H)$ 表示颗粒物体积的垂直分布模型,若整层大气颗粒物的体积浓度 $V_{x,\mathrm{col}}$ 已知,则近地面大气颗粒物的体积浓度可计算获得。

4. 吸湿订正

吸湿订正的目的是获得干燥的 PM_x 体积浓度,因此需要模拟颗粒物吸湿后体积浓度的变化情况。颗粒物吸湿增长可用体积吸湿增长函数(因子) $f_r^3(RH)$ 描述, $f_r^3(RH)$ 即潮湿和干燥条件下粒子体积的比值:

$$f_r^3(RH) = \frac{V_{\mathrm{wet}}}{V_{\mathrm{dry}}} = \frac{\int r_{\mathrm{wet}}^3 N(r) \mathrm{d}r}{\int r_{\mathrm{dry}}^3 N(r) \mathrm{d}r} \tag{8-6}$$

式中, V_{wet} 和 V_{dry} 分别为潮湿和干燥条件下粒子的体积; r_{wet} 和 r_{dry} 分别为潮湿和干燥条件下粒子的半径。

相比于较难获取的体积吸湿增长因子,目前已开展了许多关于光学吸湿增长因子 $f_o(RH)$ 的研究(Tsai et al., 2011;Chen et al., 2017;Im et al., 2001;Kotchenruther et al.，1999；Li et al.，2005；Wang et al.，2010）。光学吸湿增长因子的定义为潮湿和干燥条件下气溶胶消光系数（或散射系数或吸收系数）的比值：

$$f_{o}(RH)=\frac{\sigma_{ext,wet}}{\sigma_{ext,dry}}=\frac{\int r_{wet}^{2}Q_{ext}(r_{wet})N(r_{wet})dr_{wet}}{\int r_{dry}^{2}Q_{ext}(r_{dry})N(r_{dry})dr_{dry}} \tag{8-7}$$

式中，$\sigma_{ext,wet}$ 为潮湿条件下颗粒物的消光系数；$\sigma_{ext,dry}$ 为干燥条件下颗粒物的消光系数；Q_{ext} 为质量消光效率；N 表示粒子数浓度尺度谱分布。分析发现，虽然两种吸湿增长因子具有不同的物理意义，但它们的数值相近。大气颗粒物吸湿增长参数模型已经在第 4 章进行了详细介绍，本章不再赘述。

5. 体积-质量转换

经过上述四个订正过程后即可获得近地面干燥颗粒物的体积浓度，再采用大气颗粒物的有效密度将体积浓度转化为质量浓度，此时颗粒物质量浓度可写为

$$PM_{x}=V_{x,dry}\cdot\rho_{x,dry}(m) \tag{8-8}$$

式中，$V_{x,dry}$ 为近地面干颗粒物的体积；$\rho_{x,dry}$ 为干颗粒物有效密度；m 为干颗粒物有效密度模型中的参数。第 6 章中介绍了大气颗粒物有效密度的遥感估算方案，该方案基于半经验极化遥感模型，采用卫星反演获得的颗粒物复折射率实部（m）推算颗粒物的有效密度。

8.2　颗粒物质量浓度遥感方程

基于以上订正过程的介绍，可以细化从 AOD 到 PM_{x} 的物理转换过程。采用 $g(H)$ 表征气溶胶垂直分布模型，$f(RH)$ 表征大气颗粒物的吸湿增长因子，式（8-2）可表示为

$$\tau=\pi\cdot g(H)\cdot f(RH)\int_{0}^{\infty}Q_{ext,dry}(r)n(r)r^{2}dr \tag{8-9}$$

式中，$Q_{ext,dry}(r)$ 为干燥气溶胶的消光效率。进一步，通过粒子谱分布积分可以获得有效消光效率：

$$Q_{eff}=\frac{\int Q_{ext}(r)n(r)r^{2}dr}{\int n(r)r^{2}dr} \tag{8-10}$$

粒子群的有效半径可定义为

$$r_{eff}=\frac{\int n(r)r^{3}dr}{\int n(r)r^{2}dr} \tag{8-11}$$

将式（8-10）和式（8-11）代入式（8-9）和式（8-1），整理可得

$$PM = \tau \frac{\rho}{g(H) \cdot f(RH)} \cdot \frac{4r_{eff}}{3Q_{eff}} = \tau \frac{\rho}{g(H) \cdot f(RH)} S \qquad （8-12）$$

式（8-12）作为大气颗粒物遥感物理方法的基本公式，包含了影响 AOD 和 PM 之间关系的基本影响要素：气溶胶垂直分布 $g(H)$、吸湿增长因子 $f(RH)$、颗粒物有效密度 ρ。未知因子 S 表征了气溶胶其他特性（如尺度谱分布和复折射指数等）的影响。尽管式（8-12）初步建立了 PM 与 AOD 的物理关系，且颗粒物垂直分布、吸湿增长以及有效密度都可采用适当的模型假设和参数化方法解决，但 S 参数仍是遥感观测的难点，这也是以往研究中物理方法难以直接用于遥感估算 PM 的原因。

针对上述问题，将 S 参数定义为体积-消光比（VE_x），以此建立大气细颗粒物浓度遥感物理方法（Zhang and Li，2015），简称为 PMRS（Particulate Matter Remote Sensing）模型：

$$PM_x = AOD \frac{s(FMF) \cdot VE_x(FMF)}{g(H) \cdot f_o(RH)} \rho_{x,dry} \qquad （8-13）$$

式中，下标 x 代表模态（如细颗粒物 $PM_{2.5}$）；AOD 为气溶胶光学厚度；FMF 为细粒子比；VE_x 为气溶胶的体积-消光比；$\rho_{x,dry}$ 为干燥气溶胶有效密度；$g(H)$ 表示垂直分布模型；H 为气溶胶层高度；$f_o(RH)$ 为颗粒物光学吸湿增长因子。

基于 Zhang 和 Li（2015）与 Li Z Q 等（2016）的研究，大气颗粒物遥感物理方法可分解为图 8-1 所示的分布流程。①尺度截断订正，分离不同尺度的颗粒物（如 $PM_{2.5}$、PM_{10}）对应的光学厚度；②光学—体积转换，将颗粒物光学特性转化为体积浓度；③垂直订正，从整层气溶胶光学特征中分离出近地面颗粒物的贡献；④吸湿订正，校正由颗粒物中亲水成分吸湿造成的光学厚度增长；⑤体积—质量转换，由近地面 PM_x 体积浓度估计质量浓度。上述各点已经分别在第 3 章"大气颗粒物细粒子比"、第 4 章"大气颗粒物吸湿因子"、第 5 章"大气颗粒物垂直分布"、第 6 章"大气颗粒物有效密度"和第 7 章"大气颗粒物体积-消光比"中进行了详细介绍。结合第 2 章"大气颗粒物光学厚度"的介绍，可以选取不同的卫星遥感产品作为 PMRS 模型的输入数据。PMRS 物理模型具有明确的遥感机理，订正方案的选择灵活多样，且计算简单、效率高，是一种基于卫星观测直接获得近地面 PM 的遥感方法。但同时，多参数化方案需要有多种观测量支持，且反演结果对输入参数的误差相对敏感。为确保颗粒物质量浓度反演的可靠性，较高精度的输入数据可显著提高模型估算的能力。

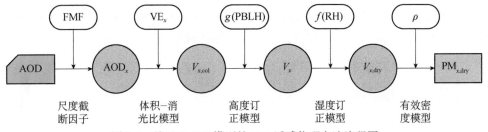

图 8-1　基于 PMRS 模型的 PM_x 遥感物理方法流程图

8.3　颗粒物质量浓度遥感物理方法应用

8.3.1　近地面 $PM_{2.5}$ 卫星遥感

1. 华北区域

Zhang 和 Li（2015）采用 MODIS-C6.1 版本的 10 km×10 km 空间分辨率的气溶胶光学厚度、细粒子气溶胶光学厚度比以及 WRF 模式输出的气象参数作为 PMRS 模型的输入，对我国华北区域的 $PM_{2.5}$ 进行了卫星遥感估算研究。针对华北区域气溶胶污染较为严重的特点，垂直订正模型采用了垂直均匀模型，吸湿订正采用双参数模型，细颗粒物有效密度值设为 1.5 g/cm³。图 8-2 展示了华北地区部分区域在 2013 年 10～12 月的近地面细颗粒物的污染分布及验证结果。从 $PM_{2.5}$ 空间分布可以看出，河北南部地区存在浓度高值区，从河北省到山东省具有较强的颗粒物浓度下降趋势，这与地面监测站观测结果基本一致，体现了 $PM_{2.5}$ 的空间分布特点。同时，卫星遥感估算的 $PM_{2.5}$ 平均质量浓度（101 μg/m³）与地面观测均值（105 μg/m³）非常接近，表明卫星获得广域信息的精度较高。然而，从卫星遥感瞬时值验证来看，研究结果在小时尺度的验证结果不太理想，这与研究所用的 PMRS 模型输入参数偏差相对较大有关。

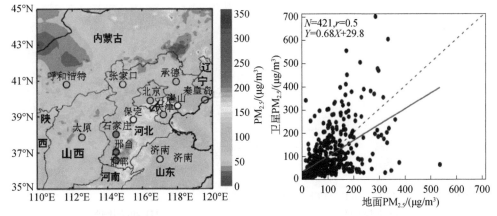

图 8-2　PMRS 方法获得 2013 年 10 月 1 日～12 月 31 日华北地区近地面 $PM_{2.5}$ 质量浓度及瞬时观测值验证（引自 Zhang and Li, 2015）

图 8-3 展示了在此期间一次颗粒物重污染过程的 PM$_{2.5}$ 遥感结果。从图 8-3 中可以看出，2013 年 10 月 3 日，北京、天津仅局部区域发生雾霾，污染主要集中在河北

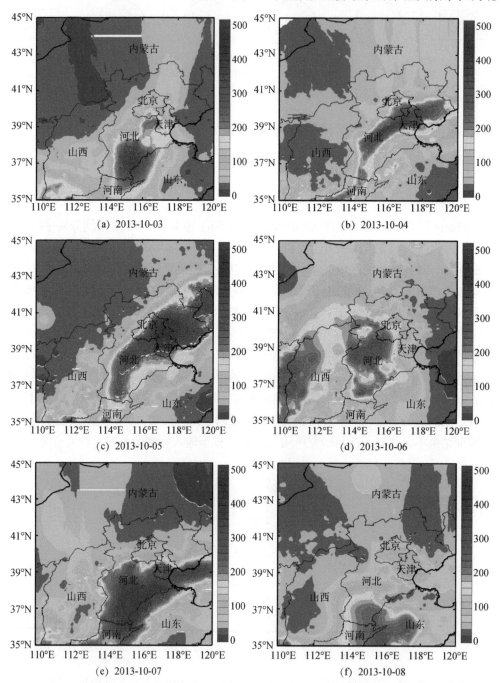

图 8-3　2013 年 10 月 3～8 日华北地区严重污染过程的 PM$_{2.5}$ 时空演变遥感观测（云覆盖区域利用克里金插值补全）（引自 Zhang and Li, 2015）

省南部，PM$_{2.5}$超过 400 μg/m³。随后，颗粒物污染朝东北方向扩展，北京、天津地区出现较高的 PM$_{2.5}$ 浓度值。2013 年 10 月 5 日，颗粒物污染主要集中在京津冀交界处，而河北省大部分污染地区 PM$_{2.5}$ 质量浓度呈下降趋势，基本小于 300 μg/m³。相比前一日，2013 年 10 月 6 日大部分地区的颗粒物污染水平有所缓解。最严重的污染发生在 2013 年 10 月 7 日，河北南部部分地区 PM$_{2.5}$ 浓度甚至高于 500 μg/m³。而到 10 月 8 日，该污染过程逐渐结束，除了在河北、河南、山东三省交界区域仍出现较高的 PM$_{2.5}$ 浓度（接近 200 μg/m³）外，京、津等地污染水平均大幅下降。对比发现，上述时空特征与该区域内有限的地面观测基本一致，显示了卫星遥感方法对严重污染过程时空分布的动态监测能力。

2. 中国大陆区域

相比于 MODIS 气溶胶产品，POLDER-GRASP 的气溶胶产品在细粒子反演精度等方面有较大的提高（Wei et al.，2020）。图 8-4 展示了基于 POLDER 卫星数据估算的 2013 年 8 月中国地区 PM$_{2.5}$ 含量分布，其中 PMRS 模型的输入参数来自 GRASP 算法的气溶胶光学厚度和细粒子比产品（490 nm），其他参数化方案与上例相同。图中卫星数据的缺失是由地表反照率较高（亮地表）、云层干扰或颗粒物污染程度过高等（Engel et al.，2004）所致。由图 8-4 可知，PM$_{2.5}$ 卫星估算结果的月均值（47.35 μg/m³）与地面原位观测月均值（41.06 μg/m³）接近，均方根误差 29.28 μg/m³，平均绝对偏差 19.97 μg/m³，估算偏差小于期望误差的比例为 62.85%。相关系数等精度检验指标显著优于图 8-2 所示的基于 MODIS 卫星数据的估算结果，说明 POLDER 卫星细粒子比等产品精度的改进有助于 PM$_{2.5}$ 遥感估算精度的提升。

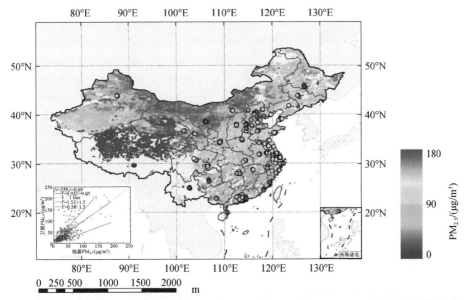

图 8-4　基于 POLDER 卫星数据获得 2013 年 8 月中国地区近地面 PM$_{2.5}$ 质量浓度及结果验证

（引自 Wei et al.，2020）

从区域分布来看，在京津冀和四川盆地，细颗粒物质量浓度较高，这与人口密集、经济活动类型和程度等有关；而新疆南部地区的细颗粒物质量浓度较高与细模态沙尘等自然来源相关。河北南部（76.89 μg/m³）、山东西部（74.90 μg/m³）、辽宁中部（75.98 μg/m³）、陕西中部（75.45 μg/m³）等地区具有较高的 $PM_{2.5}$ 浓度，这与已有研究获得的空间分布特征较为一致（Lin et al.，2015）。四川盆地区域也显示出较高的 $PM_{2.5}$ 浓度，8 月均值可达 67.97 μg/m³。人口密集、工业化和城市化发展导致四川盆地成为细颗粒物排放高值区域，同时中间低四周高的地形和高温高湿的气象条件也是该区域易于形成污染的原因。天津（65.29 μg/m³）、北京（56.08 μg/m³）和河南北部（53.60 μg/m³）的 $PM_{2.5}$ 浓度也超过 35 μg/m³ 的世界卫生组织空气质量中期目标（WHO-IT1）。广大西部地区和内蒙古等地区空气清洁，$PM_{2.5}$ 浓度仅 20 μg/m³ 左右。

8.3.2　近地面 PM_{10} 卫星遥感

1. 华东区域

图 8-5 显示了采用 PMRS 方法反演的华东地区 2013 年 1～10 月的月均 PM_{10} 质量浓度的时序变化。反演以 POLDER-GRASP 气溶胶产品（490 nm）作为输入数据，气象参数来自 WRF 模式模拟结果。有效密度参数化方案采用 6.3.2 节介绍的复折射指数—密度半经验公式进行计算。垂直订正和吸湿订正方案与前述案例相同。

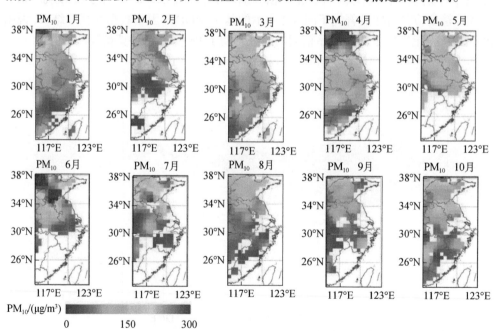

图 8-5　基于 POLDER 卫星数据获得的 2013 年 8 月中国东部地区的近地面 PM_{10} 质量浓度

总体上，华东地区的年平均 PM_{10} 质量浓度为 151.38 μg/m³，高于《环境空气质量标准》中 PM_{10} 年均浓度的二级标准限值 100 μg/m³。在春季（3～5 月），受扬尘天气影响，华东地区具有较高的 PM_{10} 质量浓度（164.81 μg/m³）。夏季 6～7 月华东部分地区存在秸秆焚烧现象，会导致颗粒物浓度水平增加。8～10 月，华东地区近地面 PM_{10} 质量浓度的月平均值普遍低于二级标准限值。

2. 中国大陆区域

将 PMRS 遥感模型应用于 2013 年 1～10 月中国区域近地面 PM_{10} 质量浓度的遥感估算，卫星数据产品来自 POLDER-GRASP，气象数据来自 ERA5 模式，参数化方案选取原则与前述华东 PM_{10} 示例相同。图 8-6 显示了中国区域近地面 PM_{10} 质量浓度季节均值的空间分布。由图 8-6 可知，中国多数地区在秋季（9～10 月）和冬季（1～2 月）的 PM_{10} 质量浓度相对较小，而春季（3～5 月）的 PM_{10} 质量浓度较大，这与春季沙尘天气频发有关。春季新疆和内蒙古地区的 PM_{10} 质量浓度高值通常是干燥地表风起沙尘引起的；而除春季外，我国西部和北部地区的近地面 PM_{10} 质量浓度显著低于东部地区。

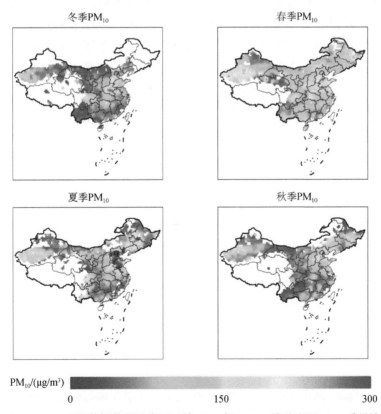

图 8-6 基于 POLDER 卫星数据获得的中国区域 2013 年 1～10 月近地面 PM_{10} 质量浓度季节均值空间分布（引自魏瑗瑗，2020）

将 PMRS 方法获得的 PM_{10} 质量浓度（月均值）与地面环保监测站观测数据进行比对（图 8-7），可以发现，遥感结果和地面观测月均值具有较好的一致性，平均相对偏差为 10.97%。

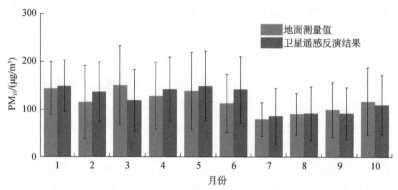

图 8-7　中国区域 2013 年 1～10 月 PM_{10} 质量浓度卫星遥感的月均值与地面环保监测站点比较（引自 Wei et al.，2021）

对上述 2013 年 1～10 月中国区域的 PM_{10} 瞬时遥感结果进行期望误差分析，得到的期望误差包络线为 ±（45% * PM_{10}+15 μg/m³），如图 8-8 所示。该期望误差能够有效包络不同档位（39 个等样本区间，各容纳 50 个样本）遥感结果的估计偏差均值。对于颗粒物质量浓度相对较小的区间，标准差略高于期望误差，但整体上仍可接受。需要注意，卫星遥感获取的近地面颗粒物质量浓度与地面站点观测数据具有不同的时空代表性。Hutchison 等（2005，2008）讨论了地基站点 $PM_{2.5}$ 观测与卫星 AOD 观测的空间代表性问题。他们指出，去除热点、内陆水体和薄卷云等影响卫星反演的不确定性因素后，50 km 范围的均值 AOD 与近地面 $PM_{2.5}$ 存在更好的相关性（相较于 30 km）。Li 等（2009）对 AOD 与 $PM_{2.5}$ 的时间尺度相关性进行了研究。结果显示，时间尺度越长，AOD 与 $PM_{2.5}$ 均值的相关性越高。

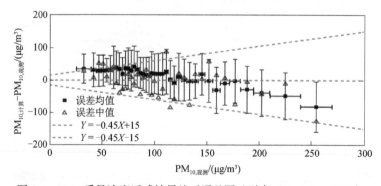

图 8-8　PM_{10} 质量浓度遥感结果绝对误差图（引自 Wei et al.，2021）

x 轴表示测量值；y 轴表示计算值偏差。这里分别对相等的样本区间（50 个样本）进行统计。黑色实心方块表示均值；红色空心三角表示误差中值；水平和垂直方向上的误差棒分别表示样本区间上测量值和计算值的标准差。灰色虚线表示期望误差线 ±（45% + 15 μg/m³）

8.3.3　长时间序列 PM$_{2.5}$ 遥感

　　Zhang 等（2020）采用 MODIS 气溶胶光学厚度和细粒子比数据，对中国地区 PM$_{2.5}$ 长时间序列（16 年）数据进行了估算和特征分析。首先，采用回归曲线订正方法对 MODIS 细粒子比产品进行校正，采用均匀分布模型进行垂直订正，采用混合吸湿参数模型进行吸湿订正，细粒子有效密度采用 1.5 g/cm^3，并利用 MERRA2 提供的气象参数作为输入，获得 2000～2015 年中国 PM$_{2.5}$ 的年均质量浓度分布，如图 8-9 所示。

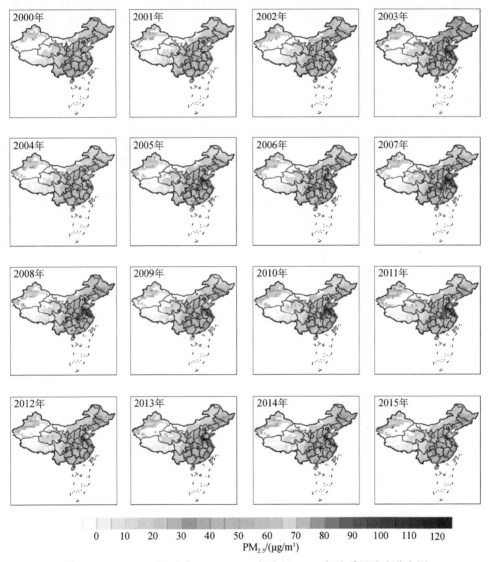

图 8-9　MODIS 卫星遥感 2000～2015 年中国 PM$_{2.5}$ 年均质量浓度分布图
（引自 Zhang et al.，2020）

从长时间尺度来看，中国东部常年具有较高的 PM$_{2.5}$浓度水平，尤其是华东地区。另外，在个别年份还存在四川盆地和江汉平原两个 PM$_{2.5}$高浓度区。而在中国西部地区，PM$_{2.5}$的含量明显较低（<20 μg/m^3）。自 2004 年开始，中国东部和中部地区的 PM$_{2.5}$呈现增长趋势。2007 年，河北、山东和河南地区的年均 PM$_{2.5}$达到 16 年中的峰值。自 2008～2009 年小幅下降之后，部分区域年均 PM$_{2.5}$在 2011 年再次出现峰值，之后则逐年下降。

为获得 PM$_{2.5}$质量浓度月均值产品的期望误差，选取 3 μg/m^{3}作为样本统计间隔，时间跨度为 2005～2015 年，统计样本总量为 7116 个，得到上述 PM$_{2.5}$卫星遥感估算结果的期望误差包络线为±（30%+15 μg/m^3），落在期望误差包络线以内的样本占比 73.2%（图 8-10）。

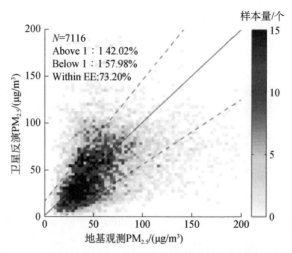

图 8-10　MODIS 卫星遥感估算的 PM$_{2.5}$质量浓度月均值与地基观测的验证对比
（引自 Zhang et al.，2020）
灰色虚线表示期望误差线±（30%+15 μg/m^3）

第 9 章　基于化学传输模式的大气颗粒物质量浓度遥感方法

大气颗粒物质量浓度遥感方法有多种，以上章节主要针对物理方法进行了介绍，本章主要介绍基于化学传输模式的大气颗粒物质量浓度遥感方法。与物理方法不同，化学传输模式是预测大气状态和成分变化的工具和手段，因此它也较全面地涵盖了已知的大气颗粒物演变的物理化学过程。利用化学传输模式的特点可以在一套框架内表征颗粒物的物理化学过程，但将颗粒物的吸湿特征、垂直分布以及有效密度等的计算皆交给模式处理，也可能带来黑盒子的问题，因此用好大气化学传输模式方法并不容易，需要对模式有深入的理解和操控。本章主要介绍基于大气化学传输模式的大气颗粒物质量浓度遥感方法的基本原理，以及大气化学传输模式与遥感观测的融合校正，以帮助读者了解该方法的基本原理和计算过程。

9.1　CTM-SAT 方法基础

CTM-SAT 方法是基于化学传输模式（Chemistry and Transport Model，CTM）的大气颗粒物质量浓度卫星遥感（Satellite，SAT）估计方法。其核心思想是利用化学传输模式模拟气溶胶光学厚度与近地面大气颗粒物（PM_x）浓度之间的非线性关系，并将该关系应用到卫星反演的 AOD 中获得 PM_x 的质量浓度。由于 CTM 模拟的颗粒物含量通常误差较大，因此一般不采用化学传输模式直接模拟 PM_x 的绝对值，而是结合卫星遥感的气溶胶光学厚度与 CTM 模拟得到的颗粒物质量浓度和光学厚度之间的比例因子，从而提高近地面颗粒物质量浓度的估计精度。此过程可简单地表达为

$$PM_x = \frac{PM_x^{CTM}}{AOD^{CTM}} \cdot AOD^{SAT} = AOD^{SAT} \cdot \eta \qquad (9\text{-}1)$$

式中，PM_x 为近地面颗粒物质量浓度；AOD 为气溶胶光学厚度；上标 CTM 和 SAT 分别表示化学传输模式模拟的参数和卫星获得的参数；η 为基于化学传输模式获得的颗粒物浓度与气溶胶光学厚度的比例因子（Local Scaling Factor），其与当地大气状态、排放特点及气溶胶类型等因素有关（van Donkelaar et al.，2006）。CTM-SAT 方法中使用的化学传输模式通常利用数值方法求解大气中复杂的物理和化学过程，可定量描述大气中颗粒物的排放、生成、输送和清除等过程。

Liu 等（2004）基于 MISR 的 AOD 产品，采用 CTM-SAT 方法估算美国地区 2001 年的 $PM_{2.5}$ 近地面质量浓度，并与美国国家环境保护局（Environmental Protection

Agency，EPA）的 PM_{2.5} 监测网络数据进行对比。对比结果表明，二者在年均尺度上有较好的一致性，卫星估计平均值比实测值偏低约 10%，相比模式直接模拟的 PM_{2.5} 浓度精度（偏低约 20%）有显著改善。PM_{2.5} 年均值对比散点图（图 9-1）显示，估算值与地面观测值具有较好的线性相关性，特别是去除掉加州三个异常点后，数据相关性可达到 0.81。

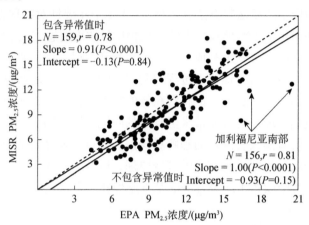

图 9-1   CTM-SAT 方法估算的 PM_{2.5} 浓度（Terra/MISR）与地面 EPA 监测网 PM_{2.5} 数据对比
（引自 Liu et al.，2004）

基于 MODIS 和 MISR 的卫星 AOD 产品以及 AERONET 的地基 AOD 产品，van Donkelaar 等（2006）应用 CTM-SAT 方法，对北美洲地区 2001 年 1 月～2002 年 10 月的近地面 PM_{2.5} 进行了估算，并利用加拿大国家空气污染监测网络 NAPS 和美国国家环境保护局空气质量系统（EPA-AQS）的 PM_{2.5} 地面监测数据对估算的 PM_{2.5} 浓度进行验证。季平均估算结果（图 9-2）显示，MODIS 获得的 PM_{2.5} 浓度与地面监测站数据在数值高低分布上有较好的一致性，二者相关系数 0.69，拟合直线斜率 0.82；在平均值上，基于 MODIS AOD 估算的 PM_{2.5} 浓度比地面数值平均高约 5.1 $\mu g/m^3$。基于 MISR AOD 数据获得的 PM_{2.5} 浓度与地面监测数据偏差相对较大，相关系数和斜率分别为 0.58 和 0.57，反演准确程度和可靠程度略低于 MODIS。基于 AERONET 地基 AOD 数据估算的 PM_{2.5} 浓度与地面监测值的相关系数达到 0.71，与 MODIS 对比验证的相关性接近。

流行病学研究和健康影响评估等需要细颗粒物化学成分的时空分布信息。van Donkelaar 等（2019）提出了一种基于地基观测的地理加权回归（Geographically Weighed Regression，GWR）方法，通过统计融合，将 CTM-SAT 方法估算获得的北美地区 PM_{2.5} 质量浓度进一步分解为 PM_{2.5} 主要成分的含量，包括黑碳（BC）、有机颗粒物（OM）、沙尘（DUST）、海盐（SS）、硝酸盐（NO_3^-）、硫酸盐（SO_4^{2-}）、铵盐（NH_4^+）。该方法将卫星遥感光学测量、化学传输模拟、地面观测结合在一起，获得长时间序列、高空间覆盖的 PM_{2.5} 含量和化学成分数据。

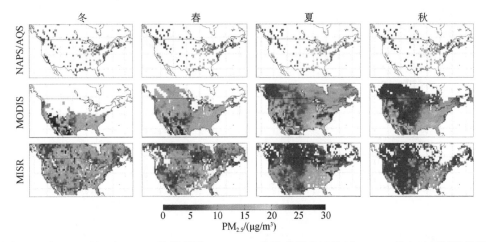

图 9-2　基于 MODIS 和 MISR 数据利用 CTM-SAT 方法估算的近地面 PM$_{2.5}$，并与地面测站数据
（NAPS/AQS）进行对比（引自 van Donkelaar et al.，2006）

GWR 方法首先将 MISR、MODIS、SeaWiFS 等多种卫星传感器获得的气溶胶光学厚度与 GEOS-Chem 模拟结果进行融合，并依据 GEOS-Chem 模拟的 AOD 和 PM$_{2.5}$的关系，获得月均尺度的近地面 PM$_{2.5}$质量浓度，并将其作为初始值。其中，各传感器产品的相对贡献由其不确定性确定。之后，利用 GWR 预测初始值和地面监测数据的偏差，对不同成分类别进行多元回归：

$$\mathrm{PM}_{2.5}^{\mathrm{GM}} - \mathrm{PM}_{2.5}^{\mathrm{SAT}} = \sum \beta_i \mathrm{SPEC}_i + \beta_{\mathrm{ED \times DU}} \times \mathrm{ED} \times \mathrm{DU} \tag{9-2}$$

式中，左侧为 PM$_{2.5}$浓度偏差，上标 GM 和 SAT 分别表示地面监测和卫星估算的 PM$_{2.5}$浓度；β_i为成分 i 的空间变化预测系数；SPEC$_i$为成分 i 的质量浓度，由 Philip 等（2014）提出的方法结合 PM$_{2.5}$初始月均值和各成分相对贡献模拟值计算得到；ED 为格网内平均高程与观测点高程值的差异（对数形式）；DU 为距最近城市地面距离的倒数；ED 和 DU 相乘用于表达精细分辨率（亚网格）下城市地区地形变异性产生的影响。

进一步地，利用模拟的各成分相对贡献和上述经过初步校正的 PM$_{2.5}$质量浓度，对 PM$_{2.5}$中各成分质量浓度进行初始估算。采用与式（9-2）类似的 GWR 方法，预测各成分质量浓度的卫星初始估算值与地基观测值之间的偏差，并利用该偏差对初始值进行订正。

为降低 PM$_{2.5}$化学成分数据集的随机不确定度，van Donkelaar 等（2019）对覆盖地面监测站点的像元进行空间平均。这种结合多个地面测站数据的处理方法，能够有效提升成分数据集在更广泛区域的代表性和兼容性。

基于上述方法，van Donkelaar 等（2019）对北美洲地区 2000～2016 年的 PM$_{2.5}$质量浓度和化学成分含量进行了估算，并与地面监测数据进行了对比。图 9-3 显示了统计融合处理前后的 PM$_{2.5}$总量和各成分含量均值的对比，以及对比地面监测数据

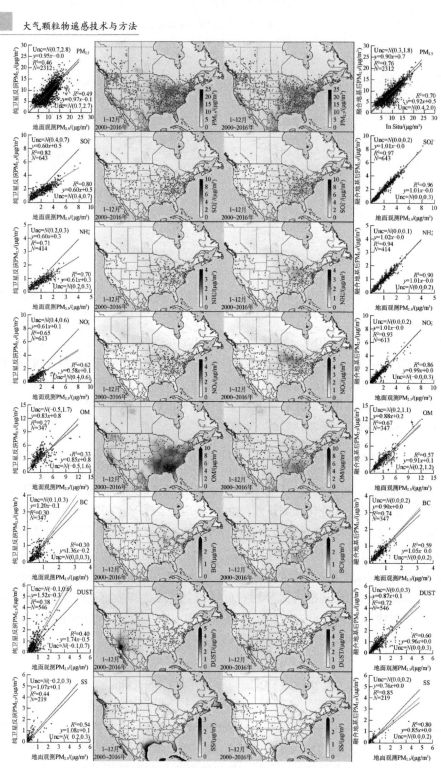

图 9-3　北美地区 $PM_{2.5}$ 质量浓度及其化学成分含量分布和验证散点图
（引自 van Donkelaar et al., 2019）

图左为初始估算结果；图右为融合后的结果

的验证结果。结果表明，不同的 PM$_{2.5}$ 成分具有显著的空间分布差异。主要的污染成分 OM、SO$_4^{2-}$、NO$_3^-$、NH$_4^+$ 在美国东部地区数值较高，而沙尘成分主要集中在西南地区，海盐基本分布在沿海地区。同时，统计融合处理可以显著改善 PM$_{2.5}$ 总量和各成分交叉验证的一致性。通过统计融合处理，相关系数 R^2 由 0.30~0.80 变化至 0.57~0.96，斜率由 0.58~1.74 变化至 0.85~1.05，特别是在无机盐成分的估算上一致性较高，显示了融合地基观测对获取高精度 PM$_{2.5}$ 成分数据集的重要性。

9.2　CTM-SAT 方法优化

与统计类方法相比，CTM-SAT 方法的优点在于不需要实时的近地面大气颗粒物监测数据，缺乏地面测站的区域也可以获得颗粒物含量信息。为了更进一步提高 PM$_{2.5}$ 空间分布结果的精度，van Donkelaar 等（2013）利用最优化估计算法，将 MODIS 传感器的大气顶辐亮度同化进入 GEOS-Chem 模型，并利用星载激光雷达 CALIOP 观测的归一化气溶胶垂直廓线纠正近地面 PM$_{2.5}$ 质量浓度。本节以该项研究为例，简要介绍耦合光学观测量最优化估计的 CTM-SAT 近地面颗粒物估算方法。

9.2.1　基于卫星观测同化的优化

为了线性化辐射传输方程并求得 AOD 的 Jacobian 矩阵，线性化离散坐标辐射传输模型（Linearized Discrete Ordinate Radiative Transfer，LIDORT）（Spurr, 2008）被用来模拟大气层顶表观反射率。LIDORT 需要预先计算好垂直分层的大气消光、单次散射反照率和相函数勒让德展开系数作为解算辐射传输方程的输入。这些气溶胶光学参数可采用 Mie 散射或 T 矩阵计算，后者用于非球形沙尘颗粒（Wang et al., 2003）。地表反射率可依据波段关系，通过对 MODIS 短波红外通道的 TOA 表观反射率进行大气校正的方式获得，也就是说，2.12 μm 的 TOA 反射率扣除掉模型模拟的气溶胶贡献后得到 2.12 μm 的地表反射率，然后利用短波红外通道与红蓝波段地表反射率的线性关系（详见 2.3.1 节）获得所需的地表反射率：

$$\rho_\lambda^{\text{sur}} = v_\lambda \left\{ \frac{M_\lambda}{v_{\text{SWIR}}} \left[\rho_{\text{SWIR}}^{\text{toa}} - \left(\rho_{\text{SWIR}}^{\text{toa}} - \rho_{\text{SWIR}}^{\text{toa,no\_aero}} \right)_{\text{sim}} \right] + B_\lambda \right\} \tag{9-3}$$

式中，下标 SWIR 表示短波红外波段（2.12 μm），上标 toa 与 toa,no_aero 分别表示有、无气溶胶时大气层顶的反射率；小括号内项表示模型模拟（下标 sim）的短波红外波段气溶胶对 TOA 反射率的贡献；v_λ 和 v_{SWIR} 分别为波段 λ 处和短波红外波段处各向同性地表反射率与 Ross-Li 地表反射率的比值（即各向同性反射比例，反映太阳和观测几何对地表反射率的影响）；M_λ 为波段 λ 与 2.12 μm 各向同性地表反射率的比值；B_λ 为相应波段的偏置项。在模拟计算时，M_λ 初始值取双向地表反射产品中各向同性比例的月平均值，B_λ 初始值为 0。另外，为减小地表反射率估算偏差，通过对比 AERONET 站点的 AOD 数据与站点周围 5×5 像元区域的 MODIS 卫星 AOD 数据，可建立 AOD 误差对地表反射率的影响估计公式：

$$\Delta\rho_{s,\lambda} = \frac{\partial\rho_{s,\lambda}}{\partial\tau}\left(\tau_{\mathrm{MODIS}} - \tau_{\mathrm{AERONET}}\right) \tag{9-4}$$

式中，$\Delta\rho_{s,\lambda}$ 为地表反射率的变化；偏微分项 $\partial\rho_{s,\lambda}/\partial\tau$ 由 LIDORT 模型确定。

最优化估计（Optimal Estimation，OE）通过建立模拟观测参量、待反演参量及相关不确定性的理论关系，来构建一套包括观测量、初始量的数学框架，将物理参数反演转化为最优化求解的数学问题（Rodgers，2000）。最优化估计方法需要对先验误差（初始值误差）和观测误差有较准确的估计。

先验误差，即 CTM 模拟 AOD 的误差（也可称为背景误差），其与模型中气溶胶种类、排放源、含量、物理特性等因素有关。van Donkelaar 等（2013）通过对比 GEOS-Chem 模拟和 AERONET 观测的 AOD，对先验误差进行了估算，并根据模式模拟将地基光学厚度真值数据分解为二次无机盐（硫酸盐、硝酸盐、铵盐等）、碳质气溶胶、沙尘、海盐四类颗粒物的贡献，获得了全球范围 2004～2008 年 7 月不同类别颗粒物的 AOD 的 1-σ 先验误差。结果表明，北美和欧洲大部分地区 AOD 模拟的主要误差来源于二次无机颗粒物（40%～60%）；亚洲特别是南亚和东亚地区的主要误差来源于二次无机颗粒物和碳质成分（可超过 100%）；沙尘造成的 AOD 误差主要集中分布于北非—中亚的沙尘地区和大西洋低纬度区域（北非撒哈拉沙漠地区的沙尘传输至海洋）；海盐主要影响海洋及近海陆地区域的 AOD 模拟，在印度洋区域误差较高。

在观测误差方面，主要考虑 MODIS 传感器在 0.47 μm 和 0.66 μm 通道观测的 TOA 表观反射率，以及这两个通道的反射率与 0.55 μm 处 AOD 的关系。观测误差与大气消光垂直廓线、地表反射率和颗粒物物理特性等因素有关，因此可以看作是季节、陆地覆盖类型和 AOD 的函数。通过对比 AERONET 站点的 AOD 数据及其周围 5×5 像元范围的模拟 AOD 数据，建立了包含斜率（m）、偏置（b）、均方根差（RMSD）、相关系数（r）四个参数的观测误差定级（rank）公式：

$$\mathrm{rank} = \min\left(m, m^{-1}\right) + \left[1 - \mathrm{abs}(b)/b_{75}\right] + r + \left[1 - \mathrm{abs}(\mathrm{RMSD})/\mathrm{RMSD}_{75}\right] \tag{9-5}$$

式中，b_{75} 和 RMSD_{75} 分别表示 b 值和 RMSD 值的 75%限值，超过该值后 rank 值设为 0。在此基础上，对于每一种地表覆盖类型，采用反距离权重插值方法对各站点与周边区域的比值进行插值处理，获得各类地表的全球观测误差分布。最后根据各类地表的覆盖比例求总和，获得全球观测误差分布。结果显示，0.66 μm 的反射率观测误差随地表类型变化较大，在大部分沙漠地区超过 100%，而 0.47 μm 波段的观测误差较小，一般不超过 50%。

9.2.2　基于空间分布校正的优化

CTM-SAT 方法主要存在以下两方面问题：①CTM-SAT 方法虽然可获得颗粒物质量浓度空间分布，但大气化学传输模式需要以较准确的大气污染物排放清单为驱动，而排放清单数据往往存在时间滞后、准确性低等问题。因此，该方法的精度仅在长时间尺度取均值的情况下较为可信，短期情况下精度不足。②卫星遥感获得的 AOD 与模拟的比例因子 η 仍存在时空分布差异（如局地的气溶胶类型不同），这也造成 CTM-SAT 方法估计的 PM 质量浓度在较大空间尺度上平均效果较好，而小范围分布描述不够准确。

为了解决以上问题，van Donkelaar 等（2012）改进了 CTM-SAT 方法，以获得近地面 PM$_{2.5}$ 的日均值。AOD 卫星反演和模式模拟的 AOD-PM$_{2.5}$ 关系中的影响因子（包括气溶胶垂直廓线、成分和粒径、吸湿特性、相对湿度、排放源的日变化特性等）都可能存在系统性误差，对 PM$_{2.5}$ 估算造成一定的影响。van Donkelaar 等（2012）通过对 90 天窗口的 PM$_{2.5}$ 估算结果进行线性回归处理，校正回归斜率以减少系统误差，从而获得日均偏差校正后的 PM$_{2.5}$ 卫星估算结果。

此外，CTM-SAT 方法估计的 PM$_{2.5}$ 存在随机误差。当随机误差严重影响 PM$_{2.5}$ 空间分布时，也同样需要进行校正。van Donkelaar 等（2012）在系统误差校正的基础上，采用反距离加权方法对 PM$_{2.5}$ 反演浓度进行空间平滑处理，以实现随机误差校正：

$$PM_{2.5,SBC} = \frac{\sum_i^m \left(\frac{N}{d^2}\right)_i \times \overline{\left(\frac{PM_{2.5,BC}}{PM_{2.5,c}}\right)}}{\sum_i^m \left(\frac{N}{d^2}\right)_i} \times PM_{2.5,c} \qquad (9\text{-}6)$$

式中，PM$_{2.5,BC}$ 为经过系统性偏差校正的 PM$_{2.5}$ 浓度；PM$_{2.5,c}$ 为 PM$_{2.5}$ 气候学背景值；PM$_{2.5,SBC}$ 为空间平滑和校正后的 PM$_{2.5}$ 浓度；i 为空间平滑尺度 m 个格点中的第 i 个格点；N 为格点 i 范围内 PM$_{2.5}$ 有效数据的个数；d 为目标格点与格点 i 的距离。

式（9-6）中的分母项可定义为与格点（i）距离和有效观测数量相关的权重因子 w：

$$w = \sum_i^m \left(\frac{N}{d^2}\right)_i \qquad (9\text{-}7)$$

对于给定格点，当它的邻近格点存在大量有效数据时，w 取值较大，反之则较小。研究发现，PM$_{2.5}$ 的估算误差随 w 值的减小（距离增加）而增大，反映了直接观测对于估算精度的影响。因此，对于经过线性回归、空间平滑、空间插值后的 PM$_{2.5}$ 数据，可通过进一步设置适当的 w 值范围滤除掉误差较大的结果。

van Donkelaar 等（2012）利用上述校正处理方法，改进了基于 MODIS 和 MISR 反演的 2004～2009 年美国地区 PM$_{2.5}$ 浓度。对比校正前后的 PM$_{2.5}$ 估算精度

（图 9-4），美国地区 PM$_{2.5}$ 估算结果的 1-σ 误差在校正前为±（1 μg/m³+66.7%），经过系统性偏差校正后（PM$_{2.5,BC}$）下降至±(1 μg/m³+54.3%），经过空间平滑随机误差校正后（PM$_{2.5,SBC}$）进一步下降至±（1 μg/m³+41.9%），上述校正处理显著提升了 PM$_{2.5}$ 质量浓度的估计精度。

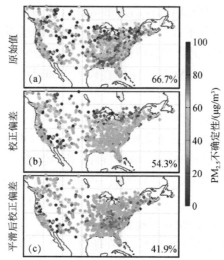

图 9-4　美国地区 PM$_{2.5}$ 卫星反演估算的 1-σ 误差（引自 van Donkelaar et al.，2012）

（a）原始反演；（b）系统偏差校正后的结果；（c）进一步经过反距离权重空间平滑处理后的结果

9.2.3　基于垂直分布校正的优化

CTM-SAT 方法估算近地面 PM$_{2.5}$ 时，大气柱到近地面的尺度转化过程是影响估算精度的重要因素。从卫星的辐亮度观测很难获得大气颗粒物的垂直分布信息，需要借助模式才能完成，而模式模拟可能存在较大偏差。为纠正模式的模拟偏差，van Donkelaar 等（2013）提出了采用星载激光雷达 CALIOP 反演数据来校正模式模拟的气溶胶垂直廓线的方案。

首先，对模式模拟和卫星反演的雷达比参数（见第 5 章）进行对比分析。基于 GEOS-Chem 模式获得的光学特性，利用 Mie 理论可计算雷达比参数（与颗粒物类型和相对湿度等因子相关）。模式模拟和卫星反演的雷达比对比结果显示，在中等相对湿度条件下，模式模拟的不同气溶胶类型的雷达比与 CALIOP 反演的雷达比（Winker et al.，2009）具有可比性。

其次，有研究显示，GEOS-Chem 模拟对自由对流层低层气溶胶含量有所低估（Ford and Heald，2013）。对比模式直接模拟的 η 值和 CALIOP 数据调整后的 η 值（η/ηCAL），可以发现，由气溶胶垂直分布导致的误差一般低于 25%，但在一些区域可达约 200%（图 9-5），这对 PM$_{2.5}$ 估算影响很大。因此利用 CALIOP 的气候学数据（三个月滑动平均）对 GEOS-Chem 模拟的气溶胶垂直廓线进行订正可以有效降低误差。具体方法是对每一层的模拟数据进行订正（利用各层平均归一化消光廓线的模拟值与对应 CALIOP 反演值的比值进行订正），并保持模拟的整层颗粒物含量不变，然后对订正后的数据求邻域均值并进行平滑处理，以减小误差。最终订正后的 η 值用于卫星估算近地面 PM$_{2.5}$。

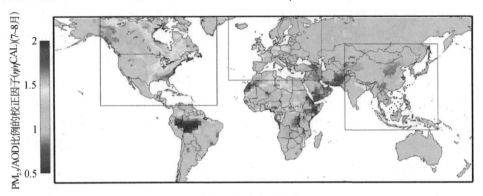

图 9-5　PM$_{2.5}$/AOD 比例校正因子的全球分布（引自 van Donkelaar et al.，2013）

9.3　CTM-SAT 方法应用

9.3.1　全球 PM$_{2.5}$ 空间分布

van Donkelaar 等（2010）基于 CTM-SAT 方法，联合利用 MODIS 及 MISR 的 AOD 数据估算了 2001～2006 年全球范围空间分辨率为 0.1°×0.1°的近地面 PM$_{2.5}$ 的空间分布。他们以 MODIS 的地表反射率产品和地基 AOD 观测为判据，识别了卫星反演 AOD 的高偏差区域。以 AOD 误差小于 0.1 或 20%、网格有效数据超过 50 个为检验标准，每个格网点的 AOD 为通过此标准检测的 AOD 均值。将干燥条件下的日均 PM$_{2.5}$ 和自然湿度下日均 AOD 的比值作为比例因子 η 的日均值，并将模型的 2°×2.5°格网插值到卫星 AOD 数据的格点上（图 9-6）。

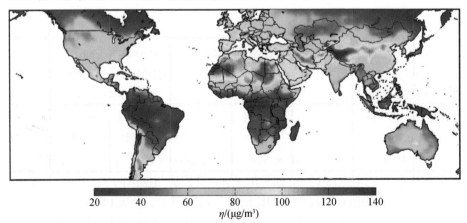

图 9-6　模型模拟的全球年均 PM$_{2.5}$-AOD 比例因子 η（引自 van Donkelaar et al.，2010）

这项研究给出了全球陆地区域 PM$_{2.5}$ 的遥感估算结果（图 9-7）。PM$_{2.5}$ 空间分布显示，全球年平均的 PM$_{2.5}$ 浓度在空间上的变化可超过 1 个数量级，大部分区域近地面 PM$_{2.5}$ 浓度低于 10 μg/m^3；而在印度、中国等国家的部分地区，PM$_{2.5}$ 浓度可达到 60 μg/m^3 以上，这主要与工业排放有关；在中美洲、南美洲和非洲中部等地区，生物质燃烧排放造成的 PM$_{2.5}$ 浓度为 10～17 μg/m^3；中东、北非地区沙尘传输中的细颗粒物也有相当的贡献，PM$_{2.5}$ 浓度为 20～50 μg/m^3。结合全球人口分布数据，van Donkelaar 等（2010）进一步计算了 PM$_{2.5}$ 人口暴露风险。结果显示，2001～2006 年亚洲中部和东部的 PM$_{2.5}$ 浓度最高，其中 38%～50% 的人口处于超过 WHO 空气质量中期目标（35 μg/m^3）的区域中，该污染浓度下可能造成人口致死率提升 15%。该研究认为，在全球范围内，人口加权平均的 PM$_{2.5}$ 浓度约为 20 μg/m^3，约 80% 的人口分布在超过 WHO 空气质量指导标准（10 μg/m^3）的地区中。

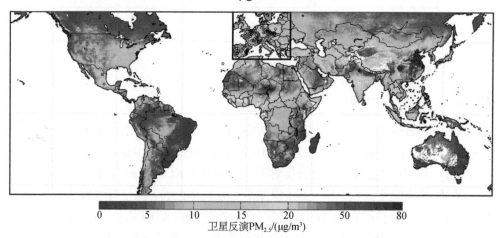

图 9-7   2001～2006 年全球平均 PM$_{2.5}$ 空间分布（引自 van Donkelaar et al.，2010）

9.3.2   全球 PM$_{2.5}$ 逐年变化

Boys 等（2014）利用 CTM-SAT 估计方法，结合卫星观测（MISR 与 SeaWiFS 联合的 AOD 数据），获得了 1998～2012 年的全球近地面 PM$_{2.5}$ 长时间序列数据集。MISR 的 AOD 数据空间分辨率为 17.6 km×17.6 km，SeaWiFS 的 AOD 数据空间分辨率为 13.5 km×13.5 km，二者均重采样至 1°×1° 的全球格网。GEOS-Chem 模拟的 2°×2.5° 的 η（van Donkelaar et al.，2010）也插值到该分辨率下进行匹配。SeaWiFS 数据时段为 1998～2010 年，MISR 数据时段为 2000～2012 年。对于重叠时段（即 2000～2010 年），以 GEOS-Chem 模拟的 PM$_{2.5}$ 日均值与模拟的 SeaWiFS 和 MISR 卫星过境时段 PM$_{2.5}$ 均值在月尺度上的比值作为权重因子，合成 PM$_{2.5}$ 月均值。

分析 Boys 等（2014）获得的 1998～2012 年全球 PM$_{2.5}$ 长时间变化趋势（图 9-8），可以看出，在这 15 年时段中，美国东部地区 PM$_{2.5}$ 含量整体上显著降低［−0.39±0.10 μg/（m³·a）］。与之相比，南亚、阿拉伯半岛、东亚三个重点地区 PM₂.₅ 含量呈现出较强的增加趋势。阿拉伯半岛的 PM₂.₅ 含量增速达到 0.81±0.21 μg/（m³·a），主要是细粒子沙尘的增加所致，特别是在高温、低湿、强风的春、夏季节，沙尘活动频繁，PM₂.₅ 含量增加尤为突出。南亚地区的 PM₂.₅ 含量增速高达 0.93±0.22 μg/（m³·a），特别是印度恒河盆地大部分地区的增速突破 1 μg/（m³·a），可能是该地区人为排放颗粒物（主要是二次无机颗粒物和碳质颗粒物等）逐年增多，而且季风性气候导致局部地区受沙尘影响较为严重。东亚地区的 PM₂.₅ 含量增速约为 0.79±0.27 μg/（m³·a），其中夏季和冬季增加均较为显著。夏季的气候环境提供了良好的氧化途径，从而导致二次无机成分含量有所升高，而冬季气候干燥且以静稳天气为主，导致采暖等人为活动排放的颗粒物不易扩散，浓度升高。对比上述三个重点区域 PM₂.₅ 的时间变化态势，阿拉伯半岛和南亚地区的增长趋势较为稳定，而东亚地区在经历 1998～2006 年快速增长后，增速逐渐趋缓甚至部分地区出现下降，这与当地推行的控制排放政策和措施有关（Xu，2011）。

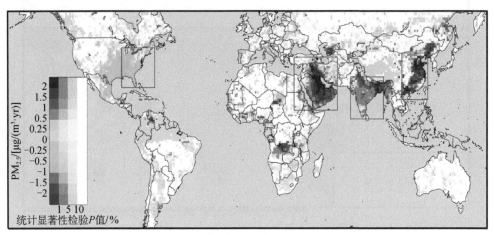

图 9-8　全球 PM₂.₅ 长时间变化趋势统计显著性空间分布（引自 Boys et al.，2014）

9.3.3　PM₂.₅ 的公共健康影响评估

全球疾病负担（Global Burden of Disease）评估报告指出，全球每年超过 300 万人的过早死亡归因于 PM₂.₅ 环境暴露，PM₂.₅ 成为全球过早死亡率首要的影响因素之一（Lim et al.，2012）。因此，对 PM₂.₅ 进行全球性长期监测是健康研究的重要基础。卫星遥感探测提供的全球性监测数据能够有效避免地面监测网络的区域性差异等问题。

van Donkelaar 等（2015）基于 CTM-SAT 方法，利用 GEOS-Chem 模式和 SeaWiFS、MISR 的卫星 AOD 产品，估算了 2001～2010 年的全球 PM₂.₅ 浓度，并与全球地面站点测量的 PM₂.₅ 数据进行对比。如图 9-9 所示，北半球中低纬度为

PM_{2.5} 质量浓度高值区，包括非洲北部、中东、印度和中国东部等地区，10 年平均 PM$_{2.5}$ 质量浓度可超过 50 μg/m³。而在滤除掉自然源为主的沙尘和海盐气溶胶后，北非和中东地区的 PM$_{2.5}$ 有显著下降（小于 15 μg/m³），说明了这些地区自然源颗粒物对 PM$_{2.5}$ 的重要贡献；相比之下，印度北部、中国东部等地区自然源颗粒物对 PM$_{2.5}$ 的贡献不明显，反映了人为源主导的污染特征。

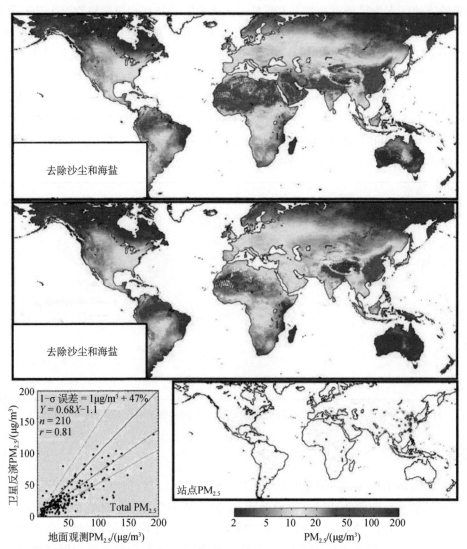

图 9-9　全球 2001～2010 年卫星估算的 PM$_{2.5}$ 平均值（引自 van Donkelaar et al.，2015）

上图为 PM$_{2.5}$ 总量；中图为去除沙尘和海盐气溶胶的 PM$_{2.5}$ 浓度；下左图为卫星估计与地面测量值对比验证；下右图为除加拿大、美国、欧洲之外的全球地基测站的 PM$_{2.5}$ 浓度

　　PM$_{2.5}$ 卫星估算结果可与全球人口分布结合，评估 PM$_{2.5}$ 人口暴露情况。人口数据可通过对社会经济数据应用中心（SEDAC）提供的以 5 年为间隔的历史及预测人

口密度数据进行线性插值而获得。图 9-10 显示了全球重点地区 1998～2012 年逐年平均 PM$_{2.5}$ 暴露人口比例的累积分布。从全球范围来看，1998～2000 年超过 IT1 标准的暴露人口约为 22%，而 2010～2012 年这一比例已快速增长至 30%；类似地，超过 IT2 标准的暴露人口比例由 32%增长至 43%。如图 9-10 所示，从 IT3 和 AQG 标准来看，2000～2010 年的全球暴露人口比例基本稳定或小幅增长。北美洲、欧洲中部和西部均保持了较好的空气质量。例如，北美洲地区暴露在 PM$_{2.5}$ 质量浓度超过 10 µg/m^3 的人口比例由 10 年前的 62%下降至 19%。而相比之下，亚洲东部和南部 10 年前后暴露在 PM$_{2.5}$ 中的人口显著增加，其中暴露在 PM$_{2.5}$ 质量浓度超过 35 µg/m^3 的人口比例到 2010～2012 年已分别增加至 70%和 52%。上述比例数值也与全球各地区的人口数量变化有关，但总体来说，其大致反映了全球 PM$_{2.5}$ 人口暴露的基本情况。

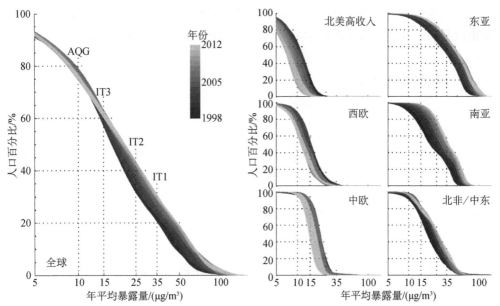

图 9-10　全球重点地区 1998～2012 年年均 PM$_{2.5}$ 暴露人口比例累积分布
（引自 van Donkelaar et al.，2015）
AQG、IT3、IT2、IT1 分别表示世界卫生组织空气质量参考标准值
（10 µg/m^3、15 µg/m^3、25 µg/m^3、35 µg/m^3）

第 10 章　大气颗粒物遥感的机器学习方法

机器学习是近年来快速发展的计算方法，在卫星数据处理中获得了广泛应用。与前文介绍的大气颗粒物卫星遥感物理方法和化学传输模式方法不同，它不考虑物理化学过程，仅使用观测数据集构成的预报因子与地面监测的颗粒物质量浓度构成的预报量进行模型训练，获得表达非线性关系的机器学习模型。

在大气颗粒物预报问题中，使用的机器学习方法主要有统计回归方法、经典机器学习方法和深度神经网络三大类。虽然统计回归方法属于机器学习方法，但统计回归方法在遥感领域应用较早，且一般基于较为简单的数学表达，为方便描述，将回归方法与机器学习分开介绍。本章从统计回归模型出发，介绍随机森林、支持向量机以及深度神经网络等机器学习模型，并展示不同模型的典型应用。

10.1　统计回归模型

10.1.1　多元线性回归

统计学中，多元线性回归（Multiple Linear Regression，MLR）采用线性方程拟合多个自变量与因变量之间的关系，多元线性回归模型数学表达如下（Xu et al.，2021）：

$$PM_{2.5} = b_0 + \sum_{i=1}^{n} b_i x_i + \varepsilon \tag{10-1}$$

式中，x_i 为自变量；$PM_{2.5}$ 为因变量；b_0，b_1，$\cdots$，b_n 为 $n+1$ 个未知参数，b_0 为常数项，b_i 为回归系数；ε 为回归的随机误差。通常采用最小二乘法，将回归平均误差降到最小，实现对回归系数的求解。

在大气颗粒物质量浓度遥感中，多元线性回归模型通过拟合典型影响因素（如气象要素、地理信息等）与大气颗粒物质量浓度的关系模型，实现对大气颗粒物质量浓度预测。该方法简单直观，可快速分析各参数之间的线性关系，确定各因素对大气颗粒物质量浓度的影响。在利用多元线性回归方法对 $PM_{2.5}$ 浓度进行遥感估算时，因变量为 $PM_{2.5}$ 浓度，自变量通常为 AOD、边界层高度、相对湿度、季节、地理信息、气溶胶廓线、能见度、温度、气压、风速和最大风速等（夏加豪，2019）。

虽然多元线性回归模型广泛应用于大气污染预测分析中，但线性回归模型很难预测一些非线性关系。AOD 与颗粒物质量浓度之间通常呈现典型的非线性关系，可采用非线性统计模型预测颗粒物的质量浓度，如线性混合效应模型（Linear Mixed Effect Model，LME）、地理加权回归（Geographically Weighted Regression，GWR）

模型等。与线性回归模型相比，非线性统计模型能够提高颗粒物浓度估算的精度。

10.1.2　地理加权回归

相比线性回归，地理加权回归（GWR）考虑了空间位置的差异，回归系数可随空间位置变化：

$$\text{PM}_{2.5,i} = \beta_0\left(s_{1,i}, s_{2,i}\right) + \sum_k \beta_k\left(s_{1,i}, s_{2,i}\right) x_{ik} + \varepsilon_i \tag{10-2}$$

式中，i 为观测点序号；$(s_{1,i}, s_{2,i})$ 为第 i 个观测点的坐标；$\text{PM}_{2.5,i}$ 为因变量，表示第 i 个观测点的 $\text{PM}_{2.5}$ 浓度；x_{ik} 为自变量，表示第 k 个自变量在第 i 个观测点的值；$\beta_0(s_{1,i}, s_{2,i})$ 为观测点 i 的常数项；$\beta_k(s_{1,i}, s_{2,i})$ 为第 k 个自变量在第 i 个观测点 $(s_{1,i}, s_{2,i})$ 处的回归系数；ε_i 为随机误差，通常服从高斯分布 $\left[\varepsilon_i \sim N(0, \delta^2)\right]$。当 $\beta_1 = \beta_2 = \cdots = \beta_n$ 时，GWR 变为线性回归模型。回归参数计算方法如下：

$$\hat{\beta}\left(s_{1,i}, s_{2,i}\right) = \left[X^{\mathrm{T}} W\left(s_{1,i}, s_{2,i}\right) X\right]^{-1} \left[X^{\mathrm{T}} W\left(s_{1,i}, s_{2,i}\right) Y\right] \tag{10-3}$$

式中，$\hat{\beta}$ 为位于空间位置 i 处的回归参数值；W 为位于空间位置 i 处的空间权重矩阵。

地理加权回归模型的核心在于空间权重矩阵，空间权重矩阵由空间权函数组成，依据观测值之间的距离来确定局部模型中各个周边观测值对于目标观测值的权重。权函数需要选取一个函数来表述权重与距离的关系，常见的构造空间权函数的方法有距离阈值法、距离反比法、高斯函数法。

第一种是距离阈值法，选择距离阈值是该方法的核心。主要步骤是将观测点 i 和回归点 j 之间的距离 d_{ij} 进行比较，并将大于距离阈值（D）的权重设置为 0，否则设置为 1。距离阈值法其实就是移动窗口法，权函数 w_{ij} 可表示为

$$w_{ij} = \begin{cases} 1, d_{ij} \leqslant D \\ 0, d_{ij} > D \end{cases} \tag{10-4}$$

第二种是距离反比法，观测点离回归点越近，分配权重就越大，可表示为

$$w_{ij} = \frac{1}{d_{ij}^{\alpha}} \tag{10-5}$$

式中，α 为常数。

第三种是高斯函数法，采用连续单调递减函数来表示 w_{ij} 和 d_{ij} 之间的关系，其可表示为

$$w_{ij} = \exp -\frac{1}{2}\left(\frac{d_{ij}}{b}\right)^2 \tag{10-6}$$

式中，b 为带宽。选择不同的带宽，地理加权回归结果会有差异。高斯函数法常用交叉验证方法确定最合适的带宽 b，带宽越大，权重随着距离增大衰减得越慢。

10.1.3　混合效应模型

对于线性回归，即使在某些数据特征存在差异的情况下，也会拟合出相同的回归方程。这使得准确分析 $PM_{2.5}$ 的时空演变更加困难。混合效应模型可较好地解决上述问题，且兼顾精度和效率。混合效应模型可表示为

$$PM_{2.5,ij} = (\alpha + u_j) + (\beta + v_j) \times AOD_{ij} + S_i + \varepsilon_{ij} \qquad (10\text{-}7)$$

式中，$PM_{2.5,ij}$ 为第 j 天、站点 i 对应的 $PM_{2.5}$ 质量浓度；AOD_{ij} 为第 j 天、站点 i 对应格点上的 AOD；α 和 u_j 分别为固定截距和随机截距；β 和 v_j 分别为 AOD 固定斜率和随机斜率；S_i 表示站点的随机效应的影响；ε_{ij} 为第 i 个站点在第 j 天的随机误差项。

混合效应模型既包含固定效应参数，又包含随机效应参数。固定效应表示影响因子对 $PM_{2.5}$ 多年平均的影响，随机效应则用于解释 AOD 以及气象因子等对 $PM_{2.5}$ 的短期影响，采用随机截距或者随机斜率的形式表示。$PM_{2.5}$-AOD 混合模型增加了反映时间变化的随机系数，不仅能提高模型的时间分辨率，且能显著提高模型精度。

10.2　机器学习模型

机器学习是一门多学科交叉专业，涵盖概率论知识、统计学知识、近似理论知识和复杂算法知识，使用计算机作为工具致力于真实、实时的模拟人类学习方式，并将现有内容进行知识结构划分来有效提高学习效率。机器学习分为经典机器学习算法和深度神经网络方法。经典机器学习算法包括随机森林、朴素贝叶斯、支持向量机、集成学习、决策树等。然而，经典机器学习算法中实现泛化的机制不适合学习高维空间中复杂的函数，从而促使深度神经网络模型得以发展。深度神经网络模型为监督学习提供了强大的框架，通过添加更多层以及向层内添加更多单元，可表示复杂性较高的函数关系。深度神经网络模型包括深度信念网络、深度卷积网络、深度循环和递归网络等模型。

机器学习利用概率论与数理统计、逼近论、凸分析和算法复杂度等多门学科，从原始数据里提取特征，并通过不断学习迭代获取所提取特征与预测量之间的关系，从而进行预测。在用 AOD 估算大气颗粒物浓度时，为提高估算精度，应考虑更多的影响参数，故参数间的非线性关系变得更为复杂。此时，基于简单数学表达式的统计模型方法很难准确描述这种复杂的非线性关系，具有较大的局限性。而机器学习

算法能够提取更复杂的特征，而非使用数学表达式描述输入输出关系，在处理非线性问题方面表现出了较大的优越性，更加适用于模拟、预测大气污染物与气象因子之间的复杂非线性关系。

10.2.1　机器学习流程

与统计回归方法相比，通常情况下，机器学习首先需要对已收集的数据进行数据清洗、归一化等预处理，并且将已处理完毕的数据随机划分为训练子集、验证子集和测试子集；之后，通过对训练子集进行建模训练来拟合模型相关训练参数，如神经元的权重等；验证子集在训练过程中则用于调整模型的超参数，如学习率、隐藏层层数，神经元个数等；测试子集对训练后的模型进行精度验证。需要说明的是，机器学习方法所获取的部分结果无法以物化机制或者数学语言进行说明，目前也无法根据相关的物化机制对其进行改进，该"黑箱"性质在一定程度上阻碍了研究人员更好地了解以及改进最终的模型结果。

1. 数据预处理

在数据处理过程中，一般都需要进行数据的清洗工作，如数据集重复、缺失及异常值处理、完整性和一致性检验等。在确定机器模型输入变量时，也存在一些特征筛选匹配等处理，如对数据进行时空匹配。此外，由于数据之间可能存在量纲差异，数据量及数据值之间差异过大，需要进行特征缩放处理，通常采用归一化或标准化处理。之后，将数据依照固定比例划分为 3 组：样本训练数据集、过程验证数据集、结果测试数据集。其中，验证数据是为防止出现训练过度拟合现象，有助于模型构建；测试数据用来检验模型构建，评估模型准确性。

2. 模型创建与初始化

模型创建与初始化则根据所设计的模型进行相关参数配置，如网络层数、每层神经元数、卷积核大小与学习率等超参数。其他普通训练参数，如神经元的权重等通常从高斯分布中随机提取进行初始化。

3. 模型训练与评估

模型初始化构建完成后，即可对模型进行训练，模型参数依据损失函数不断微调，当满足精度后完成模型的训练过程，确定模型参数，生成预测模型。

一般对预测模型的评估有两种方式：一是采用所有数据对模型进行训练后，对所有数据预测，查看均方根误差和决定系数等评估参数的值。若拟合图样本点大致分布在直线两侧且较为聚集，说明模型的预测效果较好。二是交叉验证，随机选取一部分数据对模型进行训练，剩余部分作为验证点，重复进行多次试验。若验证数据对的散点大致分布于 1∶1 线两侧，较少样本点偏离直线，满足误差分布规律，说明验证结果较好。最后根据评估标准，选择兼顾计算效率和预测性能的最优模型。

10.2.2　经典机器学习模型

1. 随机森林

随机森林（Random Forest，RF）以多个决策树（森林）作为基学习器，进行集成学习后得到一个组合强学习器。一棵决策树的预测能力可能很小，但是在随机生成大量决策树之后，集成所有树的预测能力，最终可以得到较优的预测结果，其原理如图 10-1 所示。随机森林模型的随机性体现在两个方面：一方面，该模型从整体中随机抽取（有放回抽样）一部分样本构造某一棵决策树；另一方面，每一棵决策树的分裂节点所选取的特征是从所有特征中随机选取一部分。通常采用交叉验证方法优化模型参数（决策树的数目和特征值等），以提高随机森林的泛化能力和准确性。这样一来，该模型不仅能够提高预测精度，而且有效克服了单棵决策树可能造成的过拟合问题。随机森林模型还具备高效、易实现、计算成本小、对异常值和噪声容忍度高、可有效处理非线性数据建模问题，同时分析特征变量有效性等特点。

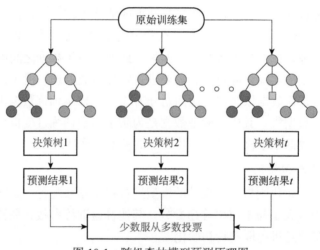

图 10-1　随机森林模型预测原理图

袋外误差是评价随机森林模型性能的指标之一。上文提及的随机森林模型构建过程中，在构建每一棵决策树时并不是选取所有样本而是选取部分样本，对于某一棵决策树，大约 1/3 的训练集样本没有参与到这棵树的构造中来，未参与的样本就被称为该树的袋外样本，将袋外样本被预测错误的概率定义为袋外误差。变量重要性是随机森林算法中特征变量的重要筛选参数，样本数据集往往包含许多特征变量。随机森林模型通过对某一特征变量增加噪声干扰的方式，例如随机改变特征变量数值，进而计算出该变量变化所导致的袋外误差的变化幅度，并以此为依据评估特征变量的重要性。

构建随机森林的具体步骤如下（Breiman，2001）：

（1）基于 Bootstrap 抽样方法，从原始训练集中选取 n 个数据用作某一棵决策树的训练数据。通常情况下，n 远小于原始训练数据样本数目 N。最终未被选取的样本数据即袋外数据，用于统计袋外误差。

（2）确定某一棵决策树的训练数据后，则需要选取特征变量。树的每一个节点进行分裂时，从完整特征集合（总共包含 M 个不同属性）中随机选择 m 个特征，通常情况下 m 远小于 M。

（3）在具体构造每一棵决策树时，通常可采用 CART 算法，每个内部节点按照基尼系数降低最多的分类逻辑进行分裂，直到满足分裂阈值为止。

重复步骤（1）～步骤（3），每次抽取一个训练数据样本集，都可以依照分裂逻辑生成一棵决策树，从而构成随机森林。

2. 支持向量机

支持向量机（Support Vector Machine，SVM）是建立在统计学习理论和结构风险最小化原理基础上的机器学习方法，适用于非线性和高维数据建模。与其他机器学习方法相比，SVM 采用了核函数，在解决非线性问题上具有优势。核函数思想是将数据向量从低维空间变换到不需要表示映射函数的高维空间，将非线性问题转换为高维线性问题，从而提供更准确的预测。SVM 可应用于分类和回归，其泛化能力和预测精度由核函数和参数确定，通过对训练集采用交叉验证可有效防止过拟合现象。此处主要介绍支持向量机回归方法。

SVM 回归目标在于拟合自变量（x）的预测模型，使所有的样本点离超平面的总偏差最小。对于线性问题，预测模型可表达为

$$f(x) = w^{\mathrm{T}} x + b \qquad\qquad (10\text{-}8)$$

式中，$f(x)$ 为预测量；w 为权重；b 为截距。

一般回归模型采用模型预测值 $f(x)$ 与真实值 y 之间的差异计算损失，只有二者完全相同时，损失才为 0，这样的条件比较苛刻。SVM 回归引入软间隔 ε，对损失计算条件进行放宽。如图 10-2 所示，SVM 回归假设 $f(x)$ 和 y 之间最多有 ε 的差距，即当 $|f(x)-y|>\varepsilon$ 时才计算损失。

SVM 回归的目标函数为

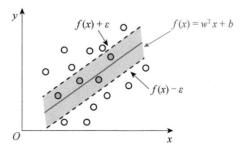

图 10-2　支持向量机回归示意图

$$\min J\left(w,\xi,\xi^*\right) = \frac{1}{2}ww^T + C\sum_{i=1}^{N}\left(\xi_i + \xi_i^*\right) \tag{10-9}$$

约束条件为

$$\begin{cases} y_i - w^T x_i - b \leqslant \varepsilon + \xi_i \\ w^T x_i + b - y_i \leqslant \varepsilon + \xi_i^* \\ \xi_i \xi_i^* \geqslant 0 \end{cases} \tag{10-10}$$

式中，ε 为软间隔，是不敏感损失函数的重要参数，决定了能容忍差异的大小；C 为正则化参数，控制对超出误差的样本的惩罚程度；ξ_i 和 ξ_i^* 为松弛变量，用于稍微放松约束以允许错误的估计。通过对式（10-9）的对偶问题进行求解，可得预测模型为

$$f(x) = \sum_{i=1}^{m}\left(\alpha_i^* - \alpha_i\right)x_i^T x + b \tag{10-11}$$

式中，α_i 及 α_i^* 为对偶问题求解出的拉格朗日乘子。

对于非线性问题，SVM 回归仍然采用与求解线性问题类似的方法。不同的是，求解非线性问题时，SVM 首先采用一个非线性变换函数 ϕ，把原始空间的数据映射到高维特征空间中，从而把低维空间的非线性问题转换成高维空间的线性问题求解。此时，预测模型可写成：

$$f(x) = w^T\phi(x) + b \tag{10-12}$$

将 $\phi(x)$ 视为自变量，可将非线性问题转换成线性问题求解，则 SVM 对非线性问题求解的预测模型可表示为

$$f(x) = \sum_{i=1}^{m}\left(\alpha_i^* - \alpha_i\right)\phi(x_i)^T \phi(x) + b \tag{10-13}$$

式（10-13）需求解非线性变换函数 $\phi(x)$，而实际问题中很难直接获取。为避免直接求解非线性变换函数，SVM 回归引入核函数：

$$K(x_i, x) = \phi(x_i)^T \phi(x) \tag{10-14}$$

因此，式（10-13）可写为

$$f(x) = \sum_{i=1}^{m}\left(\alpha_i^* - \alpha_i\right)K(x_i, x) + b \tag{10-15}$$

核函数选取直接影响模型的泛化能力和预测精度，选取合适的核函数和参数可使 SVM 具有较高的预测精度。

3. BP 神经网络

神经网络具有较强的泛化能力和噪声处理水平,可从海量关联数据中自适应探索规律进行预测。BP(Back-propagation)神经网络模型是众多模型中理论发展较早、应用较为广泛且成熟度较高的一种。BP 神经网络算法主要以提取训练数据特征和输出控制要素为基础。

BP 神经网络是一种基于误差反向传播算法(Error Back-propagation)的前馈神经网络,由一个输入层、一个或多个隐藏层和一个输出层构成,其基本结构如图 10-3 所示。

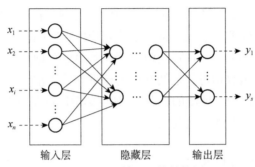

输入层　　　　隐藏层　　　　输出层

图 10-3　BP 神经网络结构图

BP 神经网络的算法是一种迭代算法,每次迭代包含两个阶段,即激励传输和权重更新。在激励传输阶段,输入层将接收到的归一化的输入变量传给隐藏层;隐藏层神经元对接收到的数据进行加权求和,再代入激活函数,将激活后的数值传递给输出层;输出层再一次加权求和并激活后得到最终结果。假设输入层、隐藏层和输出层分别有 n 个、m 个和 s 个神经元,则各层输入输出关系如式(10-16)~式(10-18)所示。

输入层:
$$X_i = x_i \qquad i = 1, 2, \cdots, n \qquad (10\text{-}16)$$

隐藏层:
$$A_j = f\left(\sum_{i=1}^{n} w_{ij} X_i + b_j\right) \qquad j = 1, 2, \cdots, m \qquad (10\text{-}17)$$

输出层:
$$O_k = g\left(\sum_{j=1}^{m} w_{kj} A_j + b_k\right) \qquad k = 1, 2, \cdots, s \qquad (10\text{-}18)$$

式中,x 为输入变量;w 为连接权重;b 为偏置;f 为激活函数,常见的有 Sigmoid、tanh 和 Relu 等;g 为线性传输函数。在权重更新阶段,为使误差性能函数的值最小,可利用梯度下降算法逐步修正输出层和隐藏层连接权重和偏置的值。误差性能函数及各层权重的更新如式(10-19)~式(10-21)所示。

误差性能函数：

$$E_k = \frac{1}{2}\left(O_k - Y_k\right)^2 \qquad (10\text{-}19)$$

输出层：

$$d = \left(Y_k - O_k\right)g\left(w_{kj}\right), \quad w_{kj_{\text{new}}} = w_{kj} + \eta_1 dA_j \qquad (10\text{-}20)$$

隐藏层：

$$h = \sum_{k=0}^{s} dw_{kj}f'\left(w_{ji}\right), \quad w_{ji_{\text{new}}} = w_{ji} + \eta_2 hx_i \qquad (10\text{-}21)$$

式中，Y 为真值；d 和 h 分别为神经元的梯度项；η_1 和 η_2 为学习率。偏置的更新步骤与权重类似。

　　传统 BP 神经网络算法在进行浅层网络学习时可以取得较好效果，随着网络深度的增加，训练精度大幅下降。究其原因，BP 神经网络存在三个重要的缺陷：初始权重的随机赋值、最优解易陷入局部最小值和梯度弥散问题。在梯度下降求解计算导数过程中，随着网络深度的增加，BP 神经网络算法反向传播的梯度幅度值会急剧减小，造成整体损失函数相对于最初几层的权重导数非常小，导致无法有效地从样本学习中更新权重，称为"梯度的弥散"，梯度弥散问题是制约 BP 神经网络算法无法对深层网络进行有效训练的重要因素。

10.2.3　深度神经网络模型

　　随着计算机性能提高，曾经被认为难以训练的深度网络被应用于多个研究领域。深度神经网络是至少具备一个隐藏层的神经网络，具有强大的能力和灵活性，它将大千世界表示为嵌套的层次概念体系，可以由简单概念间的联系定义复杂概念，从一般抽象概括上升为高级抽象表示。从原始数据中提取高层次、抽象的特征传统上是非常困难的，深度神经网络通过其他较简单的表示来表达复杂特征，解决了表示学习中的核心问题。

　　深度神经网络模型为监督学习提供了强大的框架，通过添加更多层以及向层内添加更多单元，可表示复杂性较高的函数关系。本节主要介绍深度信念网络、深度卷积神经网络、深度残差网络与循环和递归神经网络。

1. 深度信念网络

　　深度信念网络（Deep Belief Net，DBN）作为神经网络的一种，可用于非监督学习，类似于自编码机，亦可作为分类器用于监督学习。其用于非监督学习时，能够尽可能地保留原始特征，同时降低特征的维度；用于监督学习时，能够使得错误率尽可能的小。无论监督学习或非监督学习，DBN 的本质都是学习特征的过程，即如何得到更好的特征表达。

　　深度信念网络由受限玻尔兹曼机（Restricted Boltzmann Machine，RBM）构成（图 10-4）。RBM 只有两层神经元，一层叫作显层，由显元组成，用于输入训

练数据。另一层叫作隐层，由隐元组成，用作特征检测器。一个 RBM 的能量可以表示为

$$E(v,h) = -\sum_{i=1}^{I} a_i v_i - \sum_{j=1}^{J} b_j h_j - \sum_{i=1}^{I}\sum_{j=1}^{J} W_{ij} v_i h_j \qquad （10-22）$$

式中，I 为可见层节点数目；第 i 个节点状态为 a_i；J 为隐藏层节点数目；第 j 个节点的状态为 h_j；a_i 为 v_i 的偏置量；b_j 为 h_j 的偏置量；W_{ij} 为 v_i 和 h_j 之间的连接权重。v 和 h 分别表示可见层和隐藏层，隐层神经元被激活的概率为

$$P(h_j \mid v) = \sigma\left(b_j + \sum_{i=1}^{I} W_{ij} v_i\right) \qquad （10-23）$$

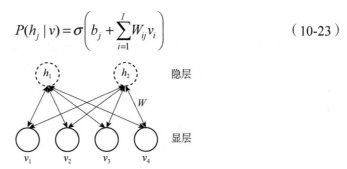

图 10-4　限制玻尔兹曼机（RBM）模型

由于隐层和显层间为全连接，故显层同样可被隐藏层激活，如式（10-24）所示：

$$P(v_i \mid h) = \sigma\left(a_i + \sum_{j=1}^{J} W_{ij} h_j\right) \qquad （10-24）$$

式中，激活函数（用来描述神经元被激活的概率）$\sigma(x)=1/[1+\exp(-x)]$ 为 Sigmoid 函数，函数值域为[0, 1]。同一层神经元无连接，故神经元满足概率密度独立性：

$$P(h \mid v) = \prod_{j=1}^{J} P(h_j \mid v) \qquad （10-25）$$

$$P(v \mid h) = \prod_{i=1}^{I} P(v_i \mid h) \qquad （10-26）$$

当数据流 x 赋给显层后，RBM 根据式（10-22）计算出每个隐藏层神经元被激活的概率 $P(h_j|x)$，取 $\mu \in [0, 1]$ 作为阈值，即

$$h_j = \begin{cases} 1 & P(h_j \mid x) \geqslant \mu \\ 0 & P(h_j \mid x) < \mu \end{cases} \qquad （10-27）$$

故可知每个隐藏层神经元是否被激活。同理，给定隐藏层时，可知显层是否被激活。一个 RBM 模型根据三个参数 a、b 和 W 即可确定。DBN 由若干层神经元构成，组

成元件是 RBM 受限玻尔兹曼机，前一个 RBM 的隐藏层即下一个 RBM 的显层。DBN 需要充分训练前一层 RBM 后才能对下一层 RBM 进行训练，直至最后一层。

与 BP 神经网络相比，DBN 网络结构层次更深，特别是前两层 RBM 已经对样本特征进行有效表达，比 BP 神经网络对初始权值进行随机赋值的方式相比，RBM 的方式效率更高，且克服了 BP 网络"梯度弥散"问题。DBN 应用到 PM$_{2.5}$ 预测中，需将最后一层加入 BP 网络，这样每层隐藏层都是上一层显层的精确表达，特征传至 BP 输入层时，即可精确表达传入影响因子的特征。DBN 结构有效克服了传统 BP 神经网络的缺陷，对 PM$_{2.5}$ 预测可表现出更佳的预测效果。

2. 深度卷积神经网络

深度卷积神经网络（Deep Convolutional Neural Networks，DCNN）是一类包含卷积计算且具有深度结构的前馈神经网络。典型的深度卷积神经网络一般包含卷积层、池化层和全连接层等结构。简单的二维卷积的计算公式为

$$a_i^l(x,y) = f\left[\sum_{p=0}^{u-1}\sum_{q=0}^{v-1} a_i^{l-1}(x-p,y-q)W_{ki}^l(p,q) + b_i^l\right] \tag{10-28}$$

式中，a_i^l 和 a_i^{l-1} 分别为第 l 层和第 $l-1$ 层的第 i 个特征图；$W_{ki}^l \in R^2$ 为全连接 a_i^{l-1} 和 a_i^l 的卷积核；u 和 v 分别为卷积核的空间维度大小；$a_i^l(x,y)$、$a_i^{l-1}(x-p,y-q)$、$W_{ki}^l(p,q)$ 分别为 a_i^l 在坐标 (x,y) 上的元素值、a_i^{l-1} 在卷积核 $W_{ki}^l(u,v)$ 计算后在 (x,y) 上的元素值和 2D 卷积核 W_{ki}^l 本身在坐标 (p,q) 上的元素值；f 为非线性激活函数。

在通过卷积操作获得特征之后，可对图像的局部区域特征进行聚合统计操作，从而进一步提取特征，提高网络计算效率。池化方法主要包括最大池化、均值池化等。图 10-5 展示了最大池化过程，用 2×2 的过滤器，在每个区域中寻找最大值，过滤器以步长为 2 进行移动，最终获得经过池化后的图像。不难看出，池化后的图像特征具有平移不变性，能够在较好地保存数据整体特征的同时，减少优化训练所需的运算量，并在一定程度上减少过拟合现象的发生。

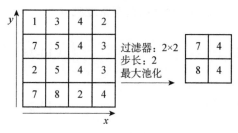

图 10-5　基于 2×2 过滤器的最大池化流程

深度卷积神经网络具有三大特性：稀疏交互、参数共享、等变表示。这些特性可有效提升深度卷积神经网络在特征提取、训练效率等诸多方面的性能。

稀疏交互，又称为稀疏连接或稀疏权重，指网络非全连接，即并非每一个输出单元和每一个输入单元都产生交互。这意味着，需要存储的参数更少，不仅减少了模型的存储需求，还提高了它的统计效率。在深度卷积网络中，处在网络深层的单

元可能与绝大部分输入是间接交互的，这允许网络可以只通过描述稀疏交互来高效地描述多个变量的复杂交互。

参数共享是指一个模型的多个函数中使用相同的参数。在传统的神经网络中，当计算一层输出时，权重矩阵的每一个元素只使用一次，当它乘以输入的一个元素后就再也不会用到了。而在卷积神经网络中，卷积核的每一个元素都作用在输入的每一个位置上。卷积运算中的参数共享保证了只需要学习一个参数集合，而不是每一个位置都需要学习一个单独的参数集合。因此，卷积在存储需求和统计效率方面得到极大的优化。

等变表示指输入以某种方式改变，输出也以同样的方式改变。卷积神经网络对平移变换具有等变的性质，意味着相同的输入在不同的卷积核滑动位置有相同的输出。对于图像，具有相同像素值的输入即使在不同的位置仍能获得相同的输出，符合大部分自然图像的规律，使卷积神经网络较之前的神经网络更适合于图像处理和计算机视觉领域。

3. 深度残差网络

深度残差网络的精髓在于残差学习思想。深度学习的难点更多在于训练，传统网络在层数增加之后往往不能得到充分的训练。而在使用了残差学习之后，深层网络训练负担能得到有效的降低，可以极大地提高网络层数。图 10-6 是残差学习模块的示意图，残差学习模块可以作为神经网络的一部分或多个部分。

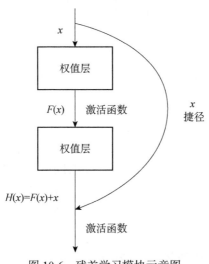

图 10-6　残差学习模块示意图

简单来说，残差学习是在传统的线性网络结构的基础上，加入一条捷径，绕过一些层的连接，捷径通过相加融合的方法与主径汇合。加入了捷径后，训练过程中底层的误差可以通过捷径向上一层传播，减缓了层数过多而造成的梯度消失现象，达到了提高训练精度的效果。捷径并没有引入额外的参数影响原始网络的复杂度，网络依然可使用现有的深度学习反馈训练求解。

4. 循环和递归神经网络

循环和递归神经网络（RNN）是一类用于处理序列数据的神经网络。正如卷积网络可以处理大小可变的图像，大多数 RNN 可以处理可变长度的序列。长短期记忆（LSTM）网络是一种特殊的 RNN，主要是为了解决长序列训练过程中的梯度消失和梯度爆炸问题。与普通的 RNN 相比，LSTM 网络在更长的序列里有更好的表现。

LSTM 网络可以针对单个空气质量监测站进行污染物的预测建模，为预测下一时间节点的 $PM_{2.5}$ 浓度值，需要输入该站点处历史时间节点的气象数据和 $PM_{2.5}$ 浓度监测值数据。若输入的时序相关数据具有较强的季节性和周期性，被预测 $PM_{2.5}$ 浓度的月份和月内日期也需要作为特征一同输入到网络中。图 10-7 为单监测站预测的 LSTM 网络结构图，从图 10-7 中可以看到，输入的数据会首先通过 LSTM 层，LSTM 层的输出经过两个全连接层后获得最终的预测结果。该网络全连接层的激活函数选择线性整流激活函数 ReLU，此时为了增强训练的稳定性，全连接层中加入了批量归一化处理，用于调整神经元输出的数据分布。

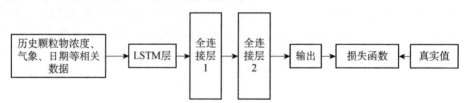

图 10-7   单监测站预测的 LSTM 网络结构图（引自陈宁等，2018）

单监测站预测的 LSTM 网络可采用平方损失函数进行训练，损失函数如式（10-29）所示：

$$loss = \frac{1}{n}\sum_{i=1}^{n}\left[f(x_{i-1}) - y_i\right]^2 \qquad (10\text{-}29)$$

式中，n 为每次训练输入的批数；x_{i-1} 为第 $i-1$ 时间点对应的输入特征数据；f 为预测模型；y_i 为对应第 i 时间点的实际 $PM_{2.5}$ 浓度值。单站 LSTM 网络可进一步扩展到多站点预测模型，实现多站点数据协同训练，一次性得到多站点预测结果。

10.3 $PM_{2.5}$卫星遥感的机器学习方法

10.3.1   时空随机森林

关于随机森林算法的原理和构建方法已经在 10.2.2 节中介绍，本小节介绍 Wei 等（2019）利用时空随机森林获取 $PM_{2.5}$ 的研究工作。他们采用 MODIS 第六版多角度实时大气校正（Multi-Angle Implementation of Atmospheric Correction，MAIAC）算法反演 AOD 数据，并基于时空随机森林（Space-Time Random Forest，STRF）算法获取 2016 年中国地区 1 km×1 km 高空间分辨率的近地面 PM$_{2.5}$ 质量浓度，同时比较时空随机森林算法与传统随机森林算法（Breiman，2001）预测的 PM$_{2.5}$ 结果。

与其他非线性回归统计方法类似，首先开展相关性和共线性诊断。为了选择相关性较强的变量构建模型，将预测自变量与 PM$_{2.5}$ 进行相关性分析，同时还需要考虑变量之间的共线性，避免看似独立而实际存在关联的变量造成重复信息传递。考虑到 PM$_{2.5}$ 质量浓度较高的时空变化特征，需要与气溶胶光学厚度、气象要素、地理要素等共同用于模型构建。式（10-30）、式（10-31）分别用来表征 PM$_{2.5}$ 质量浓度的空间和时间变化特征：

$$Ps = \frac{\sum\limits_{w=1}^{W} \dfrac{1}{ds_w^2} Ps_w}{\sum\limits_{w=1}^{W} \dfrac{1}{ds_w^2}} \tag{10-30}$$

$$Pt = \frac{\sum\limits_{l=1}^{L} \dfrac{1}{dt_l^2} Pt_l}{\sum\limits_{l=1}^{L} \dfrac{1}{dt_l^2}} \tag{10-31}$$

式中，Ps 和 Pt 分别表示空间和时间的变化特征；ds 和 dt 分别为空间和时间距离；W 为像元附近的站点数；L 为相同像元目标日期之前的观测天数。图 10-8 给出所构建的时空随机森林模型的结构示意图。

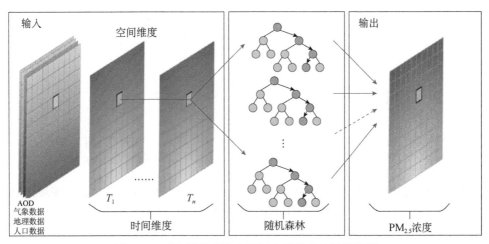

输入　　空间维度　　　　　　　　　　　　　　　　　　输出

AOD数据
气象数据　　　　　　　T_1　　　　T_n　　　　　　　　PM$_{2.5}$浓度
地理数据
人口数据　　　　　时间维度　　　　　　随机森林

图 10-8　时空随机森林（STRF）模型的结构示意图

图 10-9 显示了 Wei 等（2019）通过上述模型获得的日、月、季、年四个不同的时间尺度上 PM$_{2.5}$ 结果的验证情况。从图 10-9 可见，日尺度遥感估算结果在严重污染天气（PM$_{2.5}$ 高值）时存在低估现象。在月尺度和季尺度上，时空随机森林算法估计精度有所提高，不过仍然存在高值低估现象，具体解释为在冬季边界层较低、静稳天气等不利于污染物扩散的条件下，遥感估算结果偏差相对较大，而在高温高湿的夏季，高浓度水平的细粒子污染事件较少，遥感估算结果偏差相对较小。最后，在年尺度上，遥感估算结果均值与地面观测平均值具有较高的一致性。图 10-10 给出了 2016 年中国地区 PM$_{2.5}$ 遥感估算结果。得益于 MAIAC 气溶胶产品在空间覆盖和空间分辨率上的改善，这些 PM$_{2.5}$ 遥感估算结果也具有空间分辨率的优势，但对于细颗粒物浓度相对较高的地区，PM$_{2.5}$ 估算结果仍有较为明显的低估现象。

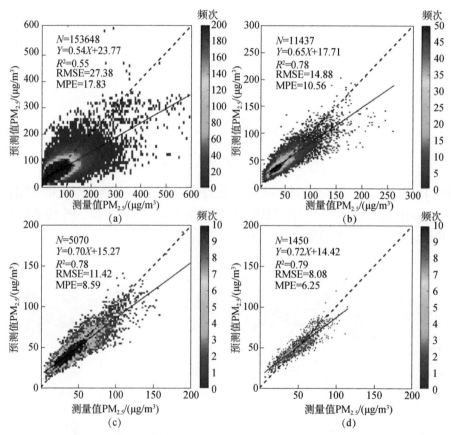

图 10-9   2016 年中国地区 PM$_{2.5}$ 遥感估算浓度的（a）日、（b）月、（c）季、（d）年平均值与地面观测值的对比验证（引自 Wei et al., 2019）

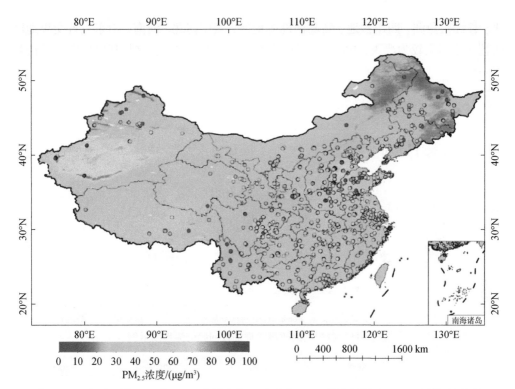

图 10-10　中国区域 2016 年 0.01°分辨率的卫星遥感 PM₂.₅ 估算结果及地面观测值（圆圈）空间分布（引自 Wei et al., 2019）

10.3.2　地理加权卷积神经网络

卷积网络能够快速提取特征，高效处理高维数据，适用于处理复杂的非线性关系。采用卷积网络代替权重核函数解算空间权重，可以在一定程度上克服空间不稳定性。使用卷积网络对地理加权回归方法进行改进，可以将观测点的空间邻近关系作为网络输入，构建网络解算空间权重，有效提高解算精度。

图 10-11 所示的流程展示了地理加权卷积神经网络对空间邻近关系的表达，该方法不仅构建样本点间关系，而且将空间均匀分成多个网格，根据各网格中点和观测点距离获得距离矩阵，因此可称为全域空间邻近网络。该网络的输入是全域空间邻近网，用卷积神经网络表示权重核函数，卷积神经网络结构采用了多层嵌套"卷积＋池化"，网络的输出归一化后得到每个位置的空间权重矩阵，即利用卷积神经网络解算出空间权重，然后采用常规的普通线性回归流程得到回归系数并输出。

图 10-12 展示了卷积神经网络改进地理加权模型得到的全国 3 km 分辨率的年平均 PM₂.₅ 浓度分布。从图 10-12 中可以看出，中国区域的 PM₂.₅ 浓度分布具有显著的空间差异，呈现出"东高西低"、局部有突出高值区的特征。高浓度区主要分布在华

北、长江三角洲、四川盆地、新疆西部等地区，其中河北、河南、山东三省交界地区的颗粒物污染较为严重，PM$_{2.5}$浓度年均值最高达 86 μg/m³，这与其他研究的结论基本一致。

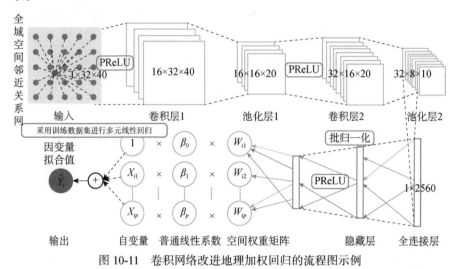

图 10-11　卷积网络改进地理加权回归的流程图示例

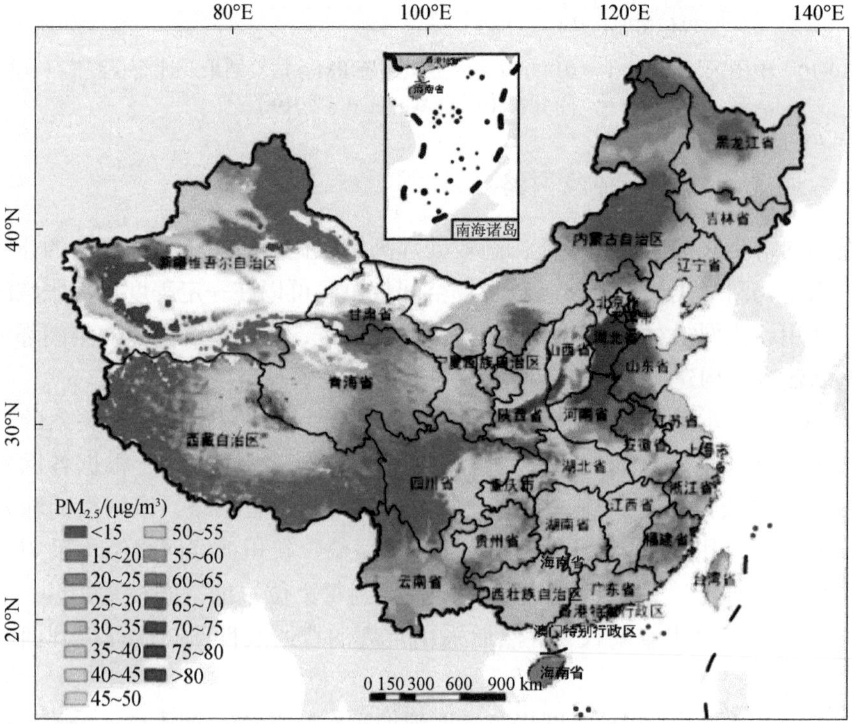

图 10-12　3 km 分辨率的中国区域 2017 年平均 PM$_{2.5}$ 浓度遥感估算结果

（引自嵇晓峰，2019）

10.3.3　时空深度置信网络

Shen 等（2018）基于时空深度置信网络（ST-DBN）预测了武汉城市群近地面 $PM_{2.5}$ 质量浓度，本节基于该工作介绍时空深度置信网络应用于卫星遥感的研究结果。

与传统 DBN 方法类似，ST-DBN 由两层 RBM 和一个 BP 网络组成，如图 10-13 所示。其不同之处在于，该研究直接采用表观辐亮度作为模型输入变量，而不是采用卫星反演的气溶胶光学厚度产品作为预测自变量，同时观测角度、气象要素、归一化植被指数以及 $PM_{2.5}$ 时空变化特征等也一同作为预测自变量。

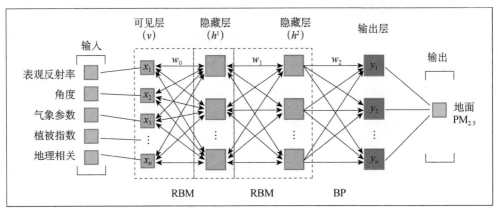

图 10-13　时空深度置信网络结构示意图

相比于将卫星反演的 AOD 产品作为输入，将卫星观测的表观辐亮度数据作为预测自变量，可以获得更高的整体精度。如图 10-14 所示，基于站点和基于样本的交叉验证结果平均预测偏差都小于 10 $\mu g/m^3$。整体上，时空深度置信网络的非线性统计结果相关系数较高，但基于站点的交叉验证结果更好，这说明结果模型精度对站点训练样本仍具有一定的依赖性。

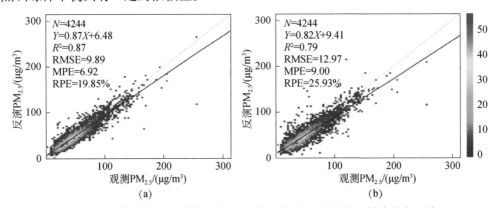

图 10-14　卫星遥感 $PM_{2.5}$ 估算结果（a）基于站点和（b）基于样本的交叉验证
（引自 Shen et al.，2018）

　　图 10-15 显示，获得的 $PM_{2.5}$ 质量浓度遥感结果具有较高的空间分辨率，尤其对于缺失卫星反演气溶胶光学厚度产品的地区，时空深度置信网络方法能够获得更多像元的 $PM_{2.5}$ 质量浓度。同时，对于轻度污染和严重污染天气，预测模型能够较好地预测颗粒物浓度变化趋势。

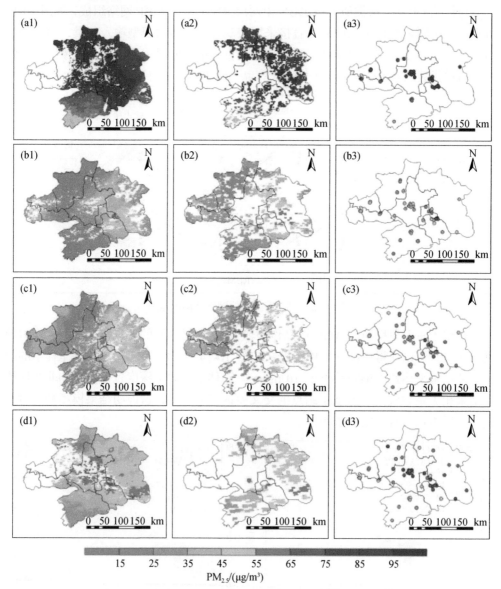

图 10-15　武汉城市圈区域 $PM_{2.5}$ 质量浓度估算值（引自 Shen et al.，2018）

（a）2016-01-15；（b）2016-05-16；（c）2016-07-25；（d）2016-11-27。左列：基于大气顶部反射率估算 $PM_{2.5}$；
中列：基于气溶胶光学厚度估算 $PM_{2.5}$；右列：地面站测量值

第三篇

大气颗粒物遥感数据应用方法

遥感观测的大气颗粒物数据可通过进一步的加工处理，应用于空气质量评估、人体健康研究及气候变化应对等众多领域。从空气质量监测角度来看，将卫星遥感与地面监测的颗粒物质量浓度融合，能够为管理部门提供高精度、高空间覆盖的颗粒物质量浓度分布图，为其资源管理和决策等活动提供支撑。从大气环境污染预报的角度来看，将空间覆盖的大气颗粒物遥感观测同化进入大气化学传输模式，能够改进预报初始场，获得更准确的颗粒物污染状态参数和预报。此外，基于长时间序列的遥感观测，预测未来年际尺度的颗粒物演变趋势是评价污染治理措施的有效手段。

本篇以大气颗粒物遥感观测数据应用方法为出发点，着重讨论大气颗粒物观测星-地融合、大气颗粒物观测同化及预报、大气颗粒物污染溯源及归因。了解这些方法，可对读者使用大气颗粒物遥感数据进行应用研究起到引导作用、帮助产出更有价值的产品信息、辅助管理者进行决策。

第 11 章　大气颗粒物观测星-地融合

大气颗粒物卫星遥感具有观测范围大、数据获取速度快等优势，能够持续获取全球尺度的大气颗粒物信息。但是，在卫星传感器接收到的可见光-近红外波段观测信号中，地表反射占据了主要的比例，大气信号往往是个小量，从而导致颗粒物卫星遥感精度相对较低。大气颗粒物地面观测采用原位测量方式，精度较高且稳定性好，但由于地面站点的空间分布离散且不均匀，地面观测数据无法满足空间覆盖观测的需求。因此，将地面观测的高精度大气颗粒物数据与卫星遥感的高空间覆盖数据相融合，可获得高精度、高空间覆盖的大气颗粒物参数时空分布，实现两种观测手段的优势互补。本章主要介绍几种大气颗粒物星-地观测融合方法，并展示大气颗粒物卫星遥感估算中基于不同关键参数进行数据融合的过程及融合产品的效果，以帮助读者进一步了解提高大气颗粒物卫星遥感估算的手段。

近年来，随着传感器技术的发展，信息表现形式的多样化、大数据化和复杂化得到了前所未有的提升，推动了信息融合技术的快速发展。信息融合可以简单描述为综合利用多源信息以得到高品质的可用信息。单一的传感器往往不能从观测场景中提取足够或精确的数据信息，而多传感器数据源可更有效地进行融合和识别。

11.1　数据融合方法

大气颗粒物参数的星-地融合研究经历了较长的发展历程，目前比较常用的融合方法包括加权平均法（例如，闫静华，2014）、统计最优估计法（例如，Nguyen et al.，2012）、最大似然法（例如，Leptoukh et al.，2008；Nirala，2008；Zubko et al.，2010）和泛克里金法（例如，Chatterjee et al.，2010；Singh and Venkatachalam，2014）等。此外，第 10 章介绍的人工智能方法也可用于星-地数据融合。

11.1.1　加权平均融合

加权平均法是一种简单、便捷的空间插值融合方法，通过对有效影响范围内各传感器数据赋予不同权重并进行加权平均，可以获取插值格点的数值。由于卫星的传感器硬件参数多种多样，卫星飞行轨道、运动和扫描方式也不尽相同，以及地球自转、地表不规则起伏等，遥感获取的图像会产生几何畸变，导致获取的反演产品不是标准的网格化数据。另外，不同传感器的空间覆盖和分辨率不同，因此在进行加权平均融合时，首先要定义融合的标准网格，然后选取一定的权重函数，将各传感器获取的观测数值进行加权平均计算。式（11-1）表示了加权平均的计算过程：

$$\Phi_{ij} = \sum_{k=1}^{n} \Phi_{\text{obs}}^{k} \times W_{ij}^{k} / \sum_{k=1}^{n} W_{ij}^{k} \qquad (11\text{-}1)$$

A：数据源1　　　B：数据源2

图 11-1　加权平均插值方法示意图

式中，Φ_{ij} 为插值网格点的观测参数融合值；n 为插值网格影响范围内不同传感器的有效观测个数；Φ_{obs}^{k} 为第 k 个卫星传感器观测值；W_{ij}^{k} 为求平均值时第 k 个卫星传感器观测值的权重。如图 11-1 所示，当进行不同传感器的观测数据融合时（例如，计算中心蓝色实心圆点处的融合数值），需要在插值标准网格内，以该点为中心，在有效匹配半径内搜索不同数据源的有效观测点，将匹配半径范围内的卫星观测数据均作为有效数据参与中心插值点的融合计算。

加权平均融合时，权重函数的设置直接影响到最终的融合结果。式（11-2）为加权平均融合过程中常用的 Cressman 权重函数，能够对复杂多样的气象数据进行较好的客观分析。

$$W_{ij} = \begin{cases} \dfrac{R^2 - r_{ij}^2}{R^2 + r_{ij}^2}, & r_{ij} < R \\[2mm] 0, & r_{ij} \geqslant R \end{cases} \qquad (11\text{-}2)$$

式中，r_{ij} 为第 i 个传感器观测点与第 j 个插值点的距离；R 为有效半径。在有效半径 R 内，权重会随着插值网格点与观测数据点的距离的增加而减小，当分析点超出有效半径时，插值权重为 0，这时该分析点将不纳入融合有效数据集中。

11.1.2　统计最优融合

统计最优估计方法是基于 Gauss-Markoff 理论的一种时空客观分析方法，可从站点观测的非标准网格或时间连续性较差的数据集中得到某一时间序列的标准网格数据。在最优估计法的插值过程中，首先要获取插值权重，该权重由数据集整体的时空相关结构，即各个观测值的时空分布相关关系决定，这种相关关系可由时空间隔的函数表示。式（11-3）表示了插值网格上某点满足线性最小均方误差时的融合值：

$$\Phi = C_{x\Phi} C_{\Phi}^{-1} O \qquad (11\text{-}3)$$

式中，Φ 为网格上某一点的融合值；$C_{x\Phi}$ 为卫星观测与网格点估计值的互相关矩阵；C_{Φ} 为观测的自相关矩阵；O 为观测数据的观测矩阵。实际中常用的相关函数包括：

$$C(\mathrm{dis}) = \left(1 - \mathrm{dis}^2\right)\exp\left(-\frac{\mathrm{dis}^2}{2}\right) \tag{11-4}$$

$$\mathrm{dis}^2 = \left(\frac{\Delta x}{L}\right)^2 + \left(\frac{\Delta y}{L}\right)^2 + \left(\frac{\Delta t}{T}\right)^2 \tag{11-5}$$

式中，Δx、Δy 和 Δt 分别为插值格点和卫星观测值之间的纬向距离、经向距离和时间间隔；L 和 T 则分别为空间和时间的相关尺度。

与加权平均融合方法类似，在统计最优融合的过程中，首先应对标准网格进行定义；之后从不规则网格的两种卫星数据产品中，在各个插值格点初次筛选一定时空尺度内的有效观测数据集；接着逐个计算数据集中各数据与插值网格点的相关系数，利用相关性对数据集进行进一步筛选；最终对满足上述筛选条件的数据集，根据式（11-3）进行线性最小均方误差估计，从而实现融合。

11.1.3　最大似然估计融合

最大似然估计融合方法是基于输入值进行算术权重组合的方法，在融合观测数据集的同时，最大限度地保留原始数据的信息。该方法强调使用不同数据源的统计数据（例如平均值、标准差和数量）来提取数据特征信息。最大似然估计方法只需要较少的先验知识，就能够很容易地合并各种观测数据的权重。对于各向同性数据，最大似然估计可以从多个观测数据中较好地获取逼近特征值的实际真值。针对同一参数的 n 个独立观测 $\varPhi_k$，最大似然估计可以表示为

$$\varPhi = \sum_{k=1}^{n}\frac{\varPhi_k}{\sigma_k^2} \bigg/ \sum_{k=1}^{n}\frac{1}{\sigma_k^2} \tag{11-6}$$

式中，σ_k^2 为影响观测的高斯噪声的方差。在融合过程中，先根据每个待融合观测像素的观测值计算 σ_k^2，之后利用式（11-6）计算 $\varPhi$ 的预期估计。

11.1.4　泛克里金统计融合

泛克里金方法是 Matheron（1969）对 1951 年 Krige 提出的克里金插值法进行改进和完善，进而发展出的一种数据融合方法，可通过拉格朗日乘数实现求解。假设给定 n 个站点（或时间）测量值，则待估计的 m 个位置（或时间）观测变量的分布 s 可表示为一个未知项 $X_s\beta$ 和一个均值为 0 的随机项 v 之和：

$$s = X_s\beta + v \tag{11-7}$$

式中，X_s 定义为趋势模型；β 定义为漂移系数，可以表示趋势模型中两个变量的权重。

利用每一个重复周期内的观测计算初始变差，并对其分档统计。分档后的初始变差也被称为实验变差。选定一个理论模型对空间实验变差进行拟合，即可获得观测变量的空间相关特征。采用如下形式的指数函数模型能够较好地表示所求观测变量数据的空间相关性：

$$\gamma_{\text{theo}}(h_x) = \begin{cases} 0, & h_x = 0 \\ \sigma_n^2 + \sigma_b^2 \exp(-h_x / l), & h_x > 0 \end{cases} \qquad (11\text{-}8)$$

式中，$\gamma_{\text{theo}}(h_x)$ 表示在空间距离 h_x 上的理论空间变差；$\sigma^2 = \sigma_n^2 + \sigma_b^2$ 为超出相关距离（长距离）上反演值的方差；σ_n^2 为块金值，代表测量误差和小距离（不能被分解为有效观测值的距离）上的微小变化；σ_b^2 为空间相关距离内所求变量变化部分的方差；l 为变程，当两点之间的空间距离超过 $3l$ 时，两点之间便不再具有空间相关性。通常可利用研究区域内去趋势的地基观测数据进行变差分析。

式（11-7）中，随机项 v 代表星-地观测之间的残差，协方差矩阵 Q 可由时空变差计算：

$$Q_{ij} = \sigma^2 - \gamma_{\text{theo}}(h_x) \qquad (11\text{-}9)$$

将式（11-8）代入式（11-9），即可获得残差协方差的完整形式，其中 i 和 j 分别表征地基和卫星观测。由此，在目标位置和时间处待融合变量的估计值可通过求解泛克里金方程来获得：

$$\begin{bmatrix} Q_{gg} & X_g \\ X_g^{\mathrm{T}} & 0 \end{bmatrix} \begin{bmatrix} \Lambda^{\mathrm{T}} \\ M \end{bmatrix} = \begin{bmatrix} Q_{gs} \\ X_s^{\mathrm{T}} \end{bmatrix} \qquad (11\text{-}10)$$

式中，Q_{gs} 定义为地基站点观测值与估计值之间的空间协方差矩阵；同理，Q_{gg} 为地基观测位置之间的空间协方差矩阵。解算上述方程组，可求取 Λ 和 M 两矩阵，Λ 矩阵表示分配给插值到 m 个位置和时间的地基观测值的权重值，M 表示拉格朗日乘数矩阵。融合分布 $\hat{s}$ 可表示为

$$\hat{s} = \Lambda g = X_s \hat{\beta} + Q_{gs}^{\mathrm{T}} Q_{gg}^{-1} \left(g - X_g \hat{\beta} \right) \qquad (11\text{-}11)$$

式中，g 为给定的 n 个站点的测量值。

11.1.5　贝叶斯最大熵时空融合

贝叶斯最大熵（Bayesian Maximum Entropy，BME）时空融合方法是一种非线性时空地学统计方法，可以从理论上整合不同来源和不同精度的数据。它不仅利用了卫星观测数据的时空自相关，还考虑了卫星产品的反演不确定性，具有较好的适用性（Tang et al.，2016）。通过贝叶斯最大熵时空融合方法将影响融合结果的不确定性

因素进行量化，有效地提高了融合产品的质量精度。

该方法假设各种邻近卫星的观测数据具有不规则的空间和时间间隙，非线性均值估计结果 $\overline{x_k}$ 可通过式（11-12）计算：

$$\overline{x_k} = \int x_k f(x_k \mid x_{soft1}, x_{soft2}, \cdots, x_{softn}) dx_k \qquad (11\text{-}12)$$

式中，$x_{soft1}, x_{soft2}, \cdots, x_{softn}$ 表示概率软数据；$f(x_k|x_{soft1}, x_{soft2}, \cdots, x_{softn})$ 表示对时空相邻像元的后验概率密度函数。软数据通常是指描述对象表现为数值区间、类别等"集合"形式的空间数据，硬数据描述的是"具体的数值"。根据贝叶斯规则，$f(x_k|x_{soft1}, x_{soft2}, \cdots, x_{softn})$ 可表示为

$$f(x_k \mid x_{soft1}, x_{soft2}, \cdots, x_{softn}) = \frac{f(x_{soft1}, x_{soft2}, \cdots, x_{softn}, x_k)}{f(x_{soft1}, x_{soft2}, \cdots, x_{softn})} = \frac{f_G(x_{map})}{f(x_{soft1}, x_{soft2}, \cdots, x_{softn})}$$

$$(11\text{-}13)$$

式中，$f(x_{soft1}, x_{soft2}, \cdots, x_{softn})$ 表示软数据在时空相邻像元处的先验概率分布函数；x_{map} 由点 $x_{soft1}, x_{soft2}, \cdots, x_{softn}$ 和 x_k 组成；$f_G(x_{map})$ 为一个在先验知识 G 约束下由熵最大化实现的联合概率分布函数。对于连续变量 $f_G(x_{map})$ 可以定义熵 H 为

$$H = -\int dx_{map} f_G(x_{map}) \log f_G(x_{map}) \qquad (11\text{-}14)$$

最大熵等价于最大化相关，引入拉格朗日乘子 λ_α，可得：

$$L\left[f_G(x_{map})\right] = -\int dx_{map} f_G(x_{map}) \log f_G(x_{map}) \\ - \sum_{\alpha=0}^{N} \lambda_\alpha \left[\int_{\varphi_\alpha}(x_{map}) f_G(x_{map}) dx_{map} - \overline{\varphi_\alpha(x_{map})}\right] \qquad (11\text{-}15)$$

式中，$\overline{\varphi_\alpha(x_{map})}$ 为 $\varphi_\alpha(x_{map})$ 的期望值。令式（11-15）的偏导数为零，求解关于 λ_α 的方程，即可得到最大熵时的联合概率密度 $f_G(x_{map})$ 的解：

$$f_G(x_{map}) = \frac{\exp\left[\sum_{\alpha=0}^{N} \lambda_\alpha \varphi_\alpha(x_{map})\right]}{\int \exp\left[\sum_{\alpha=0}^{N} \lambda_\alpha \varphi_\alpha(x_{map})\right] dx_{map}} \qquad (11\text{-}16)$$

最后，将联合概率密度函数 $f_G(x_{map})$ 代入式（11-14）和式（11-15），即可求解线性均值估计 $\overline{x_k}$。

在 BME 方法中，通过构建软数据来量化数据的不确定性。软数据可以是概率软数据或间隔软数据，可通过对数据进行高斯分布概率处理得到。为了满足整个时空

域的二阶平稳性假设，在构建卫星数据时空样本的自协方差结构之前，可利用时空移动窗口滤波方法将原始卫星数据的时空趋势量化和去除。

11.2　大气颗粒物星-地数据融合应用

11.2.1　气溶胶光学厚度数据融合

Chatterjee 等（2010）基于泛克里金方法，充分利用气溶胶空间分布的相关性，对 2001 年夏季美国东部和 2001 年秋季美国西部的 MODIS、MISR 卫星产品以及 AERONET 的 AOD 数据进行了融合测试，并通过交叉验证分析融合效果。图 11-2 显示，美国东部地区的案例表明，当 MISR 和 MODIS 产品与地基 AOD 观测相关性

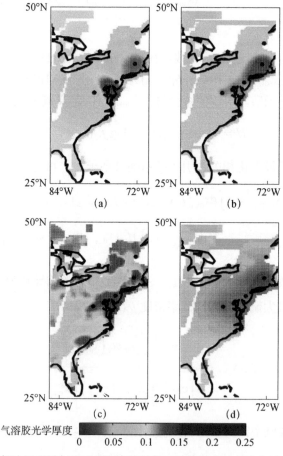

气溶胶光学厚度　0　0.05　0.1　0.15　0.2　0.25

图 11-2　美国东部地区卫星与地面观测高相关性区域普通克里金法和泛克里金法的比较
（2001 年 10 月 29 日～11 月 4 日）（引自 Chatterjee et al.，2010）
（a）普通克里金法获得的最佳估计；（b）普通克里金法的不确定度，以标准偏差表示；
（c）泛克里金法获得的最佳估计；（d）泛克里金法的不确定度，以标准偏差表示

较为显著时, 泛克里金法获取的 AOD 分析场显著优于普通克里金法的结果, 泛克里金估算的不确定性要低得多。图 11-3 显示, 美国西部地区的融合案例表明, 在 MISR 和 MODIS 相关性较低的区域, 泛克里金法与普通克里金法的估计值相近, 两者的不确定性相似。随着遥感技术的发展, 越来越多的遥感观测数据可以被利用, 尽管对多源卫星 AOD 产品进行数据融合时无法消除仪器差异带来的误差, 但使用泛克里金法可更精准地提取多源 AOD 数据, 降低传感器差异带来的不确定性, 从而以统计上可靠的方式组合多源数据集来实现互补。

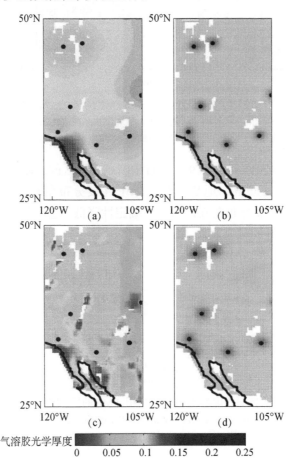

图 11-3　美国西部地区卫星与地面观测低相关性区域普通克里金法和泛克里金法的比较
（2001 年 7 月 21～27 日）（引自 Chatterjee et al., 2010）
（a）普通克里金法获得的最佳估计；（b）普通克里金法的不确定度, 以标准偏差表示；
（c）泛克里金法获得的最佳估计；（d）泛克里金法的不确定度, 以标准偏差表示

11.2.2　细粒子比数据融合

赵爱梅（2017）使用泛克里金方法融合 MODIS 的 FMF 数据与地基 FMF 产品,

并对结果进行了分析和验证。图 11-4 显示了 2016 年 2 月 2～8 日中国东部地区的融合结果。图 11-4（a）显示，MODIS 的 FMF 产品空间变化剧烈，相邻像元的 FMF 数值差异可达 0.6，而 FMF 的值域仅为 0.0～1.0。融合后，空间自相关性显著提高，不确定性显著降低。

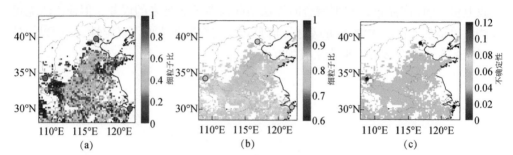

图 11-4　2016 年 2 月 2～8 日中国东部地区细粒子比 FMF 的星-地融合结果（引自赵爱梅，2017）
（a）MODIS 卫星 FMF 产品均值；（b）MODIS 的 FMF 与地基 FMF 的泛克里金法融合结果；（c）泛克里金方法估计值的不确定性（标准偏差）。图中带颜色的实点表示地基站点观测值，空白处表示无值

　　图 11-5 给出了 2016 年 2 月 9～15 日中国东部地区的 FMF 空间分布。该案例比图 11-4 案例污染水平更高，地基观测的 FMF 主要分布在 0.8～1.0。融合后的 FMF 空间变化平缓，且主要分布在 0.7~1.0，不确定性降低。这说明，在不同污染水平下，泛克里金法都有较好的融合效果。

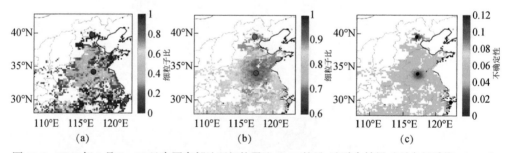

图 11-5　2016 年 2 月 9～15 日中国东部地区细粒子比 FMF 的星-地融合结果（引自赵爱梅，2017）
（a）MODIS 卫星 FMF 产品均值；（b）MODIS 的 FMF 与地基 FMF 的泛克里金法融合结果；（c）泛克里金方法估计值的不确定性（标准偏差）。图中带颜色的实点表示地基站点观测值，空白处表示无值

11.2.3　大气颗粒物质量浓度数据融合

　　大气颗粒物质量浓度的星-地数据融合通常有两种策略：一种是先由星-地 AOD 数据生成全覆盖 AOD 图，由此导出空间连续的 $PM_{2.5}$ 浓度图；另一种是将从多个 AOD 数据集估计的 $PM_{2.5}$ 质量浓度融合成一个全覆盖的 $PM_{2.5}$ 浓度分布图。Bai 等（2022）利用葵花 8 卫星反演、MERRA2 模拟以及地基遥感观测获得的 AOD 数据，结合 $PM_{2.5}$、成分和气象等辅助数据，评估了两种策略下融合的全覆盖 $PM_{2.5}$ 质量浓

度。他们使用不同的映射策略生成 10 个 PM$_{2.5}$ 质量浓度数据集进行相互比较。图
11-6（a）～（c）分别给出了站点、MERRA2 模拟以及葵花 8 卫星观测获得的 PM$_{2.5}$
质量浓度分布。可以看出，站点和卫星数据都存在严重的覆盖不全，而 MERRA2 模
拟的 PM$_{2.5}$ 空间分辨率粗糙，在感兴趣区的栅格效应显著。而采用不同的方法融合后
［图 11-6（d）～（g）］，不仅空间覆盖有了很大的提升，空间分辨率和 PM$_{2.5}$ 质量浓
度精度也得到了改善。虽然不同融合策略获得的 PM$_{2.5}$ 质量浓度在空间分布上仍存
在差异，但其精度无显著差异。

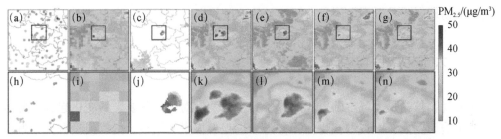

图 11-6　2019 年 5 月 8 日四川盆地不同融合策略下 PM$_{2.5}$ 质量浓度空间分布
对比（引自 Bai et al.，2022）

（a）～（g）、（h）～（n）为（a）～（g）中黑框区域的放大图。（a）站点 PM$_{2.5}$；（b）MERRA2 的 PM$_{2.5}$；
（c）葵花 8 卫星基于随机森林法估算的 PM$_{2.5}$；（d）葵花 8 卫星与 MERRA2 的 PM$_{2.5}$ 融合结果；（e）葵花 8 卫星、
MERRA2 以及地面观测的 PM$_{2.5}$ 融合结果；（f）葵花 8 卫星与 MERRA2 的 AOD 融合，进一步估算的 PM$_{2.5}$；
（g）（f）的 PM$_{2.5}$ 进一步与站点 PM$_{2.5}$ 观测融合结果

第 12 章　大气颗粒物观测同化及预报

上述章节详细介绍了大气颗粒物卫星遥感技术，以及获得卫星观测时段颗粒物参数及浓度分布的方法。这些基础数据对空气质量预报有重要意义，可用于改善预报初始场、提高预报精度。本章主要介绍大气化学传输模式，以及针对大气颗粒物预报的物理、化学方案，同时介绍相关的卫星数据同化方法。

12.1　大气化学传输模式

大气颗粒物是大气中的重要成分，其生消发展对大气各要素的变化起到十分重要的影响。例如，大气颗粒物在云雾降水过程中提供凝结核，可以说没有大气颗粒物就没有我们日常可见的各种天气变化。而且，大气颗粒物表面是大气中各种化学反应发生的场所。随着工业与交通的发展，各种大气污染前体物排放到大气中，在大气颗粒物表面发生复杂的化学反应，形成酸雨，危害人体健康。另外，灰霾和沙尘等高浓度的大气颗粒物造成能见度下降，严重影响交通出行。

大气颗粒物污染预报最早采用的是大气污染潜势预报方法。该方法基于气象的天气形势预报，从已有的污染事件中，归纳出发生污染时的潜势预报指标，以这些指标的临界值作为污染预报的依据。常用的潜势预报直接指标有温度梯度、风速、混合层高度、气压场以及能见度等；在这些直接指标的基础上可组成综合指标，如滞留区域、通风系数等。另外还有统计预报的方法，对于特定城市或区域，总结归纳长时间序列的气象与环境监测数据，利用统计学方法分析天气发展规律，找出污染发生时的天气类型以及对应的典型参数，依据统计学的线性或非线性模型，建立典型参数与环境质量监测数据的映射关系，从而实现污染预报。

大气污染潜势预报和统计预报操作简单，因此早期普及度较高，但这两种方法均存在明显的局限性。前者假定天气预报完全准确，后者则假定排放区域内污染源排放稳定，同时还需要大量、长期的气象和空气质量数据支撑。而且这两种方法都忽略了污染过程的物理机制，对于空气污染问题的机理缺乏详细考虑。随着空气污染研究的推进以及空气质量预报精度需求的提升，人们对于空气污染过程的生消机制、物理过程更为关注，这两种方法逐渐难以满足科研和业务化需要。相应地，随着计算机科学的发展，数值模式方法近年来逐渐得到发展，成为大气颗粒物等空气污染物研究和预报的主要工具。

大气化学模式依据大气动力学理论建立动力框架，利用数学方法建立大气物理和化学过程的模型，结合大气污染排放的时空规律，定量再现包括大气颗粒物在内的大气组分在大气中的输送、发展和清除等过程（王自发和吴其重，2009）。现阶段的模式通常采用欧拉系统，适用于非定常、非均匀流场中的不同尺度范围，且包含多种排放源、大量化学过程（包含线性过程与非线性过程）、干湿沉降和其他迁移与清除过程。这些过程中选取不同的动力学、物理和化学方案建立各种类型的数值模型，并通过网格化形式来进行预报。相较于潜势预报方法与统计学方法，大气化学模式方法虽然数理基础复杂、实施过程难度大、计算所需时间长，但具有前两种方法难以比拟的机理性和适用性，且能针对设定区域进行网格化、自动化的大气污染定量时空预报，因此发展迅速，已成为当前科研和业务使用的主要手段。

自 20 世纪 70 年代以来，从早期的扩散模型到现今的区域多尺度空气质量模式，大气化学模式经历了三代发展。第一代大气化学模式是基于点源模式，通过积分方法构建的线源、面源或者体源模式。这些模式在水平和垂直方向上假定污染物浓度符合高斯分布，采用简单的物理输送算法估算下风向的 $PM_{2.5}$ 以及污染气体浓度。由于缺乏对污染物化学活性的考量，这种模式仅能模拟无化学活性或化学活性较弱的污染物扩散轨迹，多用于对单个一次污染物的研究，典型代表为 CALPUFF（California Puff Model）。第二代模式增加了专业的气象模块，生成气象驱动场。针对当时欧美出现的酸雨与光化学烟雾等污染问题，其还增加了许多非线性的化学反应机制，对气溶胶模块与气相化学模块进行了耦合。这些改进使得模式能够对大气中的物理和化学过程进行更精确的模拟。特别是针对光化学污染问题，第二代大气化学模式发挥了较大的作用，代表性的模式有 UAM（Urban Airshed Model）、RADM（Regional Acid Deposition Model）和 ROM（Regional Oxidant Model）。第三代大气化学模式基于"一个大气"（One-Atmosphere）的开发理念，即将大气中的动力、物理和化学过程进行集成，同时考虑气象、化学等各种过程的相互作用，在一次模拟过程中即可实现对气象过程、光化学污染、颗粒物（如 $PM_{2.5}$）污染等的模拟，能够较为全面地进行空气质量评估。目前，应用较为广泛的第三代大气化学模式有 CMAQ（Community Multiscale Air Quality）、WRF-Chem（Weather Research and Forecasting Model with Chemistry）等。

12.1.1　WRF-Chem 模式

WRF-Chem 是目前发展较快的大气化学模式之一，由美国国家大气研究中心（National Center for Atmospheric Research，NCAR）、美国国家海洋和大气管理局（National Oceanic and Atmospheric Administration，NOAA）和美国西北太平洋国家实验室（Pacific Northwest National Laboratory，PNNL）等机构共同开发完成。WRF-Chem 模式依据"一个大气"开发理念，将气象和化学过程深度耦合、同时运行，获取更为准确和合理的模拟结果（Peckham，2012）。WRF-Chem 模式由动力模式 WRF（Weather Research and Forecast）和化学模块（Chem）两大部分组成。其中，WRF 模块提供中尺度气象驱动场，而 Chem 模块则利用输入的气象场与排放源数据对大气中各种化学过程进行真实、同步再现。在此之前的大气化学模式（如 CMAQ 等）中，气象过程和化学过程是分开处理的，通常先运行动力学气象模式，得到一定时间分辨率的气象场后传递给大气化学模式。传递过程中进行气象场时间和空间上的插值，会导致一些小于输出时间分辨率的气象过程丢失（如一次雷暴过程），而这些过程有时非常重要。另外，气象与化学过程分开独立运行的方法难以模拟它们之间的相互反馈作用。在实际大气中，化学和气象过程发生在同一时间段，并且相互影响。例如，大气辐射的改变能影响光化学反应的进程，从而使大气中气溶胶与污染气体的组分与含量发生变化，而这一变化又会对大气辐射强迫造成反馈。针对这些问题，WRF-Chem 采用了在线耦合的气象与化学过程，两者使用统一的网格坐标系和物理过程参数化方案，避免了时间和空间上的插值。得益于该设计，WRF-Chem 模式能够实现气象物理和化学过程的同步计算，再现更加真实的大气环境，实现对痕量气体和气溶胶浓度以及气象场的同时模拟（Grell et al.，2005）。

　　WRF-Chem 模式的主要架构如图 12-1 所示，主要系统组件与 WRF 基本一致，

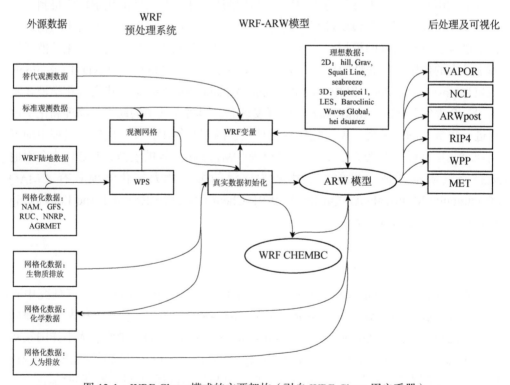

图 12-1　WRF-Chem 模式的主要架构（引自 WRF-Chem 用户手册）

区别在于 WRF 中加入了 Chem 模块。Chem 模块中包括了污染物输送和扩散、干湿沉降、源排放、光化学过程、气相化学机制、气溶胶动力学和气溶胶化学等过程，这些过程也是高度模块化的。在模拟过程中，用户可以打开或关闭各过程模块开关进行敏感性试验；或根据实际需求选择各个过程最合适的方案以获得最优的预报。这种模块化的设计理念使 WRF-Chem 模式能很好地兼顾模拟预报的性能与模式开发的扩展性，为后续版本的发展奠定了基础。

12.1.2　GEOS-Chem 模式

与 WRF-Chem 模式相似，GEOS-Chem 模式也是基于"一个大气"理念开发的第三代大气化学模式。该模式由美国哈佛大学研发，自 20 世纪 90 年代开始至今，已经发展为广泛使用的三维大气化学传输模式之一。GOES-Chem 模式本身不包含气象场模拟，而是由 GEOS-5 大气环流模式模拟的全球气象场与观测资料的四维变分同化获得的。在全球模拟时，GOES-Chem 模式的水平分辨率为 2°×2.5°和 4°×5°两种，除此之外还可以进行嵌套模式下的区域尺度模拟。区域模式下，使用全球模式提供边界层和背景场，并以该边界场区域的污染物浓度作为区域模式下的输入值。垂直方向上，GEOS-Chem 模式分为 72 层，范围从地面标准大气压到 0.01 hPa 处。GOES-Chem 模式的核心模块包括源排放模块、对流和平流传输模块以及物理和化学转化模块。GOES-Chem 模式的主要框架如图 12-2 所示。

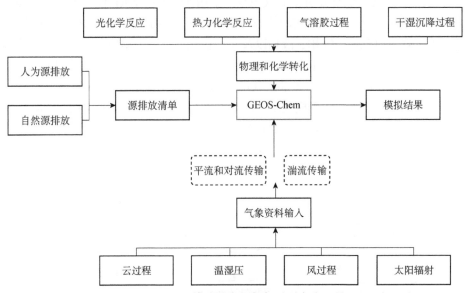

图 12-2　GEOS-Chem 模式的主要框架（引自张玉强，2011）

GEOS-Chem 模式模拟需要的污染物源排放清单主要包括自然源和人为源两种，对于不同来源的污染物会选取不同的处理方式。自然源是指来自闪电、火山喷发、植被排放及野火燃烧等自然过程的污染排放，针对不同的自然源污染物有多种清单可供选择，如生物活动产生的非挥发性有机物可采用 MEGAN 清单、生物质燃烧可采用 GFED 清单等。人为源是指人类活动产生的各种污染排放，全球排放清单可采用 GEIA（Global Emission Inventory Activity）、EDGAR（Emissions Database for Global Atmospheric Research）等，各个国家和地区也根据自身情况编制了当地的人为源清单，如北美的 BRAVO 清单、欧洲的 EMEP 清单及中国的 MEIC 清单等。

12.1.3   NAQPMS 模式

我国空气质量预报研究虽然起步较晚，但随着基础研究的进步，我国大气化学模式在性能与预报效果上取得了快速的提升。由中国科学院大气物理研究所研制的嵌套网格空气质量预报模式（Nested Air Quality Prediction Modeling System，NAQPMS）在借鉴国际上先进的天气预报和空气质量数值模式的基础上，充分考虑了中国的区域特点、城市特征、地理和地形分布、污染源排放特征，设计了东亚地区起沙机制模型，并利用高性能并行集群计算，实现了高时效预报。

NAQPMS 模式的主要架构如图 12-3 所示，由基础数据系统、中尺度天气预报系统、空气污染预报系统和预报结果分析系统四个子系统组成。其中，基础数据系统为该模式提供初始场、边界场以及观测数据验证数据集，包括下垫面资料、污染源资料、气象资料和实时监测污染物的监测资料四个部分。中尺度天气预报系统负责为空气质量预报子系统提供逐小时分辨率的气象场，采用 MM5 或 WRF 模式模拟气象场。空气质量预报子系统则是整个模式的核心，用于处理污染物在大气中的排放、平流输送、扩散、干沉降、湿沉降、气相、液相以及非均相化学反应等物理和化学过程。模式在空间上采用三维欧拉网格，水平方向可进行多重网格嵌套，垂直坐标采用地形追随坐标。模式中考虑了 SO_2、NO_x、C_mH_n、O_3、CO、NH_3、PM_{10} 以及 $PM_{2.5}$ 等主要大气污染物。预报结果分析系统用于模式结果的后处理与可视化，基于 GrADS、Vis5D 等图形处理软件进行可视化，通过网页制作软件进行网络发布。

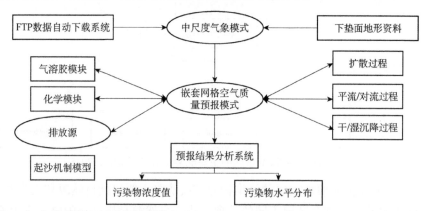

图 12-3   嵌套网格空气质量预报模式（NAQPMS）的主要架构（引自王自发等，2006）

12.2　模式参数化方案

大气中的物理化学过程空间尺度的跨度可达约 10^6 m，而模式受到网格分辨率的限制，难以对任一处的物理化学过程均进行描述。另外，计算机的性能仍存在瓶颈，要保证数值预报的时效性，就必然不能对所有大气过程进行网格化的数值计算。同时，由于认知水平的限制和大气过程的复杂性，大气中仍存在众多难以用数学方式表达的过程。因此，第三代大气化学模式为不同的物理及化学反应过程提供了多种参数化方案，用参数化的手段对次网格尺度的辐射、边界层、云降水物理及化学等过程进行处理。

第三代大气化学模式中的参数化方案通常分为物理和化学方案两大类。其中，物理方案一般与提供气象场的气象模式相统一，在化学场模拟过程中则与气象场模拟采用同一套物理方案。物理方案表征的过程主要有 5 类，分别是：①针对水汽、云和降水的微物理过程；②针对大气中上行辐射和下行辐射导致的热量传输的辐射过程；③针对边界层中温度、湿度和水平动量湍流输送的边界层过程；④针对对流云中的上升和下沉气流以及积云对流过程；⑤针对陆面热量和水汽通量的陆面过程。

12.2.1　物理过程方案

1. 微物理过程参数化方案

微物理过程主要是指模式中的水汽、云和降水过程，微物理过程参数化方案中包含对水的不同相态的考虑和混合比例、数浓度以及粒径的设置。常用的微物理过程参数化方案有 Kessler 方案、Lin（Purdue）方案、Eta Ferrier 方案、Thompson 方案，以及 WSM3、WSM5 和 WSM6 方案。其中，Kessler 方案源自于 COMMAS 模式，是一种简单的面向暖云物理过程的参数化方案。该方案中包含降雨的形成、降落和蒸发、云水的凝结生成和增长等过程。Lin（Purdue）方案是一种较为全面和成熟的微物理方案，在理论研究中被广泛使用。该方案全面考虑了大气中水的六种形态（水汽、云水、降雨、云冰、雪、霰）。这六种形态在大气中相互转化，涉及了各种相变过程（蒸发、凝结、升华、凝华等）以及碰并增长、碰撞聚合、次生增长和贝吉隆过程等微物理过程。Eta Ferrier 方案预测了模式中平流项的水汽和总凝结降水的变化，适用于模拟快速变化的微物理过程，可以在较大的时间步长设置下得到稳定的计算结果。Thompson 方案采用了双参数物理方案，其对雪的粒径、形状和密度的设置更接近实际情况，多应用于提高冻雨天气下的飞航安全保障能力。WSM3 方案增加了冰沉降过程和冰相参数，将云水和云冰当作同一类物质考虑，将雨水和雪也当作同一类物质考虑，即整体上只有三种水相粒子——水汽、云水和云冰、雨和雪，由此形成一种简单的处理冰粒子的方案。与 WSM3 方案类似，WSM5 方案在水相粒子中剔除了霰，但考虑了过冷水的存在和冰、水间的饱和过程。WSM6 方案在 WSM5 方案的基础上进行了扩充，可对云分辨率网格的尺度进行有效模拟，并且增加了霰以及与 Lin 方案类似的霰关联过程。根据雪和霰的混合比，在沉降和增长过程中设置不同的下降速度，在下降过程中考虑凝结和融化过程，增加了垂直廓线的精度。

2. 边界层参数化方案

边界层参数化方案描述了模式中大气湍流所引起的次网格垂直输送过程，影响模式中混合层和垂直层的垂直通量廓线，以及温度、湿度和水平动量等物理量的垂直输送特征。边界层方案不仅影响低层大气要素，通过边界层的垂直输送也能对高层大气产生影响。常用的边界层参数化方案有 MRF 方案、YSU 方案和 MM5 方案等。其中，MRF 方案使用反梯度通量来处理不稳定状态下的热量和水汽。边界层高度由临界理查德森数决定，在边界层中使用了增强的垂直通量系数，垂直扩散项使用了基于自由大气的临界理查德森数的隐式局地方案来处理。YSU 方案对 MRF 方案进行了改进，在使用反梯度通量来处理热量和水汽通量的同时，增加了对边界层顶附近边界层卷夹过程的考虑。该方案将边界层顶高度位置判识标准由 MRF 方案中的临界理查德森数阈值（0.5）调整为 0，并在边界层顶定义了最大卷夹层。MM5 相似理论近地面层方案经常与 MRF 和 YSU 边界层方案联合使用，通过对流速度来加强近地面热量和湿度通量，采用 Paulson、Dyer 和 Webb 稳定函数计算地面热量、湿度和动力的交换系数。

3. 积云对流参数化方案

积云对流参数化方案是对次网格的对流云中上升和下沉气流，以及云外补偿气流进行参数化的方案，在暴雨等强降水过程的模拟和预报中起到重要的作用。选取合适的积云对流参数化方案可有效改善预报效果。常用的积云对流方案包括 Kain-Fritsch 方案，Betts-Miller-Janjic 方案等。其中，Kain-Fritsch 方案采用了一种简单的包含水汽抬升和下沉的云模式，该方案中包含积云对流中的卷夹（卷出、卷吸）、气流上升和下沉等微物理过程。Betts-Miller-Janjic 方案在 Betts-Miller 方案上进行了改进，可以张弛调整对流的热力廓线，在对流释放时间和云平均温度、降水变化等方面也可进行调整。

4. 陆面过程参数化方案

陆面过程是指发生在地表或表层土壤中，影响地气间动量、热量和水汽交换的物理过程，常用的陆面过程参数化方案有热扩散方案和 Noah 方案。其中，热扩散方案来源于 MM5 方案的 5 层土壤温度模式：设定 5 层土壤分别位于 1 cm、2 cm、4 cm、8 cm 和 16 cm 深度（更深区域的温度设置为固定值），通过辐射、感热和潜热等过程计算能量收支，方案中还考虑了雪盖效应（不随时间变化）。Noah 方案考虑了 4 层土壤，分别设置在离地面 10 cm、30 cm、60 cm 和 100 cm 处（包含植被根区、蒸散机制、土壤排水和径流），可为边界层方案提供感热和潜热通量，也可对城市地区土壤中的含冰量和积雪覆盖效应进行预测。

5. 辐射过程参数化方案

辐射过程参数化方案考虑了地气系统中上行和下行辐射引起的大气中的热量传输，包括长波辐射方案和短波辐射方案两种。常用的辐射过程参数化方案有 RRTM 长波辐射方案、Dudhia 短波辐射方案和 Goddard 短波辐射方案。RRTM 长波辐射方案是一种快速辐射传输模型，它基于相关 k 分布法，可很好地模拟水汽、二氧化碳、臭氧等气体和云对长波辐射吸收的过程。Dudhia 短波辐射方案考虑云和大气对短波辐射的散射和吸收，不考虑臭氧的作用，是一种简单的辐射传输方案，仅对大气散射、水汽吸收、云反射和散射的太阳辐射通量进行累加。Goddard 短波辐射方案中包含 11 个光谱波段，利用二流近似计算散射太阳辐射和直接太阳辐射。

12.2.2　化学过程方案

模式中的化学过程主要包括污染物的传输和扩散、干沉降和湿沉降、源排放、气相化学反应过程、光解过程、气溶胶动力学和气溶胶化学等。这些过程在模式中以高度模块化的形式进行处理。用户通过选择不同模块的方案组合，可以对化学反应的种类、气溶胶的直接和间接效应、气溶胶粒径和谱分布以及沙尘排放等进行设置，从而实现个性化的大气化学模拟。

化学参数化方案中气相化学方案和气溶胶方案的选择对于气溶胶模拟最为重要，两者互相协调，对于气溶胶反应、粒径和谱分布的处理产生巨大的影响，也直接影响到后续气溶胶数据的融合与同化。

1. 气相化学方案

气相化学机制对模式中的无机和有机反应物种以及反应机制进行设置。其中，RADM2 机制是最为广泛应用的区域酸沉降机制之一，该机制方案中包含 55 个物种和 134 个化学反应，其中无机物包含 14 种稳定成分、4 种中间反应产物以及氧气、氮气和水汽，有机物包含 26 种稳定成分和 16 种过氧自由基。在处理有机物化学反应时，根据成分反应特性的权重大小，将具有相似性质的有机物进行分组，按照权重系数组合在模式中进行计算。利用该气相化学机制可获得 22 种诊断成分和 38 种预报成分的浓度。CBMZ 是在 CBM4 基础上发展而来的气相化学机制，在其基础上增加了过氧和过氧酰基的相互作用以及它们与硝基的反应，并添加了长寿命的有机硝酸盐和过氧化氢物的反应机制，改进了无机化学、异戊二烯化学以及活泼的烷烃、烯烃和芳香烃的化学反应，同时考虑了海洋产生的二甲基硫的排放及相关化学反应。

2. 气溶胶方案

气溶胶方案根据气溶胶谱分布处理方法的不同分为三种，分别是整体气溶胶方案（Bulk Aerosol Schemes）、模态气溶胶方案（Modal Aerosol Schemes）和分档气溶胶方案（Sectional Aerosol Schemes）。整体气溶胶方案不考虑气溶胶的谱分布，仅输出气溶胶各成分的总质量。模态气溶胶方案将气溶胶按尺度分为数个互相重叠的模态，各模态符合对数正态分布。分档气溶胶方案则将气溶胶按粒径分档，各档之间互不重叠。三种方案包含的气溶胶尺度信息量是依次递增的。在模式模拟中，对气溶胶划分越细致，越能对气溶胶特性进行精确的描述，但代价是增加相应的计算和内存资源开销。

GOCART 是一种可有效模拟沙尘气溶胶的方案，因其计算效率高而被气候模式广泛使用。该方案中将气溶胶分为硫酸盐、有机碳、黑碳、沙尘和海盐 5 种成分，其中仅对海盐和沙尘气溶胶进行了分段处理。该方案最终包含 14 个气溶胶变量，分别为亲水性和疏水性的有机碳、亲水性和疏水性的黑碳、硫酸盐、海盐（分为 4 个粒径段）和沙尘气溶胶（分为 5 个粒径段）（冯沁，2017）。除沙尘和海盐外，由于对其他气溶胶成分缺少按粒径的划分，其他成分仅能获得总质量浓度，不能得到数浓度和谱分布信息。

MOSAIC 方案是另一种主流的气溶胶方案。该方案可采用模态气溶胶方案（Modal Aerosol Schemes）及分档气溶胶方案。原始版本采用了分档气溶胶方案，综合考虑了气溶胶的各个类型，包括黑碳、有机碳、硝酸盐、硫酸盐、氯化物、钠盐、铵盐以及其他无机成分，并对每一类气溶胶都按照粒径分档。对于镁盐、钾盐这两种化学性质活跃的无机盐，因其化学特性与钠盐相近，没有单独显式描述，而是采用等量的钠盐替代。相较于 GOCART，MOSAIC 考虑的颗粒物成分类型由 5 种增加到 8 种，同时对于每种气溶胶类型按照粒径分为 4 档，能够输出气溶胶的数浓度。由于对气溶胶类型和粒径的划分更详细，该方案对气溶胶在大气中的直接和间接效应有着更全面的描述。

12.3 大气颗粒物观测同化方法

数据同化根据权重与分析方法的不同，发展出了众多方法。早期大气研究领域同化采用的是逐步订正法（Successive Correction Method，SCM）（Cressman，1959）等经验性统计方法，之后发展了最优插值（Optimum Interpolation，OI）法（Bergman，2009；Schlatter，1975），再发展至现今研究和业务上广泛使用的变分同化方法（Derber et al.，1991）和卡尔曼滤波方法（Kalnay，2002）。SCM 法将权重看作是观测点与网格点之间距离的函数，分析场经过数次迭代得到。而 OI 法则通过使每一个格点上的分析误差极小化而得到权重矩阵。变分同化方法通过分析场和背景场以及分析场误差和观测数据误差构建目标函数,当目标函数极小化时就得到了分析场。相较于 OI 法,变分同化方法中不需设定影响半径并选取与分析格点相近的区域或位置,避免了观测数据不同而导致不同区域之间分析梯度过大的问题(张爱忠等,2005)。另外,变分同化方法通过构建非线性观测算子,实现了模式变量向非传统观测变量的转化,理论上可以同化任何观测数据,极大地扩展了同化的实用性。

现阶段的业务和研究中所关注的变分同化方法主要是三维变分同化和四维变分同化。这两种变分同化方法都是将求解分析场的问题转化为代价函数的最小值问题。相较于三维变分同化,四维变分同化多了时间维度,且能获得数值模式的动力约束。卡尔曼滤波方法是一种具有前景的四维同化方法,该方法即使在第一猜测值质量不高的情况下,也能在较短时间内获得状态较好的线性无偏差估计和误差协方差,但同时也增加了计算成本。对于目前的计算机水平来说,业务化的四维变分同化与卡尔曼滤波同化仍较难实施,三维变分仍是目前业务化应用的主流模型。

12.3.1　数据变分同化原理

大气数值模拟从数学上来说是对大气物理化学过程的描述,并且可以提供变量的预测值。但由于大气数值模式很难对所有物理化学过程进行精确刻画,因此模拟预测值通常存在误差。在目前的业务数值预报中,通常采用同化的方法来引入观测信息,对初始场进行优化。同化是基于对大气状态的初步估计,利用最优统计等手段,结合时间窗内所有可利用的大气相关信息更为精确地描述大气状态的一种方法(Bouttier and Courtier,2002;Daley,1993)。在同化过程中,为了得到背景场 x_b 的观测信息,需要对模式的输出进行空间插值,从而获取观测点位置上对应的数值。若观测产品中的变量为 y_o,观测数据的第一猜测值表示为 $h(x_b)$,这里的 h 是观测算子,则可以定义观测增量为观测值与模式第一猜测值之差,表示为 $y_o - h(x_b)$。分析场 x_a 可由模式背景场与经过权重 W 修正后的观测增量共同得到

$$x_a = x_b + W\left[y_o - h(x_b)\right] \tag{12-1}$$

式(12-1)为同化的基础。

三维变分同化的基本思想是将求解同化变量的问题转化为求解泛函最小值的问题,通过求解关于背景场和观测场代价函数的最小值,来获得背景场和分析场均达到最佳拟合状态的分析场,该分析场即是代价函数达到最小值时的解。在同化系统中,三维变分的目标函数可表示为

$$J = \frac{1}{2}(x_a - x_b)^T B^{-1}(x_a - x_b) + \frac{1}{2}\left[h(x_a) - y_o\right]^T O^{-1}\left[h(x_a) - y_o\right] \tag{12-2}$$

式中，x_a 为控制变量；x_b 为背景场状态变量；y_o 为观测变量；h 为观测算子，通过建立状态向量空间到观测向量空间的特定映射，将模式变量转化为观测变量；B 为对应于 x_b 的背景误差协方差；O 为观测误差协方差矩阵；B 和 O 分别代表背景预测和观测信息的可靠性，以此确定观测信息和背景信息的权重。当代价函数 $J(x)$ 达到最小值时，x 为对真实状态的最优估计。

实际应用中通常采用式（12-2）的增量形式，定义分析增量 $x = x_a - x_b$，式（12-2）表示为

$$J = x^{\mathrm{T}} B^{-1} x + \left[h(x_b + x) - y_o \right]^{\mathrm{T}} O^{-1} \left[h(x_b + x) - y_o \right] \tag{12-3}$$

假设观测算子 h 为线性的情况下，式（12-3）可写为

$$J = x^{\mathrm{T}} B^{-1} x + \left\{ Hx - \left[y_o - h(x_b) \right] \right\}^{\mathrm{T}} O^{-1} \left\{ Hx - \left[y_o - h(x_b) \right] \right\} \tag{12-4}$$

式中，H 为观测算子的切线性算子，即 $H = \partial h / \partial x$。定义观测增量 $o = y_o - Hx_b$，式（12-4）可表示为

$$J = x^{\mathrm{T}} B^{-1} x + \left(Hx - o \right)^{\mathrm{T}} O^{-1} \left(Hx - o \right) \tag{12-5}$$

令 $y = B^{-1} x$，则

$$J = y^{\mathrm{T}} B^{-1} y + \left(HBy - o \right)^{\mathrm{T}} O^{-1} \left(HBy - o \right) \tag{12-6}$$

对 J 分别求 x 和 y 的梯度：

$$\nabla_x J = B^{-1} x + H^{\mathrm{T}} O^{-1} \left(Hx - o \right) \tag{12-7}$$

$$\nabla_y J = B^{-1} y + B^{\mathrm{T}} H^{\mathrm{T}} O^{-1} \left(HBy - o \right) = B \nabla_x J \tag{12-8}$$

代价函数的极小值可采用逐步迭代法求解，设 $x_0 = y_0 = 0$，则第 n 步迭代时：

$$\nabla_x J^n = B^{-1} x^{n-1} + H^{\mathrm{T}} O^{-1} \left(Hx^{n-1} - o \right) \tag{12-9}$$

$$\nabla_y J^n = B \nabla_x J^n \tag{12-10}$$

定义第 n 次搜索方向 $\mathrm{Dir} \cdot x^n$ 和 $\mathrm{Dir} \cdot y^n$：

$$\beta = \frac{\left(\nabla_x J^n - \nabla_x J^{n-1} \right)^{\mathrm{T}} \nabla_y J^n}{\left(\nabla_x J^n - \nabla_x J^{n-1} \right)^{\mathrm{T}} \mathrm{Dir} \cdot x^n} \tag{12-11}$$

设 α 为搜索方向上的移动步长，则有

$$\mathrm{Dir} \cdot x^n = \nabla_y J^n + \beta \mathrm{Dir} \cdot x^{n-1} \tag{12-12}$$

$$\mathrm{Dir} \cdot y^n = \nabla_x J^n + \beta \mathrm{Dir} \cdot y^{n-1} \tag{12-13}$$

$$x^n = x^{n-1} + \alpha \mathrm{Dir} \cdot x^n \tag{12-14}$$

$$y^n = y^{n-1} + \alpha \mathrm{Dir} \cdot y^n \tag{12-15}$$

当迭代次数小于最大迭代次数或梯度值小于设定的阈值时，迭代停止。

12.3.2　背景场误差矩阵

变分同化通过背景误差协方差将观测数据点上的增量传播到分析格点上，实际上是将观测数据与背景场最优结合的客观分析过程。在观测数据稀疏的区域，分析场的数值基本上由背景误差协方差的结构决定，观测点上的信息由背景误差协方差矩阵传播到分析格点上。背景误差协方差矩阵中非零元素越多，就会有越多的信息从观测点传播到分析格点。而在观测资料稠密的地区，背景误差协方差则起到观测信息平滑的作用，通过增量的平滑，保证同化中的尺度是统计相容的。另外，实际大气与模式大气都处在平衡状态下，平衡性也存在于背景误差协方差中，因此不同变量间的背景误差协方差之间也存在一定的相关关系。

背景误差协方差作为背景场的权重影响着目标函数中背景项与观测项的比值，以此决定观测信息对背景场的订正程度。背景项 J_b 和观测项 J_o 两部分的表达式如下：

$$J(x) = J_b + J_o \tag{12-16}$$

$$J_b = \frac{1}{2}(x_a - x_b)^{\mathrm{T}} B^{-1}(x_a - x_b) \tag{12-17}$$

$$J_o = \frac{1}{2}\left[H(x_a) - y_o\right]^{\mathrm{T}} O^{-1}\left[H(x_a) - y_o\right] \tag{12-18}$$

如果背景误差协方差矩阵 B 出现高估，则目标函数中 J_b 项的作用会变小，会出现背景信息被忽略、观测场过度拟合的情况。相反地，如果背景误差协方差矩阵 B 出现低估，则观测项 J_o 的作用就会变小，导致背景场过拟合，而观测数据的作用就会减少。

理论上，背景误差协方差可写成：

$$B = \overline{(x_b - x_{\mathrm{true}})(x_b - x_{\mathrm{true}})^{\mathrm{T}}} \tag{12-19}$$

式中，x_b 为背景场；x_{true} 为真实场。但是大气中的真实状态难以确定，因此无法得到真实的背景误差协方差。另外，x_{true} 矩阵过于庞大，实际处理中只能基于合理假设，利用统计学方法得到误差，也可以从成功的同化诊断中获得有用的信息。目前，常用的背景误差协方差估计方法有观测余差法、经验估计法、集合预报方法（Ensemble Method，ENS）和美国国家气象中心开发的 NMC（National Meteorological Center）方法等。

观测余差法是用观测值作为参考，与背景值进行比较（一般可用预报场或气候场作为背景场），统计出背景误差协方差。该方法简单可靠，但要求观测信息足够稠密，能够提供足够多的信息。经验法脱离了观测数据的限制，直接使用经验公式计算背景误差协方差。例如，Derber（1989）认为，任意两点之间的背景误差协方差可用 $a \cdot \exp[-r^2/(b^2\cos\varphi)]$ 得到，其中，a 和 b 为经验常数（在其工作中分别设定为 0.01 和 570 km），φ 为纬度。该方法比较简单，但准确性依赖于经验公式，因此应用场景受到极大限制。

集合预报方法通过对一组初值在一定误差范围内随机扰动，从而获取一组预报值，然后利用这组预报值构成的数据序列统计出背景误差协方差。该方法没有早期经验估计方法中各向同性、不随时间变化等假设，背景误差协方差可以得到及时更新，但在计算模式误差项和处理非线性时会存在一些问题（Daget et al.，2010；Pereira and Berre，2005）。

NMC 方法假设模式不同时效的预报之间的差值代表了预报误差，因此可用对同一时刻不同时效（例如：24 h、48 h 预报）的预报来近似构建 B 矩阵，即

$$B = \overline{(x_b - x_{\text{true}})(x_b - x_{\text{true}})^\mathrm{T}} \approx \frac{1}{2}\overline{(x_{t1} - x_{t2})(x_{t1} - x_{t2})^\mathrm{T}} \qquad (12\text{-}20)$$

式中，x_{t1} 和 x_{t2} 为对同一时刻不同时效的两个预报场。早期获取背景误差协方差的统计方法需要有较密集的观测数据，而该方法则可以在观测数据稀疏的区域使用。研究表明，在短期预报中，模式误差较小且观测数据质量较好的情况下，该方法获得的背景误差协方差矩阵可替代真实的背景误差协方差矩阵（Parrish and Derber，1992；Rabier et al.，1998）。

通常区域模式采用 48 h 和 24 h 两个时效，则式（12-20）可以写为

$$B \approx \frac{1}{2}\overline{(x_{48\,\mathrm{h}} - x_{24\,\mathrm{h}})(x_{48\,\mathrm{h}} - x_{24\,\mathrm{h}})^\mathrm{T}} \qquad (12\text{-}21)$$

式中，$x_{48\,\mathrm{h}}$ 和 $x_{24\,\mathrm{h}}$ 分别为对同一时刻的 48 h 和 24 h 时效预报场（Descombes et al.，2015）。

12.3.3　观测算子的切线性算子

同化中所使用的观测数据变量与模式的预报变量是不一致的，因此需要建立观测算子的切线性算子（后文简称切线性算子），将模式的控制变量从模式空间映射到

观测空间。针对不同的气溶胶方案以及控制变量的选择，需构建相应的切线性算子。对于大气颗粒物的同化，较为常见的是同化近地面颗粒物质量浓度（如 $PM_{2.5}$、PM_{10}）、气溶胶光学厚度（AOD）或表观辐射量等。对于 PM_x 质量浓度观测数据的同化，切线性算子 H 只需负责将数浓度转化为质量浓度，或直接将质量浓度分摊到气溶胶各成分的质量浓度即可，无须复杂的推导运算。由此可知，同化 PM_x 质量浓度无法改进颗粒物各成分之间的比例关系。与同化 PM_x 不同，同化卫星观测获得的 AOD 则需要一个复杂的切线性算子。这是由于 AOD 是大气柱内气溶胶整体消光的体现，既不表征颗粒物成分之间的分配比例，也不体现颗粒物垂直分布信息，这两部分仍需沿用模式的分配关系。另外，颗粒物从质量浓度或数浓度转化到其分层消光的贡献需经过 Mie 理论的计算。与此相比，表观辐射量的同化更为复杂。为了获得表观辐射量的切线性算子，通常需要将辐射传输方程进行线性化。例如，GSI 同化系统中可集成 CRTM（Community Radiative Transfer Model），CRTM 包含辐射传输计算及线性化过程，以此满足与辐射相关的复杂切线性算子的构建。

　　为了更好地展现切线性算子的构建方法，以 Chang 等（2021）构建的 AOD 切线性算子为例进行简要介绍。由于气溶胶光学厚度是自然状态下大气柱内气溶胶的消光总和，因此与颗粒物质量浓度不同，对于 AOD 需进一步考虑颗粒物含水量的贡献。由于模式中的气溶胶颗粒物尺度通常利用模态组合或尺度分档表达，气溶胶光学厚度（公式中以 τ 表达）的积分形式可转化为求和形式：

$$\tau = \sum_{z=1}^{n_z} \sum_{k=1}^{n_{\text{size}}} e_{\text{ext},z,k} \cdot n_{z,k} \cdot h_z \tag{12-22}$$

式中，$e_{\text{ext},z,k}$ 为模式 z 层在尺度分档 k 中的平均消光截面；$n_{z,k}$ 为气溶胶数浓度；h_z 为模式 z 层的厚度。式（12-22）中的消光截面是环境气溶胶的消光截面，存在吸湿增长造成的消光贡献，因此可进一步表达为

$$e_{\text{ext},z,k} = p_{\text{ext},z,k} \cdot \pi \cdot r_{\text{wet},z,k}^2 \tag{12-23}$$

式中，$p_{\text{ext},z,k}$ 为消光效率；$r_{\text{wet},z,k}$ 为颗粒物湿粒径。尽管气溶胶光学厚度可由各尺度档平均消光截面求和获得，但各档的平均消光效率却是不同气溶胶成分（包括水含量）综合作用的结果。混合气溶胶的消光效率需基于 Mie 散射计算，然而各档位不同混合程度的气溶胶颗粒都调用一次 Mie 代码计算较为费时。针对这种情况，一种较通用的做法是基于不同粒径和颗粒物的复折射指数建立查找表，利用不同气溶胶成分混合后的复折射指数和分档粒径进行插值，以便快速获得混合颗粒物的消光效率。

　　由于消光效率随气溶胶粒径以一定的周期性震荡形式存在，而随复折射指数的变化相对平缓，因此切线性算子首先对复折射指数的实部和虚部分别进行双线性插值，

获得求解消光效率的权重值。在对复折射指数的双线性插值中，四个角点的消光效率是颗粒物湿粒径对应的消光效率。为了更好地拟合消光效率随粒径的周期性变化，抑制插值带来的龙格现象，通常使用切比雪夫多项式逼近插值的消光效率：

$$p_{\text{ext},z,k} = \exp\left[\sum_{j=1}^{n_{\text{coef}}} c_{\text{ch}}(j) \cdot c_{\text{ext},z,k}(j)\right] \tag{12-24}$$

式中，$c_{\text{ext},z,k}$ 为切比雪夫多项式系数，表征气溶胶各成分处于内混合状态的单颗粒消光效率；c_{ch} 为切比雪夫多项式的递归公式：

$$\text{ch}(1) = 1 \tag{12-25}$$

$$\text{ch}(2) = \text{xrad} \tag{12-26}$$

$$\text{ch}(j) = 2\text{xrad} \cdot \text{ch}(j-1) - \text{ch}(j-2) \tag{12-27}$$

其中，xrad 的公式如下：

$$\text{xrad} = \frac{2\log\left(r_{\text{wet},k}\right) - \log\left(50\times10^{-4}\right) - \log\left(0.005\times10^{-4}\right)}{\log\left(50\times10^{-4}\right) - \log\left(0.05\times10^{-4}\right)} \tag{12-28}$$

式中，$r_{\text{wet},k}$ 为第 k 个粒径段的颗粒物湿粒径，由此可知 xrad 是与粒径相关的尺度项。在求取气溶胶光学厚度对尺度分档质量浓度的切线性算子时，需使用消光效率的微元。依据式（12-24）可得混合消光效率的微分形式如下：

$$\delta p_{\text{ext},z,k} = p_{\text{ext},z,k} \cdot \sum_{j=1}^{n_{\text{coef}}} c_{\text{ch}}(j) \cdot \delta c_{\text{ext},z,k}(j) \tag{12-29}$$

式中，$\delta c_{\text{ext},z,k}(j)$ 为表征消光效率的微元，它对于复折射指数的双线性插值展开可表达为

$$\delta c_{\text{ext},z,k}(j) = \delta w_{00} \cdot C_{\text{ext},00}(j) + \delta w_{01} \cdot C_{\text{ext},01}(j) + \delta w_{10} \cdot C_{\text{ext},10}(j) + \delta w_{11} \cdot C_{\text{ext},11}(j) \tag{12-30}$$

式中，w_{xx} 为复折射指数决定的权重因子，下标的 00、01、10、11 为待求量周围四角点的标识；$C_{\text{ext},xx}$ 为在理想混合复折射指数和湿粒子半径点周围的 Mie 查找表中消光效率的切比雪夫多项式值。

模式输出结果中的各颗粒物成分对应了一定的复折射指数，通常利用简单的体积平均方法计算每个粒径段的气溶胶混合复折射指数：

$$R_{\text{mix},k} = \sum_{i}^{\text{aerosols}} R_i \cdot \frac{m_{i,k}}{\rho_i V_k} \tag{12-31}$$

$$I_{\mathrm{mix},k} = \sum_{i}^{\mathrm{aerosols}} I_i \cdot \frac{m_{i,k}}{\rho_i \cdot V_k} \qquad (12\text{-}32)$$

式中，$R_{\mathrm{mix},k}$ 和 $I_{\mathrm{mix},k}$ 分别为复折射指数的实部和虚部；ρ_i 为第 i 种气溶胶的有效密度；$m_{i,k}$ 为模式获得的第 k 个粒径段、第 i 种气溶胶的质量浓度；V_k 为球形假设下第 k 个粒径尺度档气溶胶的总体积。利用式（12-31）和式（12-32）即可确定查找表中双线性插值的四个角点，求解权重因子 w_{xx}。根据式（12-31）和式（12-32）即可获得式（12-22）微分后所需的因子，整合后即可获得气溶胶光学厚度的切线性算子。

12.3.4　数据同化应用

利用同化方法改进数值模式的初始场是业务上提高空气质量预报精度的主要手段。针对我国中东部经常出现的复合型污染的预报，GSI 三维变分同化系统所采用的 GOCART 气溶胶方案有明显的局限性。基于 GSI 系统，重新挑选控制变量并修改切线性算子，可实现针对 WRF-Chem 模式的基于 MOSAIC 气溶胶方案的三维变分同化。

Saide 等（2013）最早对 GSI 系统进行了扩展，使其可以进行 MOSAIC 化学场的同化。在实际操作中，利用 WRF-Chem 模式光学模块中的 Mie 散射计算部分进行 AOD 的前向和伴随敏感性计算。同时，使用 GSI 提供的递归过滤器和弱约束，提供气溶胶分档尺度与上下边界间的相关关系。他们利用该改进系统对 MODIS 反演的 AOD 产品以及地面 $PM_{2.5}$ 浓度进行了同化，并将同化后的分析场与模式模拟进行对比。结果显示，模式自身能够抓住颗粒物浓度变化的趋势，$PM_{2.5}$ 浓度同化后尽管数值仍然偏高，但误差明显减小（图 12-4）。

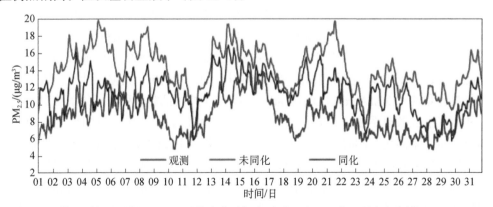

图 12-4　模拟同化和观测的 $PM_{2.5}$ 平均浓度时间序列对比（2010 年 5 月）（引自 Saide et al., 2013）

使用观测资料质量控制后的 AOD 反演产品进行同化能够获得更好的同化效果，$PM_{2.5}$ 的预报误差在站点处减小了 90%，AOD 的误差减小了 100%。另外，使用细模态 AOD 和海洋多波长反演可以改善气溶胶尺度分布的代表性，但仅同化 550 nm 的 AOD 有时并不会降低分析场误差（图 12-5）。

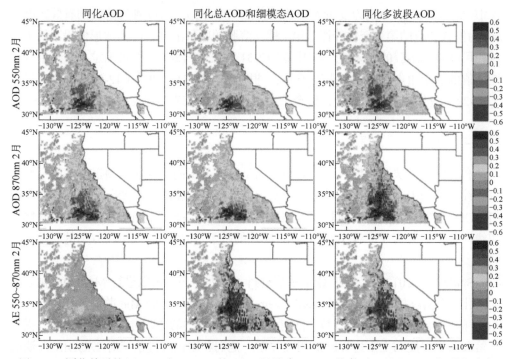

图 12-5　同化前后的 550 nm 和 870 nm 的 AOD 以及 Ångström 指数（550～870 nm）误差减小
（引自 Saide et al.，2013）
第一列为 550 nm 的 AOD 同化；第二列为总 AOD 和细模态 AOD 同化；第三列为多波段 AOD 同化

Chang 等（2021）通过设定气溶胶各成分质量浓度为控制变量，利用 Mie 散射理论构建了气溶胶光学参数同化的伴随算子，实现了 AOD、气溶胶散射系数和吸收系数的同化。对于颗粒物质量，将 $PM_{2.5}$ 和 PM_{10} 浓度与每种气溶胶成分的比例作为伴随算子，实现了 $PM_{2.5}$ 和 PM_{10} 观测的同化。针对 2019 年新疆喀什地区进行的沙尘气溶胶观测（Dust Aerosol Observation，DAO）外场试验，利用同化系统对观测的 AOD、气溶胶散射系数、吸收系数以及 $PM_{2.5}$ 和 PM_{10} 进行三维变分同化。图 12-6 的结果显示，未同化观测时，WRF-Chem 模式捕获了主要的沙尘过程，但是低估了喀什地区的气溶胶浓度。$PM_{2.5}$ 和 PM_{10} 的月平均浓度约为观测值的一半。4 月 24 日，模拟的最大 PM_{10} 浓度仅为观测值的 1/10。此外，直接模拟的气溶胶散射和吸收系数也低估了 50%～90%。同化观测资料显著减少了模拟误差。同化后，分析场的月均 PM_{10} 质量浓度有显著增加，与观测的颗粒物质量浓度相关系数达到 0.99。然而，随着颗粒物浓度的增加，气溶胶散射系数也随之增加，分析场的吸收系数和 AOD 改善仍不足。这可能与 WRF-Chem 模式低估了混合颗粒物的吸收效率相关。对于分析场，单一观测数据的同化可以有效地改善该观测变量的分析场模拟，但对于其他变量的改善效果则不明显，同时使用多类数据同化则可获得相对更为合理的分析场。

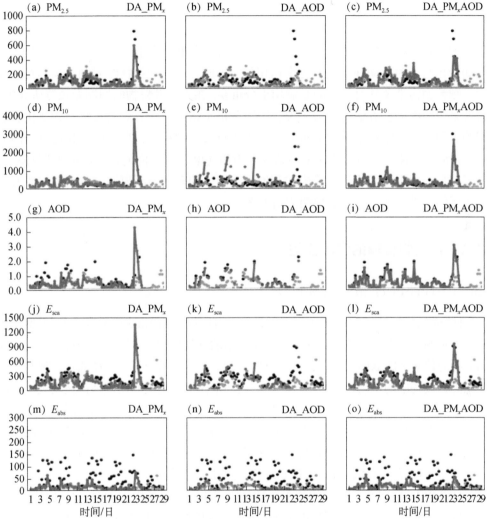

图 12-6　同化颗粒物质量浓度和气溶胶光学厚度（蓝色折线）后的变量、模式直接模拟（橘色圆点）的变量与观测量（黑色圆点）的对比（引自 Chang et al.，2021）

（a）～（c）PM$_{2.5}$（μg/m³）；（d）～（f）PM$_{10}$（μg/m³）；（g）～（i）870 nm AOD；（j）～（l）635 nm 气溶胶散射系数（E_{sca}）（M/m）；（m）～（o）660 nm 气溶胶吸收系数（E_{abs}）（M/m）

第 13 章　大气颗粒物污染溯源及归因

大气颗粒物的短期变化预测对大气污染防控有重要作用（如第 12 章介绍），其长期变化与人为活动和气候变化密切相关。因此，大气颗粒物的回溯及预测对研究大气颗粒物污染及其对气候的影响均十分重要。在大气颗粒物的回溯及预测研究中，通常采用归因分析方法。一般来说，归因分析是指识别所有对大气颗粒物变化有贡献的过程，并确定每个过程的贡献度。为了对大气颗粒物长期历史变化进行归因分析，通常将多种影响因子整体上归结为人为和气象影响。本章介绍了污染溯源模型，基于卫星遥感观测、化学传输模式和地面观测等的多种归因模型，分析中国典型污染区域的污染成因，提出了预测应用方案。

13.1　污染物传输的溯源模型

13.1.1　HYSPLIT 后向轨迹模型

HYSPLIT（Hybrid Single Particle Lagrangian Integrated Trajectory Model）模型是美国空气资源实验室开发的基于拉格朗日坐标系的气流模型，多用于污染物和水汽来源的分析与诊断（Draxler et al.，2020）。HYSPLIT 模型着眼于某个流体质点，观察该流体质点在流场中的运动，结合众多质点的运动来模拟一定空间内流体的运动规律。通过对气块进行三维追踪，它能具体地反映出污染物的输送特征，得到不同来源污染物贡献率。HYSPLIT 模型具有处理多种气象要素输入场、多种物理过程的能力，还可用于描述污染物和有害物质的大气传输、扩散和沉积的各种过程（Stein et al.，2015），广泛应用于计算空气团轨迹、模拟示踪物扩散和沉降过程。

HYSPLIT 后向轨迹模型的基本原理是假定质点在风场中运动时，通过时间积分和空间差分形成质点轨迹。气团的路径主要与流场形势、天气系统移动和地形有关。质点所在位置的矢量速度可通过时空上的线性插值得到。下一时刻质点的位置是，质点以初始位置（P）及预测点（P'）处的速度匀速移动，经过时间步长 Δt 后的位置，公式如下：

$$P(t+\Delta t) = P(t) + 0.5[V(P,t) + V(P',t+\Delta t)]\Delta t \qquad (13\text{-}1)$$

$$P'(t+\Delta t) = P(t) + V(P,t)\Delta t \qquad (13\text{-}2)$$

式中，V 为速度；t 与 $t+\Delta t$ 表示初始时刻与下一时刻。在 HYSPLIT 后向轨迹模型计算中，预设质点所处的起始高度具有关键作用。起始高度设置过低可导致轨迹过早地撞击地面，从而导致信息丢失。相反，起始高度设置较高可能导致轨迹无法进入混合层。可有效驱动后向轨迹的最佳高度应该位于行星边界层的中间位置，需依据具体的条件设定（Huang et al.，2013; Sargent et al.，2018）。

　　Sharma 等（2021）使用 HYSPLIT 后向轨迹模型计算的 72 h 后向轨迹估算了不丹首都廷布 2018～2020 年 PM$_{2.5}$ 来源的潜在贡献区域。图 13-1 显示了不同季风时期对污染来源的影响。在季风前的一段时期，气团从西面运动而来；季风期和季风后，空气团来自南部；冬季的气团主要从西南方向进入。在四个时期中，大多数的轨迹都起源于印度的东北部、孟加拉国的北部和尼泊尔的东部，这为进一步实施干预措施提供了科学依据。

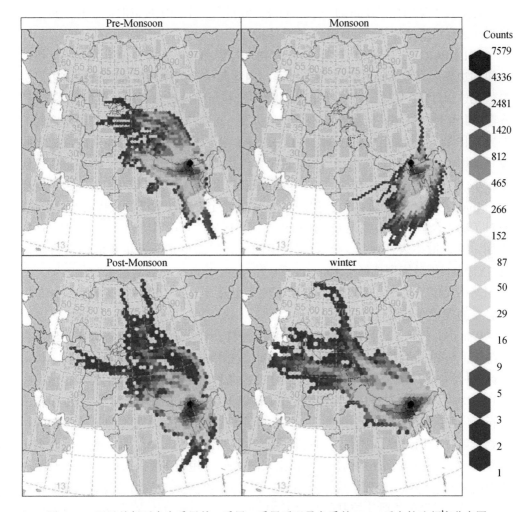

图 13-1　不丹首都廷布在季风前、季风、季风后以及冬季的 PM$_{2.5}$ 后向轨迹频率分布图
（引自 Sharma et al.，2021）

13.1.2　FLEXPART 扩散模型

FLEXPART 扩散模型是拉格朗日粒子扩散模型的一种，可以使用时间前向积分来模拟示踪物的扩散，也可以使用时间向后回溯来确定给定受体的潜在源贡献。与HYSPLIT 后向轨迹模型相比，该模型具有更大的灵活性，且具备更多合理的物理过程和约束条件。粒子在大气中以点源形式排放并扩散的初始阶段，通常会形成致密的粒子云，此时相对较少的粒子便足以正确地模拟粒子扩散过程。然而，一段时间后，粒子会扩散到更大的区域，此时就需要更多的粒子来表征整体的扩散情况。FLEXPART 扩散模型允许指定一个固定的传输时间，经过该时段后，粒子被一分为二，每个粒子是原粒子质量的一半。同理，经过第二个固定传输时间，粒子进一步分裂，这样可更好地描述粒子扩散的整体特性。

FLEXPART 扩散模型中还包含很多物理过程和约束条件。由于大气与下垫面之间的边界层存在湍流和热交换等过程，因此其中的摩擦速度和热通量由边界层参数化过程计算。在粒子传输和扩散计算中，粒子轨迹计算使用简单的"零加速"方案，也就是仅利用一阶展开项积分轨迹方程。这意味着，真实解与数值解之间的差异来自于二阶及高阶项的贡献。FLEXPART 扩散模型中假设了高斯湍流，该假设只适用于稳定和中性大气条件。当整个大气边界层中粒子良好混合时，该假设误差较小。对于风扰动，FLEXPART 扩散模型利用多个边界层参数（如大气边界层高度、Monin-Obukhov 长度、摩擦速度等）在不同稳定度条件下进行风扰动的参数化，而对于缺乏合适湍流参数化方案的边界层以上区域（自由对流层和平流层），选择使用定常扩散率表征风扰动。对流云中的上升气流也是一种重要的输送机制。FLEXPART 扩散模型选择了 Emanue 和 Živković-Rothman 的对流参数化方案，它采用网格尺度的温度和湿度场计算粒子位移矩阵，为大气柱内的粒子重新分布提供必要的质量通量信息。

Wang 等（2016）使用 FLEXPART-WRF 模拟了 2014 年北京亚洲太平洋经济合作组织（APEC）会议前、中、后大规模临时减排措施对污染物的影响，分析了怀柔地区农村污染源贡献的变化特征，探讨了气象条件对怀柔地区污染的影响。他们在2014 年 9 月～2015 年 1 月进行模拟，在地面以上 0～100 m 每小时释放 1000 个粒子进行污染物的时间回溯，结果如图 13-2。整个测量期间北京主要受到 6 个来向的污染物影响，它们对北京观测点的贡献分别是西北偏西来向 24.7%、西北偏北来向31.9%、东北偏东来向 15.4%、东南偏南来向 7.8%、短距离西南来向 6.1%及长距离的西南来向 14.1%。经评估可知，APEC 会议期间实施的空气污染控制措施非常有效，区域污染源的贡献比控制前减少了 73.3%。该研究充分体现了 FLEXPART 扩散模型在污染物溯源及污染减排评估方面的重要作用。

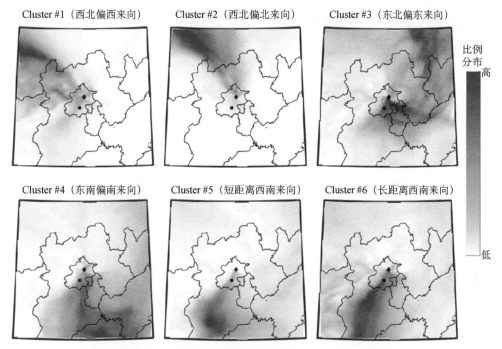

图 13-2　污染物来向的比例分布（引自 Wang et al.，2016）

菱形点代表采样点，方点为北京市中心。深色区域为污染物向测点迁移的主要方向，
而浅色区域为污染物向测点迁移较少的方向

13.1.3　CMAQ-AD 源解析模型

　　CMAQ（Community Multiscale Air Quality）模型是一个应用较为广泛的大气化学传输模型，尽管它可以模拟污染物的生成、传输、沉降等过程，但却无法追溯其来源。CMAQ-AD 是基于 CMAQ 模型的多相伴随模型，它可为污染物提供特定位置和时间的梯度，可用于后向敏感性分析、源归因和最优污染控制等研究。CMAQ-AD 模型的科学过程包括气相化学、气溶胶动力学和热力学、云化学和动力学、扩散和平流等过程。其中，大气扩散方程的伴随方程可以写成：

$$-\frac{\partial \lambda_i}{\partial t} = \nabla \cdot (u\lambda_i) + \nabla \cdot \left(\rho K \nabla \frac{\lambda_i}{\rho}\right) + r_i + \varphi_i \qquad （13-3）$$

式中，λ_i 为污染物 i 的伴随变量；r_i 为污染物 i 的化学和热力学转变率、排放变率和损失过程变率的综合贡献；φ_i 为伴随强迫。

　　Wang 等（2019）采用 CMAQ-AD 模型定量评估了中国华北、华南、珠江三角洲、长江三角洲和京津冀区域近地面臭氧（O_3）及前体物来源贡献（图 13-3）。结果表明，华南、华北和长江三角洲地区的 O_3 污染以跨界输送为主，而珠江三角洲和京津冀地区则主要来源于本地贡献。该研究很好地显示了 CMAQ-AD 模型在污染防控策略制定方面的应用潜力。

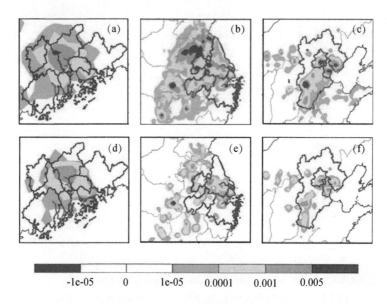

-1e-05　　0　　1e-05　　0.0001　　0.001　　0.005

图 13-3　基于 CMAQ-AD 模型定量评估中国典型区域近地面臭氧（O₃）及其前体物的来源贡献（引自 Wang et al.，2019）

13.2　大气颗粒物污染变化的归因

13.2.1　人为和气象影响因子

1. 人为影响因子

影响大气颗粒物的人为因素中，最具代表性的是人为排放的各类一次气溶胶，如黑碳、有机物、公路扬尘等。而二次气溶胶的气态前体物（二氧化硫、氮氧化物以及挥发性有机物等）的排放也被认为是重要的人为影响因子。然而，在人为和气象影响因子耦合在一起时，需要对各种贡献过程进行区分。例如，温室气体的排放导致环境温度上升，环境温度的上升影响二次颗粒物生成的化学反应速率，进而导致污染前体物加速向颗粒物转化。在此情况下，大气颗粒物的增加是人类活动作用的结果，因此作为人为贡献考虑。类似地，人为影响引发气候变化导致的沙尘事件减少也应包含在人为贡献中（Yang et al.，2016）。实际上，引发气候改变的人为排放的温室气体被认为是一类重要的人为影响因子。

人为排放作为必须考虑的重要影响因子在化学传输模式中很容易分离，但在一些基于观测的研究中却很难被识别。因此，在基于观测的研究中，通常考虑把干燥的大气颗粒物消光作为直接的人为影响因子，原因是其直接受到排放的影响（包括一次气溶胶和由前体物形成的二次气溶胶）。与环境湿度下的颗粒物消光不同，干燥的大气颗粒物消光消除了气溶胶颗粒吸湿增长的影响，更能反映人为的影响。同时，由于大气细颗粒物主要来源于工业生产和人类的日常活动，而粗颗粒则大多来源于自然环境，因此细粒子比例（细颗粒物消光占总颗粒物消光的比例）也被作为一类人为影响因子。

2. 气象影响因子

气象因子种类繁多，且相互之间存在密切联系，相对较为复杂。通常，大气颗粒物的气象影响因子包括风速、风向、边界层高度、地面温度、地面湿度、云量和降水等气象要素。风速和风向与局地扩散能力和长距离输送相关，地面温度与近地面的湍流交换相关，这三种因素共同影响大气颗粒物的扩散；大气边界层高度作为环境容量的重要指标，对近地面颗粒物质量浓度有显著影响，但是其稳定性是由气温、风速等垂直梯度综合决定的，并与风速和气温等大气状态都密切相关。因此，很难直接量化单一气象影响因子对大气颗粒物质量浓度变化的贡献。为了解决该问题，一般利用综合指标指示气象影响因子的变化，或借助数学手段尽量解耦气象因子之间的相关性。

对于卫星遥感而言，风速对一个卫星图像像素的影响取决于上风向像素中的颗粒物浓度，而温度的影响取决于颗粒物前体物的浓度。这些变量对单一时刻的卫星图像像素没有直接影响，而且难以在不包括大气动力学和大气化学的模型中加以解释。因此，在基于卫星遥感图像进行气象影响因子归因分析时，通常不包含风向、风速和温度因子。

13.2.2　基于化学传输模式的归因分析

大气化学传输模式能够基于空气动力学方程组对气象参数进行模拟，并驱动人为和自然源排放的气体和气溶胶进入大气模式，模拟真实的大气化学成分状态。因此，在排放源与气象场准确的情况下，化学传输模式是解决大气颗粒物归因分析的重要工具。基于大气化学传输模式进行归因分析通常设计两个试验：一个是控制试验，另一个则是对比试验。控制试验中，输入逼近真实的排放源以及气象场，这样可以模拟近似真实情况下的大气颗粒物特性。对比试验中，保留气象场的变化，而将排放源固定为某一年份，以表征人为影响因子停滞。因此，对比试验指示的是气象场变化引起的气象影响因子对大气颗粒物的贡献。图 13-4 显示了中国东部区域冬季人为与自然排放的气溶胶成分和气态前体物的历年变化。用控制试验与对比试验的差即可指示人为影响因子的贡献。

　　由于各气象影响因素的作用错综复杂且相互关联，Yang 等（2016）利用逐步线性回归方法，分离了对比试验中典型气象影响因子的贡献。中国东部、华北和华南地区冬季各气象因子对地面 PM$_{2.5}$ 浓度平均变化的贡献占比如图 13-5 所示。由图 13-5 可知，水平风（WINDS+EW+NS）是主导因素，分别贡献了中国东部、北部和南部 PM$_{2.5}$ 浓度变化的 37%、35% 和 40%。边界层高度是第二个重要因素，它贡献了中国东部 PM$_{2.5}$ 浓度变化的 25%，华南地区变化的 24%，华北地区的 9%。在中国北方，地面比湿变化引起 PM$_{2.5}$ 的变化约 25%。其他气象因子在中国东部地区对 PM$_{2.5}$ 浓度的变化影响较小，贡献率小于 20%。

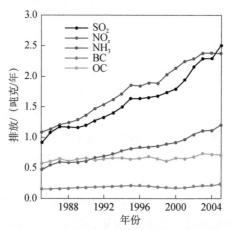

图 13-4　中国东部地区（105°E～122.5°E，20°N～45°N）冬季的气溶胶［黑碳（BC）和有机碳（OC）］、气态前体物［二氧化硫（SO₂）、氮氧化物（NO$_x$）和氨气（NH₃）］的人为与自然排放的逐年变化（引自 Yang et al.，2016）

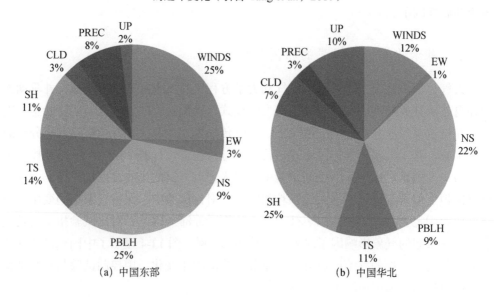

（a）中国东部　　　　　　　（b）中国华北

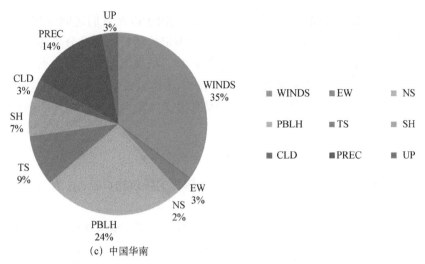

(c) 中国华南

图 13-5 中国东部（105°E ～122.5°E，20°N～45°N）、华北（105°E～122.5°E，34°N～45°N）和华南（105°E～122.5°E，20°N～34°N）地区气象影响因子对冬季地面 PM₂.₅浓度的贡献（引自 Yang et al.，2016）

气象影响因子包括 850 hPa 风速（WINDS）；850 hPa 东西向风向指标 $\cos\theta$（EW）；850 hPa 南北向风向指标 $\sin\theta$（NS）；边界层高度（PBLH）；地表温度（TS）；地面比湿（SH）；云分数（CLD）；降水率（PREC）；上行通量（UP）。其中，θ 为水平风矢量与正东方向的逆时针夹角

上述方法的优势在于可全面分析人为和气象影响的贡献，同时在一定程度上分离不同气象因子的贡献度。但是，由于大气化学传输模式对气象场-化学场同时模拟的速度较慢，大多数化学传输模式采用离线气象场输入，部分模式具有短时气象-化学场反馈（如第 12 章提及的 WRF-Chem 模式），因此人为排放的影响难以反馈到气象场模拟中，这使得模拟存在一定的不确定性。尽管地球系统模式可解决此类问题，但计算资源的消耗也十分巨大。同时，长期模拟的不确定性仍广泛存在。

13.2.3 基于逐步线性回归的归因分析

由于化学传输模式依靠动力过程驱动颗粒物输送，不同气象因子对大气颗粒物的贡献不一。然而，由于气象因子相互耦合，在模式中逐一计算气象因子的贡献较为困难。因此，可基于统计算法的逐步线性回归模型估算气象因子的贡献：

$$y_{\mathrm{m}} = \beta_0 + \sum_{k=1}^{n}\beta_k x_k + \sum_{i=1}^{n}\sum_{j=1}^{n}\beta_{i,j} x_i x_j \tag{13-4}$$

式中，y_{m} 为归一化颗粒物浓度；x 为气象影响因子；β 为权重系数，β_0 为拟合的截距，通过逐步添加或删除气象因子的项数确定最佳拟合项数 n；式（13-4）右侧的第二项为一次项，表征气象因子对颗粒物浓度的独立贡献，β_k 为独立贡献的权重系数；而第三项是二次项，表征气象因子之间的相互作用，$\beta_{i,j}$ 为因子间相互作用的权重系数。利用该方法拟合可获得不同气象影响因子以及它们之间的相互关系。

逐步线性回归可应用于化学传输模式排放源固定的场景，帮助分离各气象影响因子的贡献度。也有研究将逐步线性回归进行扩展，从观测中进一步分离人为影响因子的贡献。将未去趋势的颗粒物浓度以及气象因子输入式（13-4），获得各气象影响因子的贡献度。随后与原始颗粒物浓度趋势作差，气象因子未能解释的颗粒物浓度残留部分被认为是人为影响贡献：

$$y_a = y_t - y_m \qquad (13\text{-}5)$$

式中，y_t 为颗粒物浓度变化；y_m 为气象影响因子解释的颗粒物贡献；y_a 为二者之差，为残留的人为贡献量。

图 13-6 显示了基于逐步线性回归模型分析的 10 天平均 $PM_{2.5}$ 浓度与各气象变量

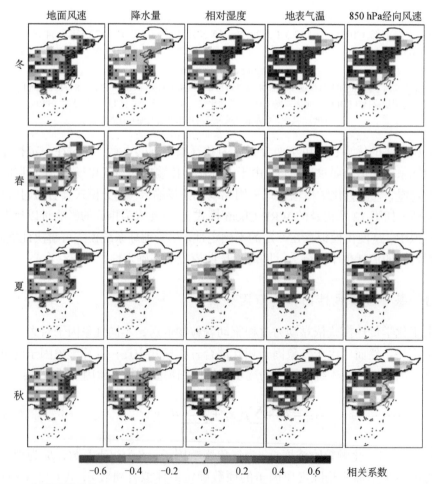

图 13-6　中国不同季节 $PM_{2.5}$ 浓度与各气象变量（地面风速、降水量、相对湿度、地表气温和 850 hPa 经向风速）的相关系数（引自 Zhai et al., 2019）

的相关系数（Zhai et al., 2019）。中国大部分区域 PM$_{2.5}$ 浓度与风速呈负相关，但北方地区的高风速促进了沙尘的形成。PM$_{2.5}$ 与降水也呈负相关，而北方的正相关很可能是高相对湿度的影响结果。RH 与 PM$_{2.5}$ 浓度在北方呈正相关、在南方呈负相关，特别在冬季尤为显著。以往的研究指出，中国北方冬季的 PM$_{2.5}$ 浓度和 RH 的正相关可部分归因于液相气溶胶化学驱动二次颗粒物的形成，而华南地区 PM$_{2.5}$ 浓度与 RH 的负相关可能表明高环境湿度有利于 PM$_{2.5}$ 的湿清除。尽管气温与 PM$_{2.5}$ 没有强烈的直接依赖性，但在中国大部分地区它们呈正相关。这种相关性可能反映了气温与其他气象变量的协同变化，如风速、降水和相对湿度。高温下硝酸铵的挥发是华北平原夏季 PM$_{2.5}$ 与气温呈现负相关的一个可能解释。冬季，850hPa 风速与 PM$_{2.5}$ 呈较强的正相关；夏季，在华南地区它与 PM$_{2.5}$ 呈较强的负相关，特别是华南珠江三角洲地区。

图 13-7 显示了 2013～2018 年中国区域 PM$_{2.5}$ 的线性回归整体趋势以及气象校正后的线性回归趋势。气象校正后的趋势可用于解释由人为排放变化引起的 PM$_{2.5}$ 变化。由图 13-7 可知，整体上全国平均的线性回归趋势为−5.2 μg/（m^3·a），气象校正后的下降趋势平均为−4.6 μg/（m^3·a），二者相差 12%，这意味着 12% 的 PM$_{2.5}$ 浓度下降可归因于气象影响因子，而其余则来自人为影响因子。

整体而言，该方法的优势是可分离气象影响因子的相互作用项，并分离各独立贡献项的贡献度。然而，该方法假设区域排放源稳定、颗粒物浓度的扰动完全源自气象场的改变，但在经济快速发展、排放变化较快的区域，该方法存在一定的局限性。

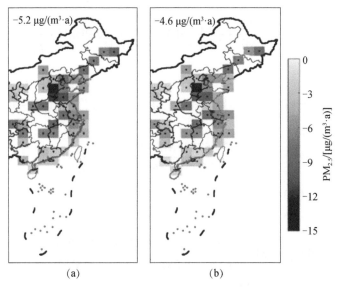

图 13-7　2013～2018 年中国区域 PM$_{2.5}$ 的线性回归整体趋势（a）以及气象校正后的线性回归趋势（b）（引自 Zhai et al., 2019）

13.2.4　基于卫星遥感观测的归因分析

基于卫星遥感观测的归因模型可从第 8 章介绍的基于物理机制的颗粒物遥感模型中推导得到。本节以大气细颗粒物（$PM_{2.5}$）为例进行推导。从数学角度看，式（8-13）中各模型参数的变化对大气颗粒物浓度的影响可以用 $PM_{2.5}$ 对各参数的偏导数来表示。由 13.2.1 节可知，干燥的颗粒物消光可更好地表征人为影响因素，故而将式（8-13）中的气溶胶光学厚度与吸湿增长模型合并为干颗粒物的光学厚度（AOD_{dry}）一项。因此，利用式（8-13）中的各因子对 $PM_{2.5}$ 进行微分，可得

$$\Delta PM_{2.5} =$$

$$\frac{\partial PM_{2.5}}{\partial AOD_{dry}}\Delta AOD_{dry} + \frac{\partial PM_{2.5}}{\partial FMF}\Delta FMF + \frac{\partial PM_{2.5}}{\partial PBLH}\Delta PBLH + \frac{\partial PM_{2.5}}{\partial \rho_{f,dry}}\Delta \rho_{f,dry} + o \quad （13\text{-}6）$$

尽管式（13-6）可反映各参数对 $PM_{2.5}$ 的影响，但很难定量求解。自然对数可将复杂公式的乘除关系化简为加减关系，在气象领域的公式推导中十分常见。为了得到各因子影响的具体表达，对式（8-13）取自然对数，可得

$$\ln PM_{2.5} = \ln AOD_{dry} + \left[\ln FMF + \ln VE_f(FMF)\right] - \ln PBLH + \ln \rho_{f,dry} \quad （13\text{-}7）$$

对式（13-7）求微分，可得

$$\frac{\Delta PM_{2.5}}{PM_{2.5}} =$$

$$\frac{1}{AOD_{dry}}\Delta AOD_{dry} + \left(\frac{1}{FMF} + \frac{VE_f'}{VE_f}\right)\Delta FMF - \frac{1}{PBLH}\Delta PBLH + \frac{1}{\rho_{f,dry}}\Delta \rho_{f,dry} + o$$

$$（13\text{-}8）$$

式中，o 为求导后残留的高阶小量。式（13-8）中，VE_f' 是指体积-消光比参数的导数，则

$$\frac{VE_f'}{VE_f} = \frac{0.5774FMF - 0.4663}{0.2887FMF^2 - 0.4663FMF + 0.356} \quad （13\text{-}9）$$

将式（13-8）和式（13-9）整理可得

$$\Delta PM_{2.5} =$$

$$\frac{PM_{2.5}}{AOD_{dry}}\Delta AOD_{dry} + PM_{2.5}\left(\frac{1}{FMF} + \frac{0.5774FMF - 0.4663}{0.2887FMF^2 - 0.4663FMF + 0.356}\right)\Delta FMF$$

$$+\left(-\frac{PM_{2.5}}{PBLH}\right)\Delta PBLH + \frac{PM_{2.5}}{\rho_{f,dry}}\Delta \rho_{f,dry} + o$$

$$（13\text{-}10）$$

通过比较式（13-6）和式（13-10）各项系数，可得 PM$_{2.5}$ 对各影响因素的梯度，即 PM$_{2.5}$ 对模型因子变化的敏感性。换句话说，当 PM$_{2.5}$ 对某个模型因子偏导数较大时，这个模型因子的一个小扰动就会对 PM$_{2.5}$ 产生较大的贡献。反之，如果偏导数较小，即使模型因子的变化较大，该因子对 PM$_{2.5}$ 的影响也相对较小。由于影响因子不同，PM$_{2.5}$ 对各因子的梯度的单位也不同，但均表示模型因子变化 1 个单位时对应的 PM$_{2.5}$ 变化。对梯度项进行"均值去除或归一化"的过程，得到相对于单位 PM$_{2.5}$ 变化的梯度值，简称相对变率（Relative Variability，RV）。

为了对 PM$_{2.5}$ 变化进行归因分析，将上述影响因子归为人为影响因子及气象影响因子。干颗粒物的光学厚度和细粒子比例可认为是人为影响因子，而边界层高度可归为气象影响因子。尽管干颗粒物有效密度是 PM$_{2.5}$ 估计时不可或缺的，但由于其相对梯度值变化远低于其他因子，因此可以忽略它对 PM$_{2.5}$ 变化的贡献。图 13-8 显示了 5 个重点污染区域（京津冀、河北-山东-河南交界、长江三角洲、珠江三角洲、四川盆地）平均的 PM$_{2.5}$ 人为和气象影响因子贡献的时间累积变化。可以看出，2000～2007 年，人为影响因子的贡献在快速增加。2007～2011 年，人为贡献略有波动，但仍然很高（与 2000 年相比，平均增加 8.3 μg/m^3）。气象因素的贡献缓慢增加，正值意味着它对 PM$_{2.5}$ 的上升起到加速作用。2011 年之后，人为贡献有较大幅度的降低，这与中国碳排放变化（ΔCCE）的年际变化特征一致。然而，2011～2013 年气象影响因子对细颗粒物污染的影响仍逐步增加，人为贡献的减少被部分抵消。2013 年以后，气象影响因子对 PM$_{2.5}$ 的贡献率趋于平稳。这可能是由于人为因素和气象因素之间的相互作用，也可能是类似于 2003～2005 年上升趋势的周期性减弱。

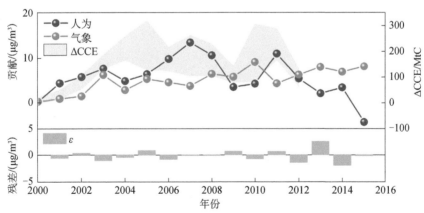

图 13-8　重点污染区域的 PM$_{2.5}$ 人为和气象影响因子贡献的时间累积变化

（引自 Zhang et al.，2020）

阴影区域代表了中国碳排放的变化范围（ΔCCE）年际变化

　　由上述介绍可知，卫星遥感观测的归因模型可融合多种数据源联合分析，可基于卫星遥感分离大气颗粒物演变过程中人为和气象贡献。该方法基于连续数学函数的推演，且考虑的影响因子相对固定，无驱动图像像素之间动态变化的干扰（如风速、风向等），因此能够简单直接地提取出区域污染的中短期变化及其驱动因子，是一种客观有效的大气污染归因手段。

第 14 章 结 语

在大气颗粒物卫星遥感 40 多年的研究历程中,研究人员开展了大量有关大气颗粒物光学特性(气溶胶光学厚度、气溶胶指数等)、物理参数(如质量浓度)的遥感研究,并且在近 20 年得到了长足的发展。然而,由于遥感手段非接触式观测获取信息量不足等限制,仍有一些颗粒物的物理、化学特性参数(如颗粒物组成成分)的遥感反演存在很大挑战。未来,随着卫星遥感观测、空间信息提取和反演等技术的不断发展,可遥感的信息量仍将不断增加,将为颗粒物综合特性的研究提供更强有力的技术支撑。另外,在当今世界气候变化背景下,发展中国家(如中国、印度等)的大气污染治理面临着污染颗粒物减排和碳中和达标的双重挑战。对于精准、快速、全时空覆盖的观测信息的需求迫切,仅依赖于卫星遥感往往难以全面满足污染治理的细节需求,需要采用先进的人工智能技术,实现大气颗粒物信息从观测到治理的全流程闭环,支持环境监管和执法等生态环境保护业务需求。最后,大气颗粒物不仅与短时期的局地污染排放相关,也与长期的气候变化(如土地利用、荒漠的退化或绿化等)具有相互作用,未来遥感大数据与地球系统模式的同化和耦合可进一步推动对大气颗粒物从短期到长期、从观测到预测的全面评估。

具体而言,第一,随着卫星观测能力不断提高,大气颗粒物遥感从多角度、多光谱、多时相以及偏振等多个层面进行了综合探测,信息量增加的同时,可反演的物理化学参数也随之增多。目前,已有部分算法可在一定程度上反演大气颗粒物的物理化学参数,然而其反演能力仍然不足。由于缺少独特的光学特性,许多气溶胶成分反演敏感性不足,进而导致整个大气柱的气溶胶尺度谱及复折射指数的反演仍存在很大的不确定性。随着我国新型传感器陆续发射,面向精细化的大气颗粒物全特性遥感观测成为可能,协同利用多时相、多维度观测信息的反演算法将成为未来大气颗粒物全特性遥感的发展方向。

从大气颗粒物的尺度来看,目前可见光与近红外已能对积聚模态和粗模态颗粒物进行较好的反演,而针对核模态及新生成的超细颗粒物的遥感探测尚不充分。针对这些核模态超细颗粒物,可充分利用紫外波段遥感的优势,对颗粒物的前体物(如二氧化硫、氮氧化物以及挥发性有机物)进行协同探测,并进一步结合化学反应规律来估算纳米级新颗粒物的生成,从而实现大气颗粒物从核模态至粗模态的全尺度反演。同时,充分发挥卫星遥感手段非接触式获得大气颗粒物有效信息的优势,实现大气颗粒物光学、物理、化学特性参数的全面观测获取。

第二,利用卫星遥感技术对大气颗粒物特性的全面提取为颗粒物特性及其全球时空分布研究奠定了基础,并为数据挖掘、资料同化等研究提供了数据积累,对人体暴露、健康研究等交叉学科发展起到了关键支撑作用。人类生产、生活中产生的各种污染物（或污染因素）进入环境，一旦超过了环境容量的容许极限，便会破坏人类赖以生存的家园。同时，人类对自然资源的开发利用一旦超越了环境自身的承载能力，便会使得生态环境质量恶化，甚至导致自然资源枯竭。这些环境问题又会反过来威胁人类的健康及可持续发展。因此，可有效综合处理多元信息的人工智能成为未来环境监测、评估、决策等的重要工具。

认知计算是指模仿人类大脑的计算系统，让计算机像人类一样思考。它能够从海量的观察中提取信息，帮助决策者揭示可行的途径。该技术可实现的基础便是具有海量的观察数据，从而奠定数据分析的基础。而卫星遥感获得的大数据便可以成为认知计算的信息源。而且，从环境中获取的多元数据不仅包括卫星遥感观测，同时也包括地面观测以及飞行观测等。将这些多种多样的全球数据源源不断地纳入认知计算平台，从而使计算系统持续学习、迭代和升级。

与传统的机器学习不同，认知计算具有模型自我更新的能力，可更好地应对未来环境改变引起的模型不适应问题。利用认知计算可建立不同领域观测量之间的联系，从而发现新现象和新连接，填补人类思维的空白。认知计算还具备识别新的环境现象和模型自我更新的能力，因此可以对未来环境进行预测评估，可以提示当前人类活动对未来环境带来的风险。进一步地，认知计算管理能够利用评估的风险，提出有效的风险管理策略，帮助解决从人类生产生活排放到未来风险规避的全面管理等问题。

第三，全球气候变化为地球各圈层带来了一系列的影响，如海平面上升、冰川消融、荒漠化加剧、海洋珊瑚白化，以及高温、暴雨、干旱、风暴等极端天气气候事件发生的频率增加、强度加强。为减少这些灾害带来的损失及影响，深入研究全球气候变化的机制并预测未来的变化趋势十分重要。因此，耦合各圈层的地球系统模式就成为全球变化研究中重要且不可替代的科学手段之一。地球系统模式在全球环流模式的基础上增加了全球碳循环、地球生物化学过程、大气化学和气溶胶过程等机制和模块，从以往仅考虑大气、海洋、陆面、海冰各圈层间能量和水通量交换过程的物理气候系统模式，走向进一步考虑碳、氮循环等生物地球化学过程的地球系统模式。在地球系统模式中，多元观测将深度同化进入模式以校正模式的预测偏差。其中，卫星遥感作为重要的数据源，将产生巨大的作用。它可提供全球紫外到红外光谱的观测信息，全面揭示大气中的气体、气温、比湿、颗粒物及云的状态，同时也可对地球表面的陆地和海洋特性进行深入识别，是地球系统模式预测不可或缺的数据来源。

基于卫星遥感-地球系统模式的综合预测系统，不仅可预估未来大气颗粒物的分布及特征，还可获得大气颗粒物对气候、水循环以及植被的影响。大气颗粒物特性及浓度的改变对大气辐射平衡产生影响，进而影响全球气候。全球气候的改变进一步使大气的动力学及物理化学过程产生变化，这些影响又作用到大气颗粒物上，产生反馈作用。颗粒物通过散射和吸收太阳辐射，来影响全球初级生产力。同时，大气颗粒物作为重要的云凝结核参与云水过程，它的改变对云滴有效半径及云的生命周期等产生关键影响，从而影响全球降水的时空分布，导致地表径流变化，影响整个水循环过程。全球气候的变化、降水分布的改变等又会影响生物圈，对生物多样性产生影响。卫星遥感-地球系统模式综合预测系统不仅可对这些影响进行详细的预测和评估，还可对重要的演变过程实现归因分析，启发并帮助寻找治理途径。

大气颗粒物遥感研究的发展和应用前景远大，不仅仅局限于以上论述方面，未来还将在能源、交通以及国防等领域发挥重要的支撑作用，限于篇幅，本书不再一一赘述。总之，基于遥感技术深入研究大气颗粒物的特性，并将其有效成果应用于更多有需求的行业领域，是未来大气颗粒物遥感的发展方向，也是满足国家和社会需求的科学研究发展之路。

参 考 文 献

曹红丽, 苏静. 2014. 西安地区混合层厚度变化特征及对大气污染的影响. 陕西气象, (5).

岑世宏. 2011. 京津唐城市群大气 PM_(10)和 PM_(2.5)理化特征及健康效应研究. 北京：中国矿业大学.

车凤翔. 1999. 中国城市气溶胶危害评价. 中国粉体技术, (3): 7-13.

陈磊, 俞科爱, 林宏伟, 等. 2017. 宁波市大气混合层厚度变化特征及其与空气污染的关系. 气象与环境学报, 33(4): 40-47.

陈宁, 毛善君, 李德龙, 等. 2018. 多基站协同训练神经网络的 PM2.5 预测模型. 测绘科学, 43(7):7.

杜吴鹏, 房小怡, 黄宏涛, 等. 2017. 北京近年地表风速和大气混合层厚度变化特征研究. 环境科学与技术, 40(6): 149-156.

冯沁. 2017. 卫星 AOD 资料同化对灰霾数值预报改进研究. 南京：南京信息工程大学.

葛邦宇. 2020. 高分卫星多角度偏振相机（DPC）气溶胶参数反演算法研究. 北京：中国科学院大学.

郝巨飞, 张功文. 2016. 邢台市大气稳定度和混合层厚度特征研究. 气象科技, (1): 118-122.

嵇晓峰. 2019. 地理卷积神经网络加权回归方法及其 PM2.5 建模实证研究. 杭州：浙江大学.

李正强, 谢一凇, 洪津, 等. 2019a. 星载对地观测偏振传感器及其大气遥感应用. 大气与环境光学学报, 14(1): 2-17.

李正强, 谢一凇, 张莹, 等. 2019b. 大气气溶胶成分遥感研究进展. 遥感学报, 23(3): 359-373.

李正强, 许华, 张莹. 2013. 北京区域 2013 严重灰霾污染的主被动遥感监测. 遥感学报, (4): 919-928.

梁霆浩. 2016. 海盐气溶胶在海岸大气边界层中运动规律的研究. 北京：清华大学.

廖国莲, 曾鹏, 郑凤琴, 等. 2012. 1980～2011 年南宁市大气稳定度和混合层厚度特征. 安徽农业科学, 40(33): 16248-16250.

刘东, 刘群, 白剑, 等. 2017. 星载激光雷达 CALIOP 数据处理算法概述. 红外与激光工程, 46(12): 1-12.

刘新罡, 张远航. 2010. 大气气溶胶吸湿性质国内外研究进展. 气候与环境研究, 15(6): 808-816.

祁雪飞. 2018. 华北地区大气气溶胶散射吸湿增长特性观测研究. 北京：中国气象科学研究院.

盛裴轩, 毛节泰, 李建国, 等. 2014. 大气物理学. 北京：北京大学出版社.

石广玉, 王标, 张华, 等. 2008. 大气气溶胶的辐射与气候效应. 大气科学, (4): 826-840.

时晓曚, 魏晓敏, 毕玮, 等. 2016. 青岛混合层高度变化特征及与空气污染的关系. 山东气象, (4).

王坚, 蔡旭晖, 宋宇. 2016. 北京地区日最大边界层高度的气候统计特征. 气候与环境研究.

王明星. 2000. 气溶胶与气候. 气候与环境研究, (1): 1-5.

王自发, 吴其重. 2009. 区域空气质量模式与我国的大气污染控制. 科学与社会, (3): 24-29.

王自发, 谢付莹, 王喜全, 等. 2006. 嵌套网格空气质量预报模式系统的发展与应用. 大气科学, 30(5): 778-790.

魏媛媛. 2020. 基于卫星遥感的中国区域 PM10 质量浓度估算及时空分布特征研究. 北京：中国科学院大学.

夏加豪. 2019. 基于气象数据的 1980—2016 年中国 PM2.5 时空模式分析. 武汉：武汉大学.

谢一凇，李东辉，李凯涛，等. 2013. 基于地基遥感的灰霾气溶胶光学及微物理特性观测. 遥感学报，17(4): 970-980.

谢一凇，李正强，侯伟真，等. 2019. 高分五号卫星多角度偏振成像仪细粒子气溶胶光学厚度遥感反演. 上海航天，36(S2): 219-226.

闫威卓. 2017. 气象条件对北京冬季生物气溶胶浓度和组成的影响. 北京: 清华大学.

颜鹏，李维亮，秦瑜. 2004. 近年来大气气溶胶模式研究综述. 应用气象学报，(5): 629-640.

杨静，李霞，李秦，等. 2011. 乌鲁木齐近30年大气稳定度和混合层高度变化特征及与空气污染的关系. 干旱区地理，(5): 37-42.

杨勇杰，谈建国，郑有飞，等. 2006. 上海市近15a大气稳定度和混合层厚度的研究. 气象科学，26(5): 536-541.

姚青，韩素芹，毕晓辉. 2012. 天津2009年3月气溶胶化学组成及其消光特性研究. 中国环境科学，(2): 214-220.

尤焕苓，刘伟东，谭江瑞. 2010.北京地区平均最大混合层厚度的时间变化特征. 气象，36(5): 51-55.

俞科爱，陈磊，张晶晶，等. 2017. 浙江省大气混合层高度变化特征分析. 气象科技，45(4): 735-744.

张爱忠，齐琳琳，纪飞，等. 2005. 资料同化方法研究进展. 气象科技，33(5): 385-389，393.

张卉，吴蓉. 2016. 近10年黄山市区与景区的大气稳定度和混合层厚度的特征. 干旱区地理，39(6): 1197-1203.

张水平. 2009. AIRS资料反演大气温度廓线的通道选择研究. 气象科学，29(4): 475-481.

张小曳. 2007.中国大气气溶胶及其气候效应的研究. 地球科学进展，(1): 12-16.

张莹，李正强，赵少华，等. 2022. 大气环境卫星污染气体和大气颗粒物协同观测综述. 遥感学报，26(5)：873-896.

张玉环. 2014. 高时间分辨率陆地气溶胶遥感研究. 北京: 中国科学院大学.

张玉强. 2011. 研究中国地面臭氧时空分布特征. 北京: 清华大学.

章澄昌，周文贤. 1995. 大气气溶胶教程. 北京: 气象出版社.

赵爱梅. 2017. 星载传感器和地基观测网FMF数据融合及其在PM2.5遥感估算中的应用. 北京: 中国科学院大学(中国科学院遥感与数字地球研究所).

周颖，向卫国. 2018.四川盆地大气混合层高度特征及其与AQI的相关性分析. 成都信息工程学院学报，33(5): 562-571.

Abshire J B, Sun X L, Riris H,et al. 2005. Geoscience Laser Altimeter System (GLAS) on the ICESat mission: On-orbit measurement performance. Geophysical Research Letters, 32(21).

Achilleos S, Wolfson J M, Ferguson S T, et al. 2016. Spatial variability of fine and coarse particle composition and sources in Cyprus. Atmospheric Research, 169: 255-270.

Ahn J H, Park Y J, Ryu J H, et al. 2012. Development of atmospheric correction algorithm for Geostationary Ocean Color Imager (GOCI). Ocean Science Journal, 47(3): 247-259.

Andreae M O, Gelencsér A. 2006. Black carbon or brown carbon? The nature of light-absorbing carbonaceous aerosols. Atmospheric Chemistry and Physics, 6(10): 3131-3148.

Ångström A. 1964. The parameters of atmospheric turbidity. Tellus, 16(1): 64-75.

Ansmann A, Petzold A, Kandler K, et al. 2011. Saharan mineral dust experiments SAMUM-1 and SAMUM–2: What have we learned? Tellus B: Chemical and Physical Meteorology, 63(4): 403-429.

Arola A, Schuster G, Myhre G, et al. 2011. Inferring absorbing organic carbon content from AERONET data. Atmospheric Chemistry and Physics, 11(1): 215-225.

Bahadur R, Praveen P S, Xu Y Y,et al. 2012. Solar absorption by elemental and brown carbon determined from spectral observations. Proceedings of the National Academy of Sciences of the United States of America, 109(43): 17366-17371.

Bai K X, Li K, Guo J P, et al.2022. Multiscale and multisource data fusion for full-coverage PM2.5 concentration mapping: Can spatial pattern recognition come with modeling accuracy? ISPRS Journal of Photogrammetry and Remote Sensing, 184: 31-44.

Barnaba F, Gobbi G. 2004. Aerosol seasonal variability over the Mediterranean region and relative impact of maritime, continental and Saharan dust particles over the basin from MODIS data in the year 2001. Atmospheric Chemistry and Physics, 4(9/10): 2367-2391.

Baron P A, Willeke K. 2001. Bridging science and application in aerosol measurement: Accessing available tools. Aerosol Measurement: Principles, Techniques and Applications: 31-43.

Bergman K H. 2009. Multivariate analysis of temperatures and winds using optimum interpolation. Monthly Weather Review, 107(11): 1423.

Bergstrom R W, Pilewskie P, Russell P B,et al. 2007. Spectral absorption properties of atmospheric aerosols. Atmospheric Chemistry and Physics, 7(23): 5937-5943.

Berk A, Conforti P, Kennett R, et al. 2014. MODTRAN® 6: A Major Upgrade of the MODTRAN® Radiative Transfer Code. 2014 6th Workshop on Hyperspectral Image and Signal Processing: Evolution in Remote Sensing (WHISPERS).

Berkoff F A, Welton E J, Campbell J R, et al. 2004. Observations of aerosols using the Micro-Pulse Lidar NETwork (MPLNET). IGARSS 2004: IEEE International Geoscience and Remote Sensing Symposium Proceedings, 1-7: 2208-2211.

Berkoff T A, Welton E J, Campbell J R, et al. 2003. Lnvestigation of overlap correction techniques for the micro-pulse lidar NETwork (MPLNET). IGARSS 2003: IEEE International Geoscience and Remote Sensing Symposium, I-VII: 4395-4397.

Bohren C F, Huffman D R. 1998. Absorption and Scattering of Light by Small Particles. Hoboken, N. J.: John Wiley.

Bond T C, Bergstrom R W. 2006. Light absorption by carbonaceous particles: An investigative review. Aerosol Science and Technology, 40(1): 27-67.

Boucher O, Randall D, Artaxo P, et al. 2013. Clouds and aerosols// Stocker T F, Qin D, Plattner G K, et al. Climate Change 2013: The Physical Science Basis. Contribution of Working Group I to the Fifth Assessment Report of the Intergovernmental Panel on Climate Change:571-657.

Bouttier F, Courtier P. 2002. Data Assimilation Concepts and Methods. Ecmwf Meteorological Training Course Letter.

Boys B L, Martin R V, van Donkelaar A,et al. 2014. Fifteen-year global time series of satellite-derived fine particulate matter. Environmental Science & Technology, 48(19): 11109-11118.

Breiman L. 2001. Random forests. Machine Learning, 45(1): 5-32.

Brooks I M. 2003. Finding boundary layer top: Application of a wavelet covariance transform to lidar backscatter profiles. Journal of Atmospheric and Oceanic Technology, 20(8): 1092-1105.

Burrows S M, Elbert W, Lawrence M G,et al. 2009. Bacteria in the global atmosphere - Part 1: Review and synthesis of literature data for different ecosystems. Atmospheric Chemistry and Physics ,9(23): 9263-9280.

Cao J J, Shen Z X, Chow J C. 2012. Winter and summer PM$_{2.5}$ chemical compositions in Fourteen Chinese Cities. Journal of the Air & Waste Management Association, 62(10): 1214-1226.

Carrico C M，Kus P, Rood M J, et al. 2003. Mixtures of pollution, dust, sea salt, and volcanic aerosol during ACE-Asia: Radiative properties as a function of relative humidity. Journal of Geophysical Research-Atmospheres, 108(D23).

Chang W Y，Zhang Y, Li Z Q, et al. 2021. Improving the sectional Model for Simulating Aerosol Interactions and Chemistry (MOSAIC) aerosols of the Weather Research and Forecasting-Chemistry (WRF-Chem) model with the revised Gridpoint Statistical Interpolation system and multi-wavelength aerosol optical measurements: The dust aerosol observation campaign at Kashi, near the Taklimakan Desert, northwestern China. Atmospheric Chemistry and Physics, 21(6): 4403-4430.

Charlock T P, Sellers W D. 1980. Aerosol effects on climate-calculations with time-dependent and steady-state radiative-convective models. Journal of the Atmospheric Sciences, 37(6): 1327-1341.

Chatterjee A, Michalak A M, Kahn R A,et al. 2010. A geostatistical data fusion technique for merging remote sensing and ground-based observations of aerosol optical thickness. Journal of Geophysical Research, 115(D20): D20207.

Chen Q X, Yuan Y, Huang X,et al. 2017. Estimation of surface-level $PM_{2.5}$ concentration using aerosol optical thickness through aerosol type analysis method. Atmospheric Environment, 159: 26-33.

Chen X F，Li Z Q, Zhao S S, et al. 2018. Using the Gaofen-4 geostationary satellite to retrieve aerosols with high spatiotemporal resolution. Journal of Applied Remote Sensing, 12(4).

Chen X, Leeuw G D, Arola A, et al. 2020. Joint retrieval of the aerosol fine mode fraction and optical depth using MODIS spectral reflectance over northern and eastern China: Artificial neural network method. Remote Sensing of Environment, 249: 112006.

Chin M, Kahn R A, Schwartz S E. 2009. Atmospheric Aerosol Properties and Climate Impacts (CCSP 2009), U.S. Climate Change Science Program and the Subcommittee on Global Change Research.

Choi J K, Park Y J, Ahn J H,et al. 2012. GOCI, the world's first geostationary ocean color observation satellite, for the monitoring of temporal variability in coastal water turbidity. Journal of Geophysical Research-Oceans, 117.

Choi M, Kim J, Lee J, et al. 2016. GOCI Yonsei Aerosol Retrieval (YAER) algorithm and validation during the DRAGON-NE Asia 2012 campaign. Atmospheric Measurement Techniques, 9(3): 1377-1398.

Choi M, Kim J, Lee J,et al. 2018. GOCI Yonsei aerosol retrieval version 2 products: An improved algorithm and error analysis with uncertainty estimation from 5-year validation over East Asia. Atmospheric Measurement Techniques, 11(1): 385-408.

Chu D A, Kaufman Y J, Ichoku C, et al. 2002. Validation of MODIS aerosol optical depth retrieval over land. Geophysical Research Letters, 29(12).

Collis R T H. 1967. Lidar: A new atmospheric probe. Quarterly Journal of the Royal Meteorological Society, 93(398): 553-555.

Creamean J M, Suski K J, Rosenfeld D, et al. 2013. Dust and biological aerosols from the Sahara and Asia influence precipitation in the Western U.S. Science, 339(6127): 1572-1578.

Cressman G P. 1959. An operational objective analysis system. Monthly Weather Review, 87(10): 367-374.

Cross E S, Slowik J G, Davidovits P,et al. 2007. Laboratory and ambient particle density determinations using light scattering in conjunction with aerosol mass spectrometry. Aerosol Science and Technology, 41(4): 343-359.

Daget N, Weaver A T, Balmaseda M A. 2010. Ensemble estimation of background-error variances in a three-dimensional variational data assimilation system for the global ocean. Quarterly Journal of the Royal Meteorological Society, 135(641).

Daley R. 1993. Atmospheric Data Analysis. Cambridge: Cambridge University Press.

Davies C N. 1974. Size distribution of atmospheric particles. Journal of Aerosol Science, 5(3): 293-300.

Day D E, Malm W C, Kreidenweis S M. 2000. Aerosol light scattering measurements as a function of relative humidity. Journal of the Air & Waste Management Association, 50(5): 710-716.

DeCarlo P F, Slowik J G, Worsnop D R, et al. 2004. Particle morphology and density characterization by combined mobility and aerodynamic diameter measurements. Part 1: Theory. Aerosol Science and Technology, 38(12): 1185-1205.

Deirmendjian D. 1964. Scattering + polarization properties of water clouds + hazes in visible + infrared. Applied Optics, 3(2): 187.

Delene D J, Ogren J A. 2002. Variability of aerosol optical properties at four North American surface monitoring sites. Journal of the Atmospheric Sciences, 59(6): 1135-1150.

Deng Z J, Priestley S C, Guan H D, et al. 2013. Canopy enhanced chloride deposition in coastal South Australia and its application for the chloride mass balance method. Journal of Hydrology, 497: 62-70.

Derber J C, Parrish D F, Lord S T. 1991. The new global operational analysis system at the National Meteorological Center. Wea Forecasting, 6(4): 538-548.

Derber J C. 1989. A variational continuous assimilation technique. Monthly Weather Review, 117(11): 2437-2446.

Descombes G, Auligne T, Vandenberghe F, et al. 2015. Generalized background error covariance matrix model (GEN_BE v2.0). Geoscientific Model Development, 8(3): 669-696.

Despres V R, Huffman J A, Burrows S M, et al. 2012. Primary biological aerosol particles in the atmosphere: A review. Tellus Series B-Chemical and Physical Meteorology, 64.

Dey S, Tripathi S N, Singh R P, et al. 2006. Retrieval of black carbon and specific absorption over Kanpur city, northern India during 2001-2003 using AERONET data. Atmospheric Environment, 40(3): 445-456.

Dinar E, Mentel T F, Rudich Y. 2006. The density of humic acids and humic like substances (HULIS) from fresh and aged wood burning and pollution aerosol particles. Atmospheric Chemistry and Physics, 6: 5213-5224.

Diner D J, Martonchik J V, Kahn R A, et al. 2005. Using angular and spectral shape similarity constraints to improve MISR aerosol and surface retrievals over land. Remote Sensing of Environment, 94(2): 155-171.

Draxler R, Stunder B, Rolph G, et al. 2020. HYSPLIT User's Guide (Version 5).

Dubovik O, Herman M, Holdak A, et al. 2011. Statistically optimized inversion algorithm for enhanced retrieval of aerosol properties from spectral multi-angle polarimetric satellite observations. Atmospheric Measurement Techniques, 4(5): 975-1018.

Dubovik O, Holben B, Eck T F, et al. 2002. Variability of absorption and optical properties of key aerosol types observed in worldwide locations. Journal of the Atmospheric Sciences, 59(3): 590-608.

Dubovik O, King M D. 2000. A flexible inversion algorithm for retrieval of aerosol optical properties from Sun and sky radiance measurements. Journal of Geophysical Research-Atmospheres, 105(D16): 20673-20696.

Eck T F, Holben B N, Dubovik O,et al. 2005. Columnar aerosol optical properties at AERONET sites in central eastern Asia and aerosol transport to the tropical mid-Pacific. Journal of Geophysical Research-Atmospheres, 110(D6).

Eck T F, Holben B N, Reid J S, et al. 1999. Wavelength dependence of the optical depth of biomass burning, urban, and desert dust aerosols. Journal of Geophysical Research-Atmospheres, 104(D24): 31333-31349.

Eck T F, Holben B N, Reid J S, et al. 2009. Optical properties of boreal region biomass burning aerosols in central Alaska and seasonal variation of aerosol optical depth at an Arctic coastal site. Journal of Geophysical Research-Atmospheres, 114.

Edlén B. 1966. The refractive index of air. Metrologia, 2: 71-80.

Elbert W, Taylor P E, Andreae M O, et al. 2007. Contribution of fungi to primary biogenic aerosols in the atmosphere: Wet and dry discharged spores, carbohydrates, and inorganic ions. Atmospheric Chemistry and Physics, 7(17): 4569-4588.

Engel C J A, Hoff R M, Haymet A D J. 2004. Recommendations on the use of satellite remote-sensing data for urban air quality. Journal of the Air & Waste Management Association, 54(11): 1360-1371.

Fernald F G. 1984. Analysis of atmospheric lidar observations: Some comments. Applied Optics, 23(5): 652.

Fierz-Schmidhauser R, Zieger P, Gysel M, et al. 2010. Measured and predicted aerosol light scattering enhancement factors at the high alpine site Jungfraujoch. Atmospheric Chemistry and Physics, 10(5): 2319-2333.

Flagan R. 2001. Electrical Techniques Aerosol Measurement-Principles, Techniques, and Applications ed P Baron and K Willeke. New York, NY: Wiley-Interscience.

Flowerdew R J, Haigh J D. 1995. An approximation to improve accuracy in the derivation of surface reflectances from Multi-look Satellite Radiometers. Geophysical Research Letters, 22(13): 1693-1696.

Ford B, Heald C L. 2013. Aerosol loading in the Southeastern United States: Reconciling surface and satellite observations. Atmospheric Chemistry and Physics, 13(18): 9269-9283.

Gatebe C K, King M D, Tsay S C, et al. 2001. Sensitivity of off-nadir zenith angles to correlation between visible and near-infrared reflectance for use in remote sensing of aerosol over land. IEEE Transactions on Geoscience and Remote Sensing, 39(4): 805-819.

Ge B Y, Mei X D, Li Z Q, et al. 2020. An improved algorithm for retrieving high resolution fine-mode aerosol based on polarized satellite data: Application and validation for POLDER-3. Remote Sensing of Environment, 247.

Ginoux P, Prospero J M, Gill T E, et al. 2012. Global-scale attribution of anthropogenic and natural dust sources and their emission rates based on modis deep blue aerosol products. Reviews of Geophysics, 50.

Grell G A, Peckham S E, Schmitz R, et al. 2005. Fully coupled "online" chemistry within the WRF model. Atmospheric Environment, 39(37): 6957-6975.

Guo Y, Tang Q, Gong D Y, et al. 2017. Estimating ground-level $PM_{2.5}$ concentrations in Beijing using a satellite-based geographically and temporally weighted regression model. Remote Sensing of Environment, 198: 140-149.

Hagolle O, Dedieu G, Mougenot B, et al. 2008. Correction of aerosol effects on multi-temporal images acquired with constant viewing angles: Application to Formosat-2 images. Remote Sensing of

Environment, 112(4): 1689-1701.

Hand J L, Kreidenweis S M. 2002. A new method for retrieving particle refractive index and effective density from aerosol size distribution data. Aerosol Science and Technology, 36(10): 1012-1026.

Hanel G. 1981. An attempt to interpret the humidity dependencies of the aerosol extinction and scattering coefficients. Atmospheric Environment, 15(3): 403-406.

Hasekamp O P, Landgraf J. 2007. Retrieval of aerosol properties over land surfaces: Capabilities of multiple-viewing-angle intensity and polarization measurements. Applied Optics, 46(16): 3332-3344.

Haywood J M, Roberts D L, Slingo A, et al. 1997. General circulation model calculations of the direct radiative forcing by anthropogenic sulfate and fossil-fuel soot aerosol. Journal of Climate, 10(7): 1562-1577.

Haywood J M, Shine K P. 1995. The effect of anthropogenic sulfate and soot aerosol on the clear-sky planetary radiation budget. Geophysical Research Letters, 22(5): 603-606.

Herman J R, Celarier E A. 1997. Earth surface reflectivity climatology at 340-380 nm from TOMS data. Journal of Geophysical Research-Atmospheres, 102(D23): 28003-28011.

Hinds W C. 1999. Aerosol Technology: Properties, Behavior, and Measurement of Airborne Particles. Elsevier Ltd.

Hoffer A, Gelencser A, Guyon P, et al. 2006. Optical properties of humic-like substances (HULIS) in biomass-burning aerosols. Atmospheric Chemistry and Physics, 6: 3563-3570.

Holben B N, Eck T F, Slutsker I,et al. 1998. AERONET-A federated instrument network and data archive for aerosol characterization. Remote Sensing of Environment, 66(1): 1-16.

Hsu N C, Tsay S C, King M D, et al. 2004. Aerosol properties over bright-reflecting source regions. IEEE Transactions on Geoscience and Remote Sensing, 42(3): 557-569.

Hsu N C, Tsay S C, King M D, et al. 2006. Deep blue retrievals of Asian aerosol properties during ACE-Asia. IEEE Transactions on Geoscience and Remote Sensing, 44(11): 3180-3195.

Hu M, Peng J F, Sun K, et al. 2012. Estimation of size-resolved ambient particle density based on the measurement of aerosol number, mass, and chemical size distributions in the Winter in Beijing. Environmental Science & Technology, 46(18): 9941-9947.

Huang J Y, Chang F C, Wang S L, et al. 2013. Mercury wet deposition in the eastern United States: Characteristics and scavenging ratios. Environmental Science-Processes & Impacts, 15(12): 2321-2328.

Hutchison K D, Faruqui S J, Smith S. 2008. Improving correlations between MODIS aerosol optical thickness and ground-based $PM_{2.5}$ observations through 3D spatial analyses. Atmospheric Environment, 42(3): 530-543.

Hutchison K D, Smith S, Faruqui S J. 2005. Correlating MODIS aerosol optical thickness data with ground-based $PM_{2.5}$ observations across Texas for use in a real-time air quality prediction system. Atmospheric Environment, 39(37): 7190-7203.

Im J S, Saxena V K, Wenny B N. 2001. An assessment of hygroscopic growth factors for aerosols in the surface boundary layer for computing direct radiative forcing. Journal of Geophysical Research-Atmospheres, 106(D17): 20213-20224.

IMPROVE. 2000. Spatial and Seasonal Patterns and Temporal Variability of Haze and its Constituents in the United States. Report Ⅲ. http://vista.cira.colostate.edu/improve/Publications/ improve_reports.htm ［2016-03-31］.

Jacobson M Z. 2001. Strong radiative heating due to the mixing state of black carbon in atmospheric aerosols. Nature, 409(6821): 695-697.

Jerman M, Qiao Z H, Mergel D. 2005. Refractive index of thin films of SiO₂, ZrO₂, and HfO₂ as a function of the films' mass density. Applied Optics, 44(15): 3006-3012.

Kaaden N, Massling A, Schladitz A, et al. 2009. State of mixing, shape factor, number size distribution, and hygroscopic growth of the Saharan anthropogenic and mineral dust aerosol at Tinfou, Morocco. Tellus B: Chemical and Physical Meteorology, 61(1): 51-63.

Kalnay E. 2002. Atmospheric Modeling, Data Assimilation and Predictability.

Kassianov E, Barnard J, Pekour M, et al. 2014. Simultaneous retrieval of effective refractive index and density from size distribution and light-scattering data: Weakly absorbing aerosol. Atmospheric Measurement Techniques, 7(10): 3247-3261.

Kasten F. 1969. Visibility forecast in phase of Pre-condensation. Tellus, 21(5): 630.

Kaufman Y J, Sendra C. 1988. Algorithm for automatic atmospheric corrections to visible and near-Ir satellite imagery. International Journal of Remote Sensing, 9(8): 1357-1381.

Kaufman Y J, Tanre D, Remer L A, et al. 1997. Operational remote sensing of tropospheric aerosol over land from EOS moderate resolution imaging spectroradiometer. Journal of Geophysical Research-Atmospheres, 102(D14): 17051-17067.

Khlystov A, Stanier C, Pandis S N. 2004. An algorithm for combining electrical mobility and aerodynamic size distributions data when measuring ambient aerosol. Aerosol Science and Technology, 38: 229-238.

Kinne S, Lohmann U, Feichter J, et al. 2003. Monthly averages of aerosol properties: A global comparison among models, satellite data, and AERONET ground data. Journal of Geophysical Research-Atmospheres, 108(D20).

Kirchstetter T W, Novakov T, Hobbs P V. 2004. Evidence that the spectral dependence of light absorption by aerosols is affected by organic carbon. Journal of Geophysical Research-Atmospheres, 109(D21).

Klett J D. 1981. Stable analytical inversion solution for processing lidar returns. Applied Optics, 20(2): 211-220.

Koelemeijer R B A, de Haan J F, Stammes P. 2003. A database of spectral surface reflectivity in the range 335-772 nm derived from 5.5 years of GOME observations. Journal of Geophysical Research-Atmospheres, 108(D2).

Koelemeijer R B A, Homan C D, Matthijsen J. 2006. Comparison of spatial and temporal variations of aerosol optical thickness and particulate matter over Europe. Atmospheric Environment, 40(27): 5304-5315.

Koloutsou V S, Carrico C M, Kus P, et al. 2001. Aerosol properties at a midlatitude Northern Hemisphere continental site. Journal of Geophysical Research-Atmospheres, 106(D3): 3019-3032.

Kostenidou E, Pathak P K, Pandis S N. 2007. An algorithm for the calculation of secondary organic aerosol density combining AMS and SMPS data. Aerosol Science and Technology, 41(11): 1002-1010.

Kotchenova S Y, Vermote E F. 2007. Validation of a vector version of the 6S radiative transfer code for atmospheric correction of satellite data. Part II. Homogeneous Lambertian and anisotropic surfaces. Applied Optics, 46(20): 4455-4464.

Kotchenruther R A, Hobbs P V, Hegg D A. 1999. Humidification factors for atmospheric aerosols off the mid-Atlantic coast of the United States. Journal of Geophysical Research-Atmospheres, 104(D2): 2239-2251.

Kotchenruther R A, Hobbs P V. 1998. Humidification factors of aerosols from biomass burning in Brazil.

Journal of Geophysical Research-Atmospheres, 103 (D24): 32081-32089.

Koven C D, Fung I. 2006. Inferring dust composition from wavelength-dependent absorption in Aerosol Robotic Network (AERONET) data. Journal of Geophysical Research-Atmospheres, 111(D14).

Lafrance B. 1997. Simplified Model of the Polarized Light Emerging from the Atmosphere. Correction of the Stratospheric Aerosol Impact on POLDER Measurements. Lille: Université des Sciences et Techniques de Lille.

Lagendijk A, Nienhuis B, van Tiggelen B A, et al. 1997. Microscopic approach to the Lorentz cavity in dielectrics. Physical Review Letters, 79(4): 657-660.

Lai S C, Zou S C, Cao J J, et al. 2007. Characterizing ionic species in $PM_{2.5}$ and PM_{10} in four Pearl River Delta cities, South China. Journal of Environmental Sciences, 19(8): 939-947.

Laskin A, Iedema M J, Cowin J P. 2003. Time-resolved aerosol collector for CCSEM/EDX single-particle analysis. Aerosol Science and Technology, 37(3): 246-260.

Laskin A, Laskin J, Nizkorodov S A. 2015. Chemistry of atmospheric brown carbon. Chemical Reviews, 115(10): 4335-4382.

Leck C, Bigg E K. 2008. Comparison of sources and nature of the tropical aerosol with the summer high Arctic aerosol. Tellus Series B-Chemical and Physical Meteorology, 60(1): 118-126.

Lee J, Kim J, Song C H, et al. 2010. Algorithm for retrieval of aerosol optical properties over the ocean from the Geostationary Ocean Color Imager. Remote Sensing of Environment. 114(5): 1077-1088.

Lee K H, Li Z, Kim Y J, et al. 2009. Atmospheric aerosol monitoring from satellite observations: A history of three decades //Kim Y J, Platt U, Gu M B, et al. Atmospheric and Biological Environmental Monitoring. Dordrecht: Springer Netherlands: 13-38.

Leptoukh G, Zubko V, Gopalan A. 2008. Spatial aspects of multi-sensor data fusion: Aerosol optical thickness. IEEE International Geoscience & Remote Sensing Symposium.

Lesins G, Chylek P, Lohmann U. 2002. A study of internal and external mixing scenarios and its effect on aerosol optical properties and direct radiative forcing. Journal of Geophysical Research-Atmospheres, 107(D10).

Levy R C, Remer L A, Dubovik O. 2007a. Global aerosol optical properties and application to Moderate Resolution Imaging Spectroradiometer aerosol retrieval over land. Journal of Geophysical Research-Atmospheres, 112(D13).

Levy R C, Remer L A, Kleidman R G, et al. 2010. Global evaluation of the Collection 5 MODIS dark-target aerosol products over land. Atmospheric Chemistry and Physics, 10(21): 10399-10420.

Levy R C, Remer L A, Mattoo S, et al. 2007b. Second-generation operational algorithm: Retrieval of aerosol properties over land from inversion of Moderate Resolution Imaging Spectroradiometer spectral reflectance. Journal of Geophysical Research-Atmospheres, 112(D13).

Levy R C, Mattoo S, Munchak L A, et al. 2013. The Collection 6 MODIS aerosol products over land and ocean. Atmospheric Measurement Techniques, 6(11): 2989-3034.

Li C C, Mao J T, Lau A K H, et al. 2005. Application of MODIS satellite products to the air pollution research in Beijing. Science in China Series D-Earth Sciences, 48: 209-219.

Li C L, Hu Y J, Chen J M, et al. 2016. Physiochemical properties of carbonaceous aerosol from agricultural residue burning: Density, volatility, and hygroscopicity. Atmospheric Environment, 140: 94-105.

Li H, Faruque F, Williams W, et al. 2009. Optimal temporal scale for the correlation of AOD and ground measurements of $PM_{2.5}$ in a real-time air quality estimation system. Atmospheric Environment, 43(28):

4303-4310.

Li Z Q, Hou W Z, Hong J, et al. 2018. Directional Polarimetric Camera (DPC): Monitoring aerosol spectral optical properties over land from satellite observation. Journal of Quantitative Spectroscopy & Radiative Transfer, 218: 21-37.

Li Z Q, Wei Y Y, Zhang Y. 2020. Reply to comment by Peng and Bi on retrieval of atmospheric fine particulate density based on merging particle size distribution measurements: Multi-instrument observation and quality control at Shouxian. Journal of Geophysical Research-Atmospheres, 125(2).

Li Z Q, Zhang Y, Shao J , et al. 2016. Remote sensing of atmospheric particulate mass of dry $PM_{2.5}$ near the ground: Method validation using ground-based measurements. Remote Sensing of Environment, 173: 59-68.

Li Z Q, Zhang Y, Xu H, et al. 2019. The fundamental aerosol models over China region: A cluster analysis of the ground-based remote sensing measurements of total columnar atmosphere. Geophysical Research Letters, 46(9): 4924-4932.

Lim S S, Vos T, Flaxman A D, et al. 2012. A comparative risk assessment of burden of disease and injury attributable to 67 risk factors and risk factor clusters in 21 regions, 1990-2010: A systematic analysis for the Global Burden of Disease Study 2010. Lancet, 380(9859): 2224-2260.

Lin C Q, Li Y, Yuan Z B, et al. 2015. Using satellite remote sensing data to estimate the high-resolution distribution of ground-level $PM_{2.5}$. Remote Sensing of Environment, 156: 117-128.

Liou G N. 2002. An Introduction to Atmospheric Radiation (Second Edition). San Diego: Elsevier Science.

Liousse C, Penner J E, Chuang C, et al. 1996. A global three-dimensional model study of carbonaceous aerosols. Journal of Geophysical Research-Atmospheres, 101(D14): 19411-19432.

Litvinov P, Hasekamp O, Cairns B et al. 2010. Reflection models for soil and vegetation surfaces from multiple-viewing angle photopolarimetric measurements. Journal of Quantitative Spectroscopy & Radiative Transfer, 111(4): 529-539.

Liu M Y, Lin J T, Boersma K F, et al. 2019. Improved aerosol correction for OMI tropospheric NO_2 retrieval over East Asia: Constraint from CALIOP aerosol vertical profile. Atmospheric Measurement Techniques, 12(1): 1-21.

Liu S Y, Liang X Z. 2010. Observed diurnal cycle climatology of planetary boundary layer height. Journal of Climate, 23(21): 5790-5809.

Liu Y G, Daum P H. 2008. Relationship of refractive index to mass density and self-consistency of mixing rules for multicomponent mixtures like ambient aerosols. Journal of Aerosol Science, 39(11): 974-986.

Liu Y, Park R J, Jacob D J, et al. 2004. Mapping annual mean ground-level $PM_{2.5}$ concentrations using Multiangle Imaging Spectroradiometer aerosol optical thickness over the contiguous United States. Journal of Geophysical Research-Atmospheres, 109(D22).

Lyapustin A, Wang Y, Laszlo I, et al. 2011. Multiangle implementation of atmospheric correction (MAIAC): 2. Aerosol algorithm. Journal of Geophysical Research-Atmospheres, 116.

Maignan F, Breon F M, Fedele E, et al. 2009. Polarized reflectances of natural surfaces: Spaceborne measurements and analytical modeling. Remote Sensing of Environment, 113(12): 2642-2650.

Mallet M, Pont V, Liousse C, et al. 2006. Simulation of aerosol radiative properties with the ORISAM-RAD model during a pollution event (ESCOMPTE 2001). Atmospheric Environment, 40(40): 7696-7705.

Malloy Q G J, Nakao S, Qi L, et al. 2009. Real-time aerosol density determination utilizing a modified scanning mobility particle sizer aerosol particle mass analyzer system. Aerosol Science and Technology, 43(7): 673-678.

Mamali D, Marinou E, Sciare J, et al. 2018. Vertical profiles of aerosol mass concentration derived by unmanned airborne in situ and remote sensing instruments during dust events. Atmospheric Measurement Techniques, 11(5): 2897-2910.

Mamouri R E, Ansmann A. 2014. Fine and coarse dust separation with polarization lidar. Atmospheric Measurement Techniques, 7(11): 3717-3735.

Martonchik J V, Diner D J, Crean K A, et al. 2002. Regional aerosol retrieval results from MISR. IEEE Transactions on Geoscience and Remote Sensing, 40(7): 1520-1531.

Martonchik J V, Diner D J, Kahn R A, et al. 1998. Techniques for the retrieval of aerosol properties over land and ocean using multiangle imaging. IEEE Transactions on Geoscience and Remote Sensing, 36(4): 1212-1227.

Matheron G. 1969. Le krigeage universel. Cahiers du Centre de morphologie mathématique de Fontainebleau, Fasc 1, Ecole des mines de Paris.

Mccormick M P, Winker D M, Browell E V, et al. 1993. Scientific investigations planned for the Lidar in-space technology experiment (Lite). Bulletin of the American Meteorological Society, 74(2): 205-214.

McMurry P H, Wang X, Park K, et al. 2002. The relationship between mass and mobility for atmospheric particles: A new technique for measuring particle density. Aerosol Science and Technology, 36(2): 227-238.

Melfi S H, Spinhirne J D, Chou S H, et al. 1985. Lidar observations of vertically organized convection in the planetary boundary-layer over the ocean. Journal of Climate and Applied Meteorology, 24(8): 806-821.

Murray F W. 1967. On the computation of saturation vapor pressure. Journal of Climate and Applied Meteorology，6: 203-204.

Nadal F, Bréon F M. 1999. Parameterization of surface polarized reflectance derived from POLDER spaceborne measurements. IEEE Transactions on Geoscience and Remote Sensing , 37(3): 1709-1718.

Nel A. 2005. Air pollution-related illness: Effects of particles. Science, 308(5723): 804-806.

Nguyen H, Cressie N, Braverman A. 2012. Spatial statistical data fusion for remote sensing applications. Journal of the American Statal Association, 107(499): 1004-1018.

Nirala M. 2008. Technical Note: Multi-sensor data fusion of aerosol optical thickness. International Journal of Remote Sensing, 29(7): 2127-2136.

O'Dowd C D, De Leeuw G. 2007. Marine aerosol production: A review of the current knowledge. Philosophical Transactions of the Royal Society a-Mathematical Physical and Engineering Sciences, 365(1856): 1753-1774.

O'Neill　N T, Eck T F, Smirnov A, et al. 2003. Spectral discrimination of coarse and fine mode optical depth. Journal of Geophysical Research-Atmospheres, 108(D17).

O'Neill N T, Dubovik O, Eck T F. 2001. Modified angstrom ngstrom exponent for the characterization of submicrometer aerosols. Applied Optics, 40(15): 2368-2375.

Omar A H, Won J G, Winker O M, et al. 2005. Development of global aerosol models using cluster analysis of Aerosol Robotic Network (AERONET) measurements. Journal of Geophysical Research-Atmospheres, 110(D10).

Parrish D F, Derber J C. 1992. The national meteorological center spectral statistical interpolation analysis system. Monthly Weather Review, 120(8).

Patterson J P, Collins D B, Michaud J M, et al. 2016. Sea spray aerosol structure and composition using cryogenic transmission electron microscopy. Acs Central Science, 2(1): 40-47.

Peckham S E. 2012. WRF/Chem version 3.3 User's Guide.

Peng J, Hu M, Guo S, et al. 2016. Markedly enhanced absorption and direct radiative forcing of black carbon under polluted urban environments. Proceedings of the National Academy of Sciences, 113(16): 4266-4271.

Penner J E, Chuang C C, Grant K. 1998. Climate forcing by carbonaceous and sulfate aerosols. Climate Dynamics, 14(12): 839-851.

Penner J E. 2001. In Climate Change 2001: The Scientific Basis (Working Group I to the Third Assessment Report of the IPCC). Cambridge: 289-348.

Penner J, Andreae M, Annegarn H, et al. 2001. Aerosols, Their Direct and Indirect Effects. Climate Change 2001: The Scientific Basis. Contribution of Working Group I to the Third Assessment Report of the Intergovernmental Panel on Climate Change. Cambridge, United Kingdom and New York, NY, USA:Cambridge University Press.

Pereira M B, Berre L K. 2005. The use of an ensemble approach to study the background error covariances in a Global NWP Model. Monthly Weather Review, 134(9): 2466-2489.

Petters M D, Kreidenweis S M. 2007. A single parameter representation of hygroscopic growth and cloud condensation nucleus activity. Atmospheric Chemistry and Physics, 7(8): 1961-1971.

Philip S, Martin R V, Pierce J R, et al. 2014. Spatially and seasonally resolved estimate of the ratio of organic mass to organic carbon. Atmospheric Environment, 87: 34-40.

Piazzola J, Despiau S. 1997. Vertical distribution of aerosol particles near the air-sea interface in coastal zone. Journal of Aerosol Science, 28(8): 1579-1599.

Pitz M, Schmid O, Heinrich J, et al. 2008. Seasonal and diurnal variation of $PM_{2.5}$ apparent particle density in urban air in Augsburg, Germany. Environmental Science & Technology, 42(14): 5087-5093.

Poschl U, Martin S T, Sinha B, et al. 2010. Rainforest aerosols as biogenic nuclei of clouds and precipitation in the amazon. Science, 329(5998): 1513-1516.

Poschl U. 2003. Aerosol particle analysis: Challenges and progress. Analytical and Bioanalytical Chemistry, 375(1): 30-32.

Prenni A J, De Mott P J, Kreidenweis S M. 2003. Water uptake of internally mixed particles containing ammonium sulfate and dicarboxylic acids. Atmospheric Environment, 37(30): 4243-4251.

Rabier F, Mcnally A, Andersson E, et al. 1998. The ECMWF implementation of three-dimensional variational assimilation (3D-Var). II: Structure functions. Quarterly Journal of the Royal Meteorological Society, 124(550).

Ramanathan V, Crutzen P J, Kiehl J T, et al. 2001. Atmosphere-Aerosols, climate, and the hydrological cycle. Science, 294(5549): 2119-2124.

Remer L A, Kaufman Y J, Tanre D, et al. 2005. The MODIS aerosol algorithm, products, and validation. Journal of the Atmospheric Sciences, 62(4): 947-973.

Remer L A, Kaufman Y J, Holben B N, et al. 1998. Biomass burning aerosol size distribution and modeled optical properties. Journal of Geophysical Research-Atmospheres, 103(D24): 31879-31891.

Remer L A, Wald A E, Kaufman Y J. 2001. Angular and seasonal variation of spectral surface reflectance ratios: Implications for the remote sensing of aerosol over land. IEEE Transactions on Geoscience and

Remote Sensing, 39(2): 275-283.

Rodgers C D. 2000. Inverse Methods for Atmospheric Sounding: Theory and Practice. Hackensack, NJ, USA: World Scientific.

Russell P B, Bergstrom R W, Shinozuka Y, et al. 2010. Absorption Angstrom Exponent in AERONET and related data as an indicator of aerosol composition. Atmospheric Chemistry and Physics, 10(3): 1155-1169.

Saide P E, Carmichael G R, Liu Z, et al. 2013. Aerosol optical depth assimilation for a size-resolved sectional model: Impacts of observationally constrained, multi-wavelength and fine mode retrievals on regional scale analyses and forecasts. Atmospheric Chemistry and Physics, 13(20): 10425-10444.

Sargent M, Barrera Y, Nehrkorn T, et al. 2018. Anthropogenic and biogenic CO_2 fluxes in the Boston urban region. Proceedings of the National Academy of Sciences of the United States of America, 115(29): 7491-7496.

Schlatter T W. 1975. Some experiments with a multivariate statistical objective analysis scheme. Monthly Weather Review, 103(3): 246.

Schuster G L, Dubovik O, Arola A. 2016. Remote sensing of soot carbon - Part 1: Distinguishing different absorbing aerosol species. Atmospheric Chemistry and Physics, 16(3): 1565-1585.

Schuster G L, Dubovik O, Holben B N, et al. 2005. Inferring black carbon content and specific absorption from Aerosol Robotic Network (AERONET) aerosol retrievals. Journal of Geophysical Research-Atmospheres, 110(D10).

Schwartz S E. 1996. The Whitehouse effect-Shortwave radiative forcing of climate by anthropogenic aerosols: An overview. Journal of Aerosol Science, 27(3): 359-382.

Seemann S W, Li J, Menzel W P, et al. 2003. Operational retrieval of atmospheric temperature, moisture, and ozone from MODIS infrared radiances. Journal of Applied Meteorology, 42(8): 1072-1091.

Seinfeld J H, Pandis S N. 1998. Atmospheric Chemistry and Physics. New York: John Wiley & Sons Inc.

Sharma S, Sharma R, Sahu S K, et al. 2021. Transboundary sources dominated $PM_{2.5}$ in Thimphu, Bhutan. International Journal of Environmental Science and Technology.

Shen H, Li T, Yuan Q, et al. 2018. Estimating regional ground-level PM_{2.5} directly from satellite top-of-atmosphere reflectance using deep belief networks. Journal of Geophysical Research (Atmospheres), 123: 13875-13886.

Sheridan P J, Delene D J, Ogren J A. 2001. Four years of continuous surface aerosol measurements from the Department of Energy's Atmospheric Radiation Measurement Program Southern Great Plains Cloud and Radiation Testbed site. Journal of Geophysical Research-Atmospheres, 106(D18): 20735-20747.

Sheridan P J, Jefferson A, Ogren J A. 2002. Spatial variability of submicrometer aerosol radiative properties over the Indian Ocean during INDOEX. Journal of Geophysical Research-Atmospheres, 107(D19).

Shi Y J, Ge M F, Wang W G. 2012. Hygroscopicity of internally mixed aerosol particles containing benzoic acid and inorganic salts. Atmospheric Environment, 60: 9-17.

Singh M K, Venkatachalam P. 2014. Merging of aerosol optical depth data from multiple remote sensing sensors. Geoscience & Remote Sensing Symposium.

Sjogren S, Gysel M, Weingartner E, et al. 2007. Hygroscopic growth and water uptake kinetics of two-phase aerosol particles consisting of ammonium sulfate, adipic and humic acid mixtures. Journal of Aerosol Science, 38(2): 157-171.

Smirnov A, Holben B N, Kaufman Y J, et al. 2002. Optical properties of atmospheric aerosol in maritime environments. Journal of the Atmospheric Sciences, 59(3): 501-523.

Spurr R. 2008. LIDORT and VLIDORT: Linearized Pseudo-spherical Scalar and Vector Discrete Ordinate Radiative Transfer Models for Use in Remote Sensing Retrieval Problems. Berlin: Springer Heidelberg.

Sun H L, Biedermann L, Bond T C. 2007. Color of brown carbon: A model for ultraviolet and visible light absorption by organic carbon aerosol. Geophysical Research Letters, 34(17).

Tang I N, Munkelwitz H R. 1994. Water activities, densities, and refractive-indexes of aqueous sulfates and sodium-nitrate droplets of atmospheric importance. Journal of Geophysical Research-Atmospheres, 99(D9): 18801-18808.

Tang I N, Wong W T, Munkelwitz H R. 1981. The relative importance of atmospheric sulfates and nitrates in visibility reduction. Atmospheric Environment, 15(12): 2463-2471.

Tang Q X, Bo Y C, Zhu Y X. 2016. Spatiotemporal fusion of multiple-satellite aerosol optical depth (AOD) products using Bayesian maximum entropy method. Journal of Geophysical Research-Atmospheres, 121(8): 4034-4048.

Tanre D, Breon F M, Deuze J L,et al. 2011. Remote sensing of aerosols by using polarized, directional and spectral measurements within the A-Train: The PARASOL mission. Atmospheric Measurement Techniques, 4(7): 1383-1395.

Tanre D, Herman M, Kaufman Y J. 1996. Information on aerosol size distribution contained in solar reflected spectral radiances. Journal of Geophysical Research-Atmospheres, 101(D14): 19043-19060.

Tanre D, Kaufman Y J, Herman M, et al. 1997. Remote sensing of aerosol properties over oceans using the MODIS/EOS spectral radiances. Journal of Geophysical Research-Atmospheres, 102(D14): 16971-16988.

Tanre D, Remer L A, Kaufman Y J, et al. 1999. Retrieval of aerosol optical thickness and size distribution over ocean from the MODIS airborne simulator during TARFOX. Journal of Geophysical Research-Atmospheres, 104(D2): 2261-2278.

Titos G, Cazorla A, Zieger P, et al. 2016. Effect of hygroscopic growth on the aerosol light-scattering coefficient: A review of measurements, techniques and error sources. Atmospheric Environment, 141: 494-507.

Toon O B. 2000. Atmospheric science-How pollution suppresses rain. Science, 287(5459): 1763-1765.

Toon O B, Pollack J, Khare B. 1976. Optical-Constants of Several Atmospheric Aerosol Species-Ammonium-Sulfate. Aluminum-50.

Tsai T C, Jeng Y J, Chu D A,et al. 2011. Analysis of the relationship between MODIS aerosol optical depth and particulate matter from 2006 to 2008. Atmospheric Environment, 45(27): 4777-4788.

van Beelen A J, Roelofs G J H, Hasekamp O P, et al. 2014. Estimation of aerosol water and chemical composition from AERONET Sun-sky radiometer measurements at Cabauw, the Netherlands. Atmospheric Chemistry and Physics, 14(12): 5969-5987.

van Donkelaar A, Martin R V, Brauer M, et al. 2010. Global estimates of ambient fine particulate matter concentrations from satellite-based aerosol optical depth: Development and application. Environmental Health Perspectives, 118(6): 847-855.

van Donkelaar A, Martin R V, Brauer M, et al. 2015. Use of satellite observations for long-term exposure assessment of global concentrations of fine particulate matter. Environmental Health Perspectives, 123(2): 135-143.

van Donkelaar A, Martin R V, Li C, et al. 2019. Regional estimates of chemical composition of fine particulate matter using a combined geoscience-statistical method with information from satellites, models, and monitors. Environmental Science & Technology, 53(5): 2595-2611.

van Donkelaar A, Martin R V, Pasch A N, et al. 2012. Improving the accuracy of daily satellite-derived ground-level fine aerosol concentration estimates for North America. Environmental Science & Technology, 46(21): 11971-11978.

van Donkelaar A, Martin R V, Spurr R J D, et al. 2013. Optimal estimation for global ground-level fine particulate matter concentrations. Journal of Geophysical Research-Atmospheres, 118(11): 5621-5636.

van Donkelaar A, Martin R V. Park R J. 2006. Estimating ground-level $PM_{2.5}$ using aerosol optical depth determined from satellite remote sensing. Journal of Geophysical Research-Atmospheres, 111(D21).

Wang J, Liu X, Christopher S A, et al. 2003. The effects of non-sphericity on geostationary satellite retrievals of dust aerosols. Geophysical Research Letters, 30(24).

Wang L, Li Z Q, Tian Q J, et al. 2013. Estimate of aerosol absorbing components of black carbon, brown carbon, and dust from ground-based remote sensing data of sun-sky radiometers. Journal of Geophysical Research-Atmospheres，118(12): 6534-6543.

Wang M Y, Yim S H L, Wong D C,et al. 2019. Source contributions of surface ozone in China using an adjoint sensitivity analysis. Science of the Total Environment, 662: 385-392.

Wang Y Q, Zhang Y, Schauer J J, et al. 2016. Relative impact of emissions controls and meteorology on air pollution mitigation associated with the Asia-Pacific Economic Cooperation (APEC) conference in Beijing, China. Science of the Total Environment, 571: 1467-1476.

Wang Y Y, Pang Y E, Huang J,et al. 2021. Constructing shapes and mixing structures of black carbon particles with applications to optical calculations. Journal of Geophysical Research-Atmospheres, 126(10).

Wang Z F, Chen L F, Tao J H, et al. 2010. Satellite-based estimation of regional particulate matter (PM) in Beijing using vertical-and-RH correcting method. Remote Sensing of Environment, 114(1): 50-63.

Waquet F, Leon J F, Cairns B, et al. 2009. Analysis of the spectral and angular response of the vegetated surface polarization for the purpose of aerosol remote sensing over land. Applied Optics, 48(6): 1228-1236.

Wei J, Huang W, Li Z, et al. 2019. Estimating 1-km-resolution $PM_{2.5}$ concentrations across China using the space-time random forest approach. Remote Sensing of Environment, 231: 111221.

Wei Y Y, Li, Z Q, Zhang Y, et al. 2020. Validation of POLDER GRASP aerosol optical retrieval over China using SONET observations. Journal of Quantitative Spectroscopy & Radiative Transfer, 246.

Wei Y, Li Z, Zhang Y, et al. 2021. Derivation of PM10 mass concentration from advanced satellite retrieval products based on a semi-empirical physical approach. Remote Sensing of Environment, 256: 112319.

Welton E J, Voss K J, Quinn P K,et al. 2002. Measurements of aerosol vertical profiles and optical properties during INDOEX 1999 using micropulse lidars. Journal of Geophysical Research-Atmospheres, 107(D19).

Winker D M, Hunt W H, McGill M J. 2007. Initial performance assessment of CALIOP. Geophysical Research Letters, 34(19).

Winker D M, Vaughan M A Omar A, et al. 2009. Overview of the CALIPSO mission and CALIOP data processing algorithms. Journal of Atmospheric and Oceanic Technology, 26(11): 2310-2323.

Xu X H, Zhang C K, Liang Y. 2021. Review of satellite-driven statistical models $PM_{2.5}$ concentration estimation with comprehensive information. Atmospheric Environment, 256.

Yan X, Li Z Q, Shi W Z, et al. 2017. An improved algorithm for retrieving the fine-mode fraction of aerosol optical thickness, Part 1: Algorithm development. Remote Sensing of Environment, 192: 87-97.

Yang Y, Liao H, Lou S. 2016. Increase in winter haze over eastern China in recent decades: Roles of variations in meteorological parameters and anthropogenic emissions. Journal of Geophysical Research-Atmospheres, 121(21): 13050-13065.

Yin Z, Ye X N, Jiang S Q, et al. 2015. Size-resolved effective density of urban aerosols in Shanghai. Atmospheric Environment, 100: 133-140.

Yue D L, Hu M, Wu Z J, et al. 2009. Characteristics of aerosol size distributions and new particle formation in the summer in Beijing. Journal of Geophysical Research-Atmospheres, 114.

Zhai S X, Jacob D J, Wang X, et al. 2019. Fine particulate matter (PM2.5) trends in China, 2013-2018: Separating contributions from anthropogenic emissions and meteorology. Atmospheric Chemistry and Physics, 19(16): 11031-11041.

Zhang W, Augustin M, Zhang Y, et al. 2014. Spatial and temporal variability of aerosol vertical distribution based on Lidar observations: A haze case study over Jinhua Basin. Advances in Meteorology, (349592): 1-8.

Zhang Y H, Li Z Q, Zhang Y, et al. 2014. High temporal resolution aerosol retrieval using Geostationary Ocean Color Imager: Application and initial validation. Journal of Applied Remote Sensing, 8.

Zhang Y, Li Z Q. 2015. Remote sensing of atmospheric fine particulate matter (PM2.5) mass concentration near the ground from satellite observation. Remote Sensing of Environment, 160: 252-262.

Zhang Y, Li Z, Chang W, et al. 2020. Satellite Observations of PM2.5 Changes and Driving Factors Based Forecasting Over China 2000-2025. Remote Sensing, 12(16): 2518.

Zhang Y, Li Z Q, Qie L L, et al. 2017. Retrieval of aerosol optical depth using the empirical orthogonal functions (EOFs) based on PARASOL multi-angle intensity data. Remote Sensing, 9(6).

Zhao S P, Yu Y, Yin D Y, et al. 2017. Effective Density of Submicron Aerosol Particles in a Typical Valley City, Western China. Aerosol and Air Quality Research, 17(1): 1-13.

Zheng G J, Duan F K, Su H, et al. 2015. Exploring the severe winter haze in Beijing: the impact of synoptic weather, regional transport and heterogeneous reactions. Atmospheric Chemistry and Physics, 15(6): 2969-2983.

Zieger P, Weingartner E, Henzing J, et al. 2011. Comparison of ambient aerosol extinction coefficients obtained from in-situ, MAX-DOAS and LIDAR measurements at Cabauw. Atmospheric Chemistry and Physics, 11(6): 2603-2624.

Zubko V, Leptoukh G G, Gopalan A. 2010. Study of data-merging and interpolation methods for use in an interactive online analysis system: MODIS Terra and Aqua daily aerosol case. IEEE Transactions on Geoence & Remote Sensing, 48(12): 4219-4235.

附　　录

A.1　符号缩写列表

符号/缩写	物理意义	单位
AOD	气溶胶光学厚度	
AOD$_f$	细模态气溶胶光学厚度	
AAOD	吸收性气溶胶光学厚度	
AERONET	气溶胶自动观测网	
AATSR	高级沿轨扫描辐射计	
AAOD	气溶胶总吸收光学厚度	
APM	气溶胶颗粒物质量分析仪	
APS	空气动力学粒径谱仪	
AMS	气溶胶质谱仪	
BC	黑碳	
BrC	棕色碳	
CRI	复折射指数	
CTM	化学传输模式	
CMAQ	多尺度空气质量模型	
DN	传感器观测的辐亮度信号值	
DFS	信息自由度	
DMA	差分电迁移率分析仪	
ESH	颗粒物等效标高	km
FMF	细粒子光学厚度比	
GEOS-Chem	戈达德地球观测系统大气化学传输模型	
GEIA	全球排放清单	
GSI	格点统计插值分析系统	
GOCART	戈达德臭氧–气溶胶辐射传输模型	
HLH	霾层高度	km
KIND	气溶胶混合层高度	km
LUC	城市用地/覆盖数据集	
LUT	查找表	
MD	矿物沙尘	
MBV	清洁大气区域激光雷达衰减后向散射信号的标准偏差	
MODIS	中分辨率成像光谱仪	
MISR	多角度成像光谱仪	
MERIS	中分辨率成像光谱仪	

续表

符号/缩写	物理意义	单位
MOSAIC	气溶胶相互作用和化学模拟模型	
NAQPMS	嵌套网格空气质量预报模式	
NDVI	归一化植被指数	
NO$_x$	氮氧化物	
NMVOCs	非甲烷挥发性有机化合物	
NCAR	美国国家大气研究中心	
NOAA	美国国家海洋和大气管理局	
NCEP	美国国家环境预报中心	
OC/OM	有机碳/有机物	
OE	最优化估计	
OI	最优插值法	
PM	大气颗粒物质量浓度	μg/m^3
PM$_x$	空气动力学等效粒径小于 xμm 的大气颗粒物	μg/m^3
POA	一次有机气溶胶	
PBAP	一次生物气溶胶颗粒物	
PBLH	行星边界层高度	km
PMRS	颗粒物质量浓度遥感模型	
PNNL	美国西北太平洋国家实验室	
PILS	颗粒物入液采样器	
RH	相对湿度	
RBV	可变噪声	
RCR	瑞利散射校正反射率	
RADM	区域酸沉降模型	
ROM	区域氧化模型	
SDA	光谱退卷积法	
SS	海盐	
SSA	单次散射反照率	
SSI	波谱统计插值分析系统	
SOA	二次有机气溶胶	
SMF	亚微米细模态	
SVF	天空可视度因子	
SMC	超微米粗模态	
SMPS	扫描电迁移率颗粒物粒径谱仪	
SNR$_{relative}$	最高采样高度相关的相对信噪比	
SCM	逐步订正法	
STMP	地表温度	℃
TSP	总悬浮颗粒物	
UAM	城市空气模型	
VOCs	挥发性有机化合物	

符号/缩写	物理意义	单位
WS	风速	km/h
WHO	世界卫生组织	
WRF-Chem	天气研究与预报化学模型	
a_w	水活率	
C	激光雷达校准系数	
C_c	滑动订正因子	
C_n	拉乌尔作用因子	μm^3
C_r	曲率作用因子	μm
C_f、C_{SMF}、C_c、C_{SMC}	体积谱分布体积浓度（细模态、亚微米细模态、粗模态、超微米粗模态）	$\mu m^3/\mu m^2$
$C_{x\Phi}$	卫星观测与网格点估计值的互相关矩阵	
C_{Φ}	观测的自相关矩阵	
ch(k)	切比雪夫插值多项式	
D、D_0	环境湿度条件、干燥条件的颗粒物粒径	μm
d_{ve}	体积等效粒径	μm
d_{me}	质量等效粒径	μm
$D_{p,c}$	在粒子数浓度谱分布上对应特定尺度几何截断粒径	μm
D_m、d_{be}	电迁移等效粒径	μm
D_a、d_a	空气动力学等效粒径	μm
D_p、d	几何等效粒径	μm
e	平水面的水汽压	hPa
e_n	平液面的溶液平衡水汽压	hPa
e_r	半径为 r 的纯水滴（曲面）的平衡水汽压	hPa
e_s、e_{si}	平水面的饱和水汽压、平冰面的饱和水汽压	hPa
E、E_{loc}	施加电场、局部电场	V/m
E_1	洛伦兹修正项	V/m
E_2	叠加极化电场的	V/m
E_s	散射光振幅	
f	地转参数	
f(RH)	几何吸湿增长因子	
f_r^3(RH)	体积吸湿因子	
f_0(RH)	光学吸湿增长因子	
$f_p(i,j)$	各风速段不同大气稳定度的频率	
F	辐射通量密度	W/m^2
F_p	菲涅尔反射偏振分量	
F_{drag}^{p}	非球形粒子上的阻力	N
F_{drag}^{ve}	与非球形粒子具有等效体积的球粒子上的阻力	N
F_{elec}	粒子通过恒定电场时，其净电荷受到的电力	N

符号/缩写	物理意义	单位
G	增益矩阵	
G_A	激光雷达放大器增益系数	
h	信息熵	
h_x	两点之间的空间距离	m
h_t	两点之间的时间差	m
H、H_x	气溶胶层高度、大气物质 x 的参考高度	km
H_S	观测的信息容量	
H_{mix}	混合层高度	km
I、I_s	辐射亮度、散射辐射亮度	W/（$m^2 \cdot \mu m \cdot sr$）
J	变分同化代价函数	
K	复折射指数虚部值	
k_{ext}、k_{sca}、k_{abs}	气溶胶消光、散射、吸收系数	M/m
$k_{ext}(z)$	距离 z 处的消光系数	km^{-1}
$k_{ext,p}(z)$	距离 z 处的气溶胶粒子消光系数	km^{-1}
$k_{ext,m}(z)$	距离 z 处的分子消光系数	km^{-1}
$k_{ext,O3}(z)$	距离 z 处的臭氧消光系数	km^{-1}
K	雅克比参量	
L	表观辐射亮度	W/（$m^2 \cdot \mu m \cdot sr$）
L_0	大气上界的太阳辐射亮度	W/（$m^2 \cdot \mu m \cdot sr$）
L_{atm}	大气分子和气溶胶的散射辐射亮度	W/（$m^2 \cdot \mu m \cdot sr$）
m	单颗粒物质量	g
$m_{j,i}$	第 i 个粒径段第 j 种气溶胶的质量浓度	$\mu g/m^3$
m_v	一定体积空气中含有水汽质量	g
m_d	干空气质量	g
m_n	溶液滴含溶质的质量	g
m_w	溶液滴含水的质量	g
M	平均分子摩尔质量	g/mol
M_n	溶质的摩尔质量	g/mol
M_w	水的摩尔质量	g/mol
n	复折射指数实部值	
n_s	标准大气的分子折射率	
n_0	地面附近气溶胶平均质量浓度	$\mu g/m^3$
n_1	背景气溶胶起始质量浓度	$\mu g/m^3$
n_2	海洋表面平均质量浓度	$\mu g/m^3$
$n_{land}(z)$	陆地上空的典型气溶胶垂直分布	
$n_{ocean}(z)$	海洋上空的典型气溶胶垂直分布	
N	溶剂的摩尔数	mol
P	单位体积电介质的平均电偶极矩	
$\boldsymbol{P}(\Theta)$	散射相矩阵	
P_{SL}	帕斯奎尔稳定度级别	

符号/缩写	物理意义	单位
$P(z)$	距离 z 处的雷达回波功率	W
P_0	激光出射功率	W
p	大气总压强	hPa
p_i	分层压力	hPa
q	电荷量	C
Q_{ext}、Q_{sca}、Q_{abs}	质量消光、散射、吸收效率	$Mm^{-1}g^{-1}$
r	粒子半径	μm
r_c	临界半径	μm
r_{eff}	有效半径	μm
$r_{i,w}$	第 i 个粒径段的颗粒物湿粒径	μm
r_{wet}、r_{dry}	潮湿和干燥条件下粒子半径	μm
r_f、r_{SMF}、r_c、r_{SMC}	体积谱分布中值半径（细模态、亚微米细模态、粗模态、超微米粗模态）	μm
Ri_b	整体理查森数	
R'	衰减后向散射比	
R_e	地球平均半径	km
S	半球反射率	
	过饱和比	
S_c	临界饱和比	
S_a	气溶胶消光后向散射比（雷达比）	Sr
S_m	大气分子消光后向散射比（雷达比）	Sr
S_i	i 系统高斯分布的误差协方差矩阵	
S_t	总消光后向散射比（雷达比）	Sr
SH	颗粒物的标高	km
SH_0	陆地边界层气溶胶的标高	km
SH_1	背景气溶胶浓度的标高	km
SH_2	海洋边界层气溶胶的标高	km
T	温度	K
T^2	距离 z 的路径上的双向透过率	
$T(\lambda)$	大气透过率	
T_d	露点温度	K
U	电压	V
v	粒子相对于气体的速度	m/s
v_i	波数	$μm^{-1}$
v_{TS}	粒子的终端沉降速度	m/s
$V_{x,col}$	粒径小于特定尺度的整层大气柱粒子的体积浓度	$μm^3/μm^2$
V_T	溶液系统的总体积	$μm^3$
V_i	第 i 个粒径段气溶胶总体积	$μm^3$
V_x	粒径小于特定尺度的粒子的体积浓度	$μm^3$
$\overline{V(z)}$	z 高度处所观测的平均风速	m/s

续表

符号/缩写	物理意义	单位
V_{wet}、V_{dry}	潮湿和干燥条件下粒子的体积	μm^3
V_w、V_{wi}	水的体积、独立溶质成分对应水的体积	μm^3
V_s、V_{si}	干物质体积、独立溶质成分对应的干物质体积	μm^3
VE_t	颗粒物体积消光比	$\mu m^3/\mu m^2$
VE_f	细模态颗粒物体积消光比	$\mu m^3/\mu m^2$
VE_c	粗模态颗粒物体积消光比	$\mu m^3/\mu m^2$
VE_{10}	PM_{10} 粒子体积消光比	$\mu m^3/\mu m^2$
z_0	地表高程	m
z^*	地面粗糙度	
z	大气垂直高度	m
z_T	对流层顶的平均高度	km
Z_p	电子迁移率	
κ、κ_i	吸湿参数、独立溶质成分对应的吸湿参数	
Λ	波长	nm 或 μm
τ、τ_m	气溶胶光学厚度（AOD）、瑞利散射光学厚度	
γ、γ_s	水汽混合比、饱和混合比	g/g 或 g/kg
Θ	散射角	（°）
ϕ	立体角（第二章）	（°）
	纬度（第六章）	（°）
Ω	整层大气颗粒物质量浓度	$\mu g/m^2$
	地球自转角速度	rad/s
w	权重因子	
χ、χ'	动力学形状因子、动力学形状因子的外部形状分量	
χ_c	卷云的后向散射色比	
$\dfrac{dN}{dr}$、$\dfrac{dN}{d\ln r}$、$n(r)$	粒子数谱分布	μm^{-2}
$\dfrac{dV}{dr}$、$\dfrac{dV}{d\ln r}$、$v(r)$	粒子体积谱分布	$\mu m^3/\mu m^2$
α	Ångström（AE）指数	
	平均分子极化率	$F \cdot m^2$
β	大气浑浊度系数	
$\beta(z)$	距离 z 处的后向散射系数	$km^{-1} \cdot sr^{-1}$
$\beta'(z)$	距离 z 处的衰减后向散射系数	$km^{-1} \cdot sr^{-1}$
$\beta'_{air}(z)$	清洁大气的衰减后向散射系数	$km^{-1} \cdot sr^{-1}$
β'_i	层次积分衰减后向散射系数	$km^{-1} \cdot sr^{-1}$
$B_a(z)$	气溶胶粒子后向散射系数	$km^{-1} \cdot sr^{-1}$
$\beta_m(z)$	大气分子后向散射系数	$km^{-1} \cdot sr^{-1}$
σ_{ext}、σ_{sca}、σ_{abs}	消光、散射、吸收截面	cm^2
σ_{wet}、σ_{dry}	潮湿、干燥条件下颗粒物的消光截面	cm^2
$\omega(\lambda)$	单次散射反照率（SSA）	

符号/缩写	物理意义	单位
θ_s、θ_v	太阳天顶角、观测天顶角	
$\theta(z)$	高度的位温	K
θ_k	垂直方向第 k 层的位温	K
$\dot{\theta}_k$	每间隔高度 z 的位温垂直梯度	K/km
$\dot{\theta}_r$	上部逆温层的位温垂直梯度的最小值	K/km
μ	电偶极矩	
μ_s、μ_v	太阳天顶角余弦值、观测天顶角余弦值	
φ、φ_0、φ_r	观测方位角、太阳方位角、相对方位角	（°）
$\gamma_{theo}(h_x)$	在空间距离 h_x 上的理论空间变差	
$\boldsymbol{\Phi}_{ij}$	插值网格点的观测参数融合值	
$\delta(\Omega, \Omega_0)$	狄拉克函数（仅在 $\Omega_0 \rightarrow \Omega$ 方向上存在）	sr^{-1}
μ_i、μ_t	入射角余弦、折射角余弦	
σ_f、σ_{SMF}、σ_c、σ_{SMC}	体积谱分布标准偏差（细模态、亚微米细模态、粗模态、超微米粗模态）	μm
σ_{ks}^2	高斯噪声方差	
η	细粒子比例	
	气体动力学粘度	
	AOD-PM 比例因子	
δ	体退极化率	
δ_s	位温增量	K
δ_u	不稳定层最小的位温增量	K
ρ	单位体积的分子数量	
ρ^{sur}	地表反射率	
ρ^{atm}	大气路径等效反射率	
ρ^{toa}	大气层顶表观反射率	
ρ_p^{sur}	地表偏振反射率	
ρ_p^{atm}	大气路径等效偏振反射率	
ρ_p^{toa}	大气层顶表观偏振反射率	
ρ_s	溶液密度	g/cm³
ρ_j	第 j 种气溶胶的颗粒密度	g/cm³
ρ_0	单位密度	g/cm³
ρ_m、ρ_p	粒子的质量密度、粒子物质密度	g/cm³
ρ_e、$\rho_{e,type}$	粒子有效密度、特定气溶胶类型有效密度	g/cm³
ρ_{inorg}、ρ_{org}	无机、有机成分的物质等效密度	g/cm³
$\rho_{x,dry}$	表示不同模态干燥气溶胶有效密度	g/cm³
ε	介质介电常数（第 6 章）	F/m
	软间隔，不敏感损失函数参数（第 10 章）	
ε_0	真空介电常数	F/m
ε_e、ε_s	消光、散射系数观测量的不确定性	M/m
ε_i	干燥的单成分体积比	

A.2 物理常数和数学常数

物理常数	英文名称	中文名称
$\sigma = 75.6 \times 10^{-3}$ N / m	Surface Tension Coefficient	表面张力系数
$R_v = 461.5$ J / (kg · K)	Gas Constant for Water Vapor	水汽比气体常数
$e = 1.602 \times 10^{-19}$ As	Electronical Elementary Charge	电子基本电荷
$h = 1013$ hPa	Standard Atmospheric Pressure	标准大气压强
$\varepsilon_0 = 8.854 \times 10^{-12}$ F / m	Electric Permittivity of a Vacuum	真空介电常数
$N_A = 6.02 \times 10^{23}$ mol^{-1}	Avogadro Constant	阿伏伽德罗常数
$\rho_w = 1$ g / cm	Density of Pure Water	纯水密度
$g = 9.8$ m / s^2	Acceleration of Gravity	重力加速度
$\pi = 3.141\ 592\ 653\ 589$	Cricumference Ratio	圆周率
$e = 2.718\ 281\ 828$	Natural Constant	自然常数